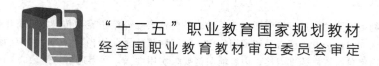

"十二五"职业教育国家规划教材
经全国职业教育教材审定委员会审定

宠物疫病与防治技术

第二版

王彤光　主编

化学工业出版社
·北京·

内容简介

本书根据宠物类专业的特点，按照项目化教学改革的需要，介绍了宠物传染病和寄生虫病的最新治疗技术。本书结合宠物对象选取临床常见和实用病例，将宠物疫病及防治内容分为 14 个项目和 23 个实践活动，相关内容与国家兽医资格标准对接，内容简明扼要，实用性强，文字通俗易懂。

本书可以作为高职高专宠物养护与疫病防治专业、宠物医学专业、兽医专业师生的教材，也可供宠物饲养、宠物诊疗、宠物健康护理等工作人员参考。

图书在版编目（CIP）数据

宠物疫病与防治技术/王彤光主编．—2 版．—北京：化学工业出版社，2016.9（2025.1重印）
"十二五"职业教育国家规划教材
ISBN 978-7-122-27794-7

Ⅰ.①宠⋯ Ⅱ.①王⋯ Ⅲ.①宠物-防疫-职业教育-教材 Ⅳ.①S858.93

中国版本图书馆 CIP 数据核字（2016）第 181698 号

责任编辑：梁静丽　李植峰　　　　　　装帧设计：史利平
责任校对：宋　玮

出版发行：化学工业出版社（北京市东城区青年湖南街 13 号　邮政编码 100011）
印　　刷：三河市航远印刷有限公司
装　　订：三河市宇新装订厂
787mm×1092mm　1/16　印张 15　字数 389 千字　2025 年 1 月北京第 2 版第 10 次印刷

购书咨询：010-64518888　　　　　　　售后服务：010-64518899
网　　址：http://www.cip.com.cn
凡购买本书，如有缺损质量问题，本社销售中心负责调换。

定　　价：45.00 元　　　　　　　　　　　　　　　　　版权所有　违者必究

《宠物疫病与防治技术》(第二版)编写人员名单

主　　编　王彤光

副 主 编　邹洪波　陈桂先　曹素芳

编　　者　(按照姓名汉语拼音排列)

　　　　　曹素芳（河南牧业经济学院）

　　　　　陈桂先（广西农业职业技术学院）

　　　　　陈　益（河南牧业经济学院）

　　　　　韩晓辉（黑龙江职业学院）

　　　　　简永利（温州科技职业学院）

　　　　　李　洵（信阳农林学院）

　　　　　廖启顺（云南农业职业技术学院）

　　　　　刘海侠（江苏农林职业技术学院）

　　　　　王彤光（上海农林职业技术学院）

　　　　　谢拥军（岳阳职业技术学院）

　　　　　邹洪波（黑龙江职业学院）

随着经济的发展和人民生活水平的不断提高,宠物的饲养呈现了快速发展的趋势。近几年,随着宠物饲养量的不断增大,宠物疫病的发生也在逐年增加,特别是一些人兽共患病,给宠物和人类的健康带来一定的危害。为了满足宠物市场技能型人才的需要和宠物诊疗技术教学改革的要求,在化学工业出版社的组织下,第一版教材于2011年9月出版,经过广泛调研和研讨,第一版教材按照项目化教改思路组织相关内容,重点介绍了宠物疫病的诊断、治疗及预防方法。第一版教材出版两年来,得到了编者单位及开设宠物类专业院校的认可和积极使用。但任何教材都有时代性缺陷和不足之处,特别在宠物医学专业教材中,因宠物医学行业发展迅猛,所面临的疾病威胁也在不断变化,对一些疾病的研究在不断深化,取得了较大、较快的进展,这些都有必要在教材内容中得以呈现和更新。

倍受鼓舞的是,本教材第二版经全国职业教育教材审定委员会审定为"'十二五'职业教育国家规划教材",编者按照《教育部关于"十二五"职业教育教材建设的若干意见》的文件精神和国家规划教材的编写要求,结合宠物行业和实践的最新研究成果,进行第二版教材修订。

第二版教材在修订工作启动时,我们邀请了上海农林职业技术学院宠物医院等多家宠物医院的行业专家对第一版教材的内容进行审定和指导,并共同制订了在体现宠物医学行业现状和宠物疫病实际工作的修改方案。第二版教材对常见的宠物疫病如犬细小病毒病、犬瘟热等疾病,根据其疫病的最新进展,增加了临床上有效、实用的诊疗和防治技术,同时反映了最新的临床技术。

第二版教材由王彤光任主编,具体编写分工:王彤光编写项目四、实践活动四和实践活动五;邹洪波编写项目九、实践活动十六、实践活动十八、实践活动

十九、实践活动二十二和实践活动二十三，及寄生虫部分统稿；陈桂先编写项目一至项目三，实践活动一至实践活动三；曹素芳编写项目五、实践活动六至实践活动九；陈益编写项目七；廖启顺编写项目六、实践活动十一；韩晓辉编写项目十、项目十一、实践活动十二、实践活动十三、实践活动十七；谢拥军编写项目十二、实践活动十四；简永利编写项目十三、实践活动十五、实践活动二十；刘海侠编写项目十四、实践活动二十一；李洵编写项目八、实践活动十。全书由王彤光统稿定稿。

  由于编写水平有限，书中难免会有不妥之处，敬请各位专家、同行和广大读者批评指正，以便进一步提高教材质量，我们将不胜感激。

编者
2016 年 2 月

目录

项目一　宠物疫病的发生与流行 ·· **001**
　　单元一　基本概念 ················ 001
　　单元二　宠物疫病的特征与分类 ··· 003
　　单元三　传染病的发展阶段 ········ 004
　　单元四　动物疫病的流行过程 ····· 005
　　单元五　动物疫病流行过程发展
　　　　　　的特征 ···················· 008
　　【项目小结】 ·························· 009
　　【复习思考题】 ······················ 010

项目二　宠物疫病的防疫措施 ··· **011**
　　单元一　防疫工作的基本原则
　　　　　　和内容 ···················· 011
　　单元二　流行病学调查与分析 ····· 012
　　单元三　检疫 ························ 014
　　单元四　疫情报告 ·················· 017
　　单元五　隔离和封锁 ··············· 018
　　单元六　消毒、杀虫、灭鼠与动物
　　　　　　尸体处理 ···················· 020
　　单元七　免疫接种和药物预防 ···· 026
　　实践活动一　消毒 ·················· 028
　　实践活动二　宠物传染病的免疫
　　　　　　　　接种 ···················· 031
　　【项目小结】 ·························· 033
　　【复习思考题】 ······················ 033

项目三　宠物疫病的诊断与治疗 ··· **034**
　　单元一　宠物疫病的诊断 ········· 034
　　单元二　宠物疫病的治疗 ········· 040
　　实践活动三　宠物病料的采集
　　　　　　　　与送检 ················ 043
　　【项目小结】 ·························· 045
　　【复习思考题】 ······················ 045

项目四　犬、猫病毒性传染病的诊断与防治 ································· **046**
　　单元一　狂犬病 ····················· 046
　　单元二　犬细小病毒感染 ········· 048
　　单元三　犬瘟热 ····················· 050
　　单元四　犬冠状病毒病 ············ 053
　　单元五　犬传染性肝炎 ············ 054
　　单元六　犬副流感病毒感染 ······ 056
　　单元七　犬轮状病毒感染 ········· 057
　　单元八　犬疱疹病毒感染 ········· 058
　　单元九　猫泛白细胞减少症 ······ 060
　　单元十　猫传染性腹膜炎 ········· 061
　　单元十一　猫白血病 ··············· 062
　　单元十二　猫病毒性鼻气管炎 ··· 064
　　单元十三　猫杯状病毒感染 ······ 065
　　实践活动四　犬瘟热的实验室诊断 ··· 066
　　实践活动五　犬细小病毒病的实验室
　　　　　　　　诊断 ···················· 067
　　【项目小结】 ·························· 068
　　【复习思考题】 ······················ 068

项目五　犬、猫细菌性传染病的诊断与防治 ································· **069**
　　单元一　布氏杆菌病 ··············· 069
　　单元二　大肠杆菌病 ··············· 071
　　单元三　沙门菌病 ·················· 072
　　单元四　结核病 ····················· 074
　　单元五　链球菌病 ·················· 077
　　单元六　葡萄球菌病 ··············· 078

单元七　坏死杆菌病 ……………… 080
　　单元八　肺炎球菌病 ……………… 081
　　实践活动六　布氏杆菌病的实验室
　　　　　　　　诊断 …………………… 082
　　实践活动七　大肠杆菌病的实验室
　　　　　　　　诊断 …………………… 085
　　实践活动八　沙门菌病的实验室
　　　　　　　　诊断 …………………… 086
　　【项目小结】 ………………………… 088
　　【复习思考题】 ……………………… 088

项目六　犬、猫真菌性疾病的诊断与防治 ……………………………………………… 089
　　单元一　皮肤癣菌病 ……………… 089
　　单元二　念珠菌病 ………………… 092
　　单元三　隐球菌病 ………………… 094
　　单元四　球孢子菌病 ……………… 097
　　单元五　孢子丝菌病 ……………… 098
　　单元六　组织胞浆菌病 …………… 100
　　单元七　芽生菌病 ………………… 102
　　实践活动九　犬球孢子菌病的实验室
　　　　　　　　诊断 …………………… 105
　　【项目小结】 ………………………… 106
　　【复习思考题】 ……………………… 106

项目七　犬、猫其他传染病的诊断与防治 ……………………………………………… 107
　　单元一　诺卡菌病 ………………… 107
　　单元二　钩端螺旋体病 …………… 108
　　单元三　犬埃利希体病 …………… 110
　　单元四　血巴尔通体病 …………… 113
　　单元五　支原体感染 ……………… 114
　　【项目小结】 ………………………… 115
　　【复习思考题】 ……………………… 115

项目八　观赏鸟传染病的诊断与防治 …………………………………………………… 116
　　单元一　鸟流感 …………………… 116
　　单元二　鸟新城疫 ………………… 118
　　单元三　鸟痘 ……………………… 120
　　单元四　鸟类沙门菌病 …………… 121
　　　鸟类白痢病 ……………………… 122
　　　副伤寒病 ………………………… 123
　　单元五　鸟类大肠杆菌病 ………… 125
　　单元六　鸟类巴氏杆菌病 ………… 126
　　单元七　鸟类结核病 ……………… 128
　　单元八　鸟类多瘤病毒感染 ……… 129
　　单元九　鹦鹉疱疹病毒感染 ……… 130
　　实践活动十　鸟新城疫的实验室
　　　　　　　　诊断 …………………… 131
　　实践活动十一　巴氏杆菌病的实验室
　　　　　　　　　诊断 ………………… 134
　　【项目小结】 ………………………… 135
　　【复习思考题】 ……………………… 135

项目九　宠物寄生虫病知识入门 ………………………………………………………… 136
　　单元一　寄生虫和宿主 …………… 136
　　单元二　寄生虫免疫 ……………… 138
　　单元三　宠物寄生虫病流行病学 … 140
　　单元四　宠物寄生虫病的诊断 …… 140
　　单元五　宠物寄生虫病的综合防治 … 142
　　实践活动十二　宠物粪便检查 …… 143
　　实践活动十三　犬寄生虫学剖检 … 148
　　实践活动十四　鸽寄生虫学剖检 … 152
　　实践活动十五　药物驱虫 ………… 155
　　【项目小结】 ………………………… 157
　　【复习思考题】 ……………………… 158

项目十　宠物吸虫病的诊断与防治 ……………………………………………………… 159
　　单元一　华支睾吸虫病 …………… 159
　　单元二　猫后睾吸虫病 …………… 160
　　单元三　并殖吸虫病的诊断与防治 … 161
　　实践活动十六　宠物常见吸虫的形态
　　　　　　　　　观察 ………………… 163
　　【项目小结】 ………………………… 165
　　【复习思考题】 ……………………… 165

项目十一　宠物绦虫病的诊断与防治 ……………………………………………… 166

　　单元一　犬复孔绦虫病 …………………… 166
　　单元二　泡状带绦虫病 …………………… 167
　　单元三　豆状带绦虫病 …………………… 168
　　单元四　多头带绦虫病 …………………… 169
　　单元五　细粒棘球绦虫病 ………………… 169
　　单元六　中线绦虫病 ……………………… 170
　　单元七　曼氏迭宫绦虫病 ………………… 171
　　单元八　观赏鸟绦虫病 …………………… 172
　　　　　　赖利绦虫病 ………………………… 172
　　　　　　戴文绦虫病 ………………………… 173
　　实践活动十七　宠物常见绦虫的形态
　　　　　　　　　观察 …………………………… 174
　　【项目小结】…………………………………… 178
　　【复习思考题】………………………………… 178

项目十二　宠物线虫病 …………………………………………………………… 179

　　单元一　了解线虫 ………………………… 179
　　单元二　犬、猫线虫病 …………………… 181
　　　　犬、猫蛔虫病 ………………………… 181
　　　　犬、猫钩虫病 ………………………… 182
　　　　犬、猫旋毛虫病 ……………………… 183
　　　　犬、猫鞭虫病 ………………………… 184
　　　　犬旋尾线虫病 ………………………… 185
　　　　犬心丝虫病 …………………………… 186
　　　　肾膨结线虫病 ………………………… 187
　　　　吸吮线虫病 …………………………… 188
　　单元三　观赏鸟线虫病 …………………… 188
　　　　观赏鸟蛔虫病 ………………………… 188
　　　　鸽毛细线虫病 ………………………… 189
　　实践活动十八　宠物常见线虫的形态
　　　　　　　　　观察 …………………………… 190
　　实践活动十九　犬旋毛虫病的实验室
　　　　　　　　　诊断 …………………………… 193
　　实践活动二十　犬、猫和鸽常见蠕虫卵
　　　　　　　　　形态观察 …………………… 195
　　【项目小结】…………………………………… 198
　　【复习思考题】………………………………… 198

项目十三　宠物昆虫病的诊断与防治 ……………………………………………… 199

　　单元一　了解昆虫 ………………………… 199
　　单元二　犬、猫昆虫病 …………………… 200
　　　　犬疥螨病 ……………………………… 200
　　　　蠕形螨病 ……………………………… 202
　　　　耳痒螨病 ……………………………… 204
　　　　蚤病 …………………………………… 205
　　　　虱病 …………………………………… 207
　　单元三　观赏鸟昆虫病 …………………… 207
　　　　螨病 …………………………………… 207
　　　　鸽虱 …………………………………… 209
　　　　鸽虱蝇 ………………………………… 210
　　实践活动二十一　宠物常见蜱螨及昆虫
　　　　　　　　　　的形态观察 ………………… 210
　　实践活动二十二　螨病的实验室诊断
　　　　　　　　　　技术 ………………………… 213
　　【项目小结】…………………………………… 214
　　【复习思考题】………………………………… 214

项目十四　宠物原虫病的诊断与防治 ……………………………………………… 215

　　单元一　了解原虫 ………………………… 215
　　单元二　犬、猫原虫病 …………………… 217
　　　　犬、猫等孢球虫病 …………………… 217
　　　　犬巴贝斯虫病 ………………………… 218
　　　　利什曼原虫病 ………………………… 220
　　　　弓形虫病 ……………………………… 222
　　单元三　观赏鸟原虫病 …………………… 225
　　　　球虫病 ………………………………… 225
　　　　毛滴虫病 ……………………………… 227
　　　　鸽疟疾 ………………………………… 228
　　实践活动二十三　宠物血液原虫
　　　　　　　　　　检查 ………………………… 229
　　【项目小结】…………………………………… 230
　　【复习思考题】………………………………… 231

参考文献 …………………………………………………………………………… 232

项目一　宠物疫病的发生与流行

【知识目标】
1. 了解传染病、寄生虫病、宠物疫病、感染的概念。
2. 理解宠物疫病的传染性和流行性。
3. 掌握宠物疫病流行的三大基本环节和传播途径。
4. 了解传染病的流行的表现形式和影响因素。

【技能目标】
1. 能结合实际病例，判断患病宠物是患传染病还是非传染病。
2. 能结合实际病例，采取有效方法预防宠物疫病的发生。
3. 能结合实际病例，采取有效方法防止宠物疫病的流行与扩散。

单元一　基本概念

一、传染病的概念

凡是由病原微生物引起，具有一定的潜伏期和临床表现，并具有传染性的疾病，称为传染病。由于各种病原微生物的致病机理不同，所以动物受侵害的器官也有差异，从而使得动物患病后的表现也千差万别。

二、寄生虫病的概念

由寄生虫寄生在动物体一定部位而引起的疾病，称为寄生虫病。

三、宠物疫病的概念

宠物疫病包括两大类，即宠物的传染病和寄生虫病。

四、感染

病原微生物侵入动物机体，并在一定部位定居、生长繁殖，从而引起机体一系列的病理反应，这个过程称为感染。引起感染的病原微生物包括：细菌、放线菌、支原体、螺旋体、立克次体、衣原体、真菌、病毒等。动物感染微生物后会有各种不同的临床表现，有的不表现症状，有的有明显症状，甚至死亡，这说明病原微生物对动物的感染力不仅取决于微生物本身的特性，而且与动物的易感性、免疫状态以及环境因素有关，这是微生物的致病性、动物机体的抵抗力以及外界因素共同作用的结果。

五、感染的类型

病原微生物侵犯与动物机体抵抗侵犯的矛盾运动错综复杂，受多方面因素的影响，因此感染表现为各种形式或类型。

1. 显性感染和隐性感染

这是按临床表现是否明显来区分的。当病原微生物具有相当的毒力和数量，而动物机体的抵抗力相对较弱时，动物感染病原微生物后表现出明显临床症状，称为显性感染。如果病原微生物毒力较弱或数量较少，且动物机体的抵抗力较强时，侵入的病原微生物定居在体内某一部位，但不能大量繁殖，动物机体临床症状不明显或不表现任何症状的称为隐性感染，处于这种情况下的动物称为带菌者。显性感染的动物就是指临床上患病者，隐性感染的动物一般难以发觉，多是通过微生物学检查或血清学方法查出，因此在临床上这类动物更加危险。所以宠物要定期体检，及时发现问题，防止饲养者被传染。

2. 局部感染和全身感染

病原微生物侵入动物机体后突破机体的防御屏障，通过血流或淋巴循环向全身多部位扩散，或病原微生物代谢产物被吸收而引起全身性症状，称为全身感染，临床上大多数传染病属于此类，表现形式主要包括：菌血症、病毒血症、毒血症、败血症、脓毒症和脓毒败血症等。由于动物机体抵抗力较强，侵入动物体内的病原微生物毒力较弱或数量不多，常被限制在一定的部位生长繁殖，并引起局部病变的感染，称为局部感染，如放线菌病等。

3. 单纯感染、混合感染、原发感染、继发感染和协同感染

这是按感染病原微生物的次序及相互关系来分类的。由单一种病原微生物引起的感染称为单纯感染；由两种或两种以上的病原微生物同时参与的感染称为混合感染。多数情况下，感染初期为单纯感染，随着动物抵抗力的下降，感染的微生物的数量和种类也不断增加。另外，急性感染多为单纯感染，而慢性感染则多为混合感染。最先侵入动物体内的病原微生物引起的感染称为原发感染。动物感染了某种病原微生物后，随着抵抗力下降，又有新的病原微生物侵入，或原先寄居在动物体内的条件性病原微生物引起的感染，称为继发感染。如犬感染了犬瘟热病毒后，常常再感染犬细小病毒。在同一感染过程中有两种或两种以上病原体共同参与、相互作用，使其毒力增强，而参与的病原体单独存在时则不能引起相同临床表现的现象称为协同感染。

4. 最急性感染、急性感染、亚急性感染和慢性感染

按病程和疾病的缓急程度来区分。病程较短，一般在24h内，常突然死亡且没有典型症状和病变的感染称为最急性感染，常见于传染病流行的初期。病程较长，数天至二三周不等，具有明显临床症状的感染称为急性感染，因常伴有明显的临床症状，有助于临床诊断。病程较长，临床症状一般相对缓和的感染称为亚急性感染，常由急性感染发展而来。慢性感染则指发展缓慢、病程数周至数月、症状不明显的感染过程，如布氏杆菌病、结核病等。

5. 外源性感染和内源性感染

病原微生物从动物体外侵入机体而引起的感染称为外源性感染，大多数传染病属于此类。而由于动物机体的抵抗力下降，致使寄生于动物体内的某些条件性病原微生物或隐性感染状态下的病原微生物得以大量繁殖而引起的感染称为内源性感染或自身感染。

6. 持续性病毒感染和慢发病毒感染

持续性病毒感染是指入侵的病毒不能杀死宿主细胞而形成病毒与宿主细胞间的共生平衡时，感染者可在几个月、几年甚至十几年内带毒或终身带毒，而且经常或不定期地向体外排出病毒，但不出现临床症状或仅出现与免疫病理反应相关症状的一种感染状态，如疱疹病毒、副黏病毒和反转录病毒科病毒，较易诱发持续性感染。慢发病毒感染是指那些潜伏期长、发病呈进行性经过，最终以死亡为转归的感染过程。动物被某些病毒或类病毒感染后病情发展缓慢，潜伏期长达几年至十几年，临床上早期多没有症状，但不断恶化且最后以死亡告终，如牛海绵状脑病（疯牛病）等。

7. 良性感染和恶性感染

一般以患病动物的致死率作为标准。致死率高者称为恶性感染，致死率低的则为良性感染。如狂犬病致死率达100%，为恶性感染，犬轮状病毒病为良性感染。良性传染病不一定危害小，如偶蹄动物的口蹄疫等一类疫病也是良性传染病。

8. 一过性感染和顿挫性感染

这是按最初病状轻重划分。动物只在开始时出现症状而且很轻，很快恢复健康的过程称为一过性感染；而最初病状较重，像急性感染，但不出现特征性症状而很快恢复健康者，称为顿挫性感染。

以上感染的各种类型都是人为划分的，因此都是相对的，它们之间往往会出现交叉、重叠和相互转化。

六、抗感染免疫与易感性的概念

病原微生物进入动物机体不一定引起感染过程。多数情况下，动物的身体条件不适合于侵入的病原微生物生长繁殖，或动物体能迅速动员防御力量将该侵入者消灭，从而不出现可见的病理变化和临诊症状，这种状态就称为抗感染免疫。动物对某一病原微生物没有免疫力（即没有抵抗力）称为易感性。

单元二 宠物疫病的特征与分类

一、宠物疫病的特征

宠物疫病虽然因病原体的不同以及动物的差异，在临床上表现各种各样的症状，但与非传染性疾病相比，主要具有以下特点。

1. 由病原体引起

宠物疫病都是由病原体与机体相互作用的结果。如狂犬病由狂犬病病毒引起，犬螨病是由疥螨或蠕形螨或耳痒螨引起。虽然理论上一种病都只有一种病原体引起，但临床上混合感染非常普遍，特别是慢性患病动物体内的病原往往非常复杂。

2. 具有传染性和流行性

患病动物都能通过一定的方式向体外排出病原体，所排出的病原体通过各种途径侵入另一易感动物体内，引起其感染，这就是传染性。传染性是传染病固有的重要特征，也是区别传染病与非传染病的一个重要特征。当条件适宜时，在一定的时间内，某一地区易感动物群中个别动物的发病造成了群体性的发病致使传染病蔓延传播，形成流行，也就是传染病的流行性。

3. 具有特征性的临床表现

传染病的临床表现虽然因病原不同而异，但大多数传染病都具有特征性的综合症状和一定的潜伏期以及病程经过（前驱期、明显期、恢复期）。由于一种病原体侵入易感动物体内，侵害的部位相对来说是一致的，所以出现的临床症状也基本相同，显现的病理变化也基本相似。但也有同一病原体引起动物出现完全不同的临床表现的，这与这些病原体侵害部位的不同有密切的关系。

4. 寄生虫病多呈慢性经过且地方性强

动物感染寄生虫以后多表现慢性经过，这主要与感染寄生虫的数量、毒力有关。

5. 被感染的动物机体发生特异性免疫反应

几乎所有的病原体都具有抗原性。在感染过程中，由于病原体的抗原刺激作用，机体发生免疫生物学的变化，产生特异性抗体和变态反应等，这种反应可以用血清学方法及其他特异性反应检查出来。但是免疫反应的发生并不一定能保证动物的健康，当免疫力不能杀灭或限制病原体时，动物就会发病，甚至死亡。

6. 耐过动物能获得特异性保护

动物耐过传染病后，在大多数情况下，均能产生特异性免疫，使机体在一定的时间内不受同种病原体的侵害。每种传染病耐过保护的时间长短不一，有的几个月，有的几年或终身不再感染。掌握传染病的耐过免疫对预防传染病非常有利。

动物疫病与动物普通病有所差异，也有共同的地方。临床上发现疑似动物疫病的疫情时，要综合分析，争取早日诊断，控制疫情。

二、动物疫病的分类

为了反映动物疫病的特性，人们从不同的侧面进行了分类，以便制订防治对策。常用的分类方法如下。

1. 按动物疫病的病原体分类

有病毒病、细菌病、寄生虫病、支原体病、衣原体病、螺旋体病、放线菌病、立克次体病和朊病毒感染等。除了病毒病、寄生虫病和朊病毒感染外，由其他病原体引起的疾病习惯上统称为细菌性疾病。

2. 按动物疫病对人体健康和动物生产的危害程度分类

根据动物疫病对人体健康和动物生产的危害程度，我国政府将动物疫病分为三大类。

（1）一类疫病　是指对人与动物危害严重，需要采取紧急、严厉的强制预防、控制、扑灭等措施的疫病。此类疫病大多数为发病急、死亡快、流行广、危害大的急性烈性传染病或人畜共患病。

（2）二类疫病　是指可能造成重大经济损失，需要采取严格控制、扑灭等措施，防止扩散的疫病。

（3）三类疫病　是指常见多发、可能造成重大经济损失，需要控制和净化的疫病。该类疫病常呈慢性发展态势，应采取检疫净化的方法，并通过预防免疫、消毒、加强饲养管理和改善环境条件等措施来控制。

一、二、三类动物疫病具体病种名录由国务院兽医主管部门制定并公布。

单元三　传染病的发展阶段

为了更好地描述动物传染病的发生、发展规律，人们将传染病分成了不同的阶段。虽然各阶段有一定的划分依据，但有的界限不是非常严格。

1. 潜伏期

从病原微生物侵入机体并进行繁殖，到动物出现最初症状为止的一段时间称为潜伏期。不同传染病的潜伏期长短不一，就是同一种传染病也不一定相同。潜伏期一般与病原微生物的毒力、数量、感染途径和动物机体的易感性有关，但内源性感染的潜伏期很难确定。一般来说，传染病的潜伏期是相对稳定的，如犬细小病毒病的潜伏期为7～14天，犬瘟热的潜伏期为3～5天。总的来说，急性传染病的潜伏期比较一致；而慢性传染病的潜伏期则差异较大，较难把握。一种传染病的潜伏期短时，疾病经过往往比较严重；潜伏期长时，则表现较为缓和。由于动物处于潜伏期时没有临床表现，难以被发现，对健康动物威胁较大。所以了解传染病的潜伏期对于预防和控制传染病也有极其重要的意义。

2. 前驱期

前驱期是疾病的征兆阶段。是指临床症状开始出现到特征性症状显露的一段时间。该期通常只有数小时至一两天，有时很难和明显期区别，仅表现疾病的一般症状，如食欲下降、发热等。此时对传染病的诊断来说是非常困难的，因此平时要加强观察，及时发现动物的异常表现。

3. 明显期

前驱期之后，疾病的特征性症状逐步明显地表现出来，进入明显期。明显期是疾病发展的高峰阶段。动物疫病的主要症状在此期逐步表现，同时这一阶段患病动物排出体外的病原微生物数量最多，传染性最强。所以患病动物的隔离在明显期非常重要，当然明显期也是疫病最容易诊断的时期。这一阶段的措施是否得当，对动物疫病能否得到有效控制非常关键。

4. 转归期

转归期是指明显期进一步发展至动物死亡或恢复健康的一段时间，是疾病发展的最后阶段。随着病情的发展，如果动物机体不能有效控制或杀灭病原微生物，病原微生物进一步生长繁殖，必然使得动物最终死亡；如果动物机体的抵抗力得到加强，病原微生物得到有效控制或杀灭，动物的症状就会逐步缓解，体内的病理变化慢慢恢复，生理机能逐步正常。动物恢复健康后，会保持一定时间的特异性抵抗力。动物痊愈后，临床症状消失而体内病原微生物不一定能被完全清除，可形成病愈后的带菌（毒）者，在一定的时间内仍然向外界排菌（毒），继续传播疫病。

单元四　动物疫病的流行过程

一、流行过程和流行病学的概念

病原体从传染源排出，通过不同的传播途径，侵入另一易感动物体内而形成新的传染，并继续传播扩散的过程，即从动物个体发病到群体发病的过程称为传染病的流行过程（简称流行）。

流行过程无论在时间、空间上的表现都是错综复杂的，受到各种自然因素和社会因素的影响。运用各种有效的调查分析及实验方法，研究各种传染病流行过程的基本规律，明确影响疫病流行的因素、病因以及在动物群中的分布特点等，从而采取有效的对策和措施，预防、控制以至逐步消灭疫病在动物群体中的发生和传播，这一科学体系称之为流行病学。

二、流行过程的基本环节

传染病在动物群体中蔓延，必须具备三个条件，即传染源、传播途径和易感动物，它们必须同时存在并相互联系才能使传染病在动物群体中流行，这三个条件常统称为传染病流行过程的三个基本环节。这三个环节同时存在并互相联系时，就会导致传染病的流行，如果三个环节中任何一个环节受到控制，传染病的流行就会被终止。因此在预防和扑灭传染病时，都要紧紧围绕这三个基本环节展开工作，从而达到防控传染病的目的。通常消灭传染源，切断传播途径，增强易感动物的抵抗力，是传染病防控的根本原则。

（一）传染源

传染源（也称传染来源）是指传染病的病原体在其中寄居、生长、繁殖，并能排出体外的动物机体。具体说就是受感染的动物。动物受感染后，可以表现为患病和携带病原两种状态，因此，传染源一般分为两种类型，即患病动物和病原携带者。

1. 患病动物

患病动物是最重要的传染源。患病动物能排出病原体的整个时期称为传染期，不同传染病传染期长短不同，各种传染病的隔离期就是根据传染期的长短确定的。动物在发病期间（特别是明显期）能排出大量毒力强的病原微生物，因此传播疾病的可能性也大，疾病早期和疾病末期相对排出病原微生物较少，传播疾病的机会也相应降低。

2. 病原携带者

病原携带者是指外表无症状但携带并排出病原体的动物，如已明确了病原体的性质，也可以相应地称为带菌者、带毒者、带虫者等。病原携带者由于很难被发现，平时常常和健康动物生活在一起，所以更具有危险性。病原携带者可分为潜伏期病原携带者、恢复期病原携带者和健康病原携带者三类。

（1）潜伏期病原携带者　指感染后至症状出现前即能排出病原体的动物。大多数传染病在潜伏期并不排出病原微生物，所以并不能作为传染源。但少数传染病（如狂犬病、犬瘟热等）在潜伏期的后期能排出病原体，因此能够传播疫病。

（2）恢复期病原携带者　指在临床症状消失后仍能排出病原体的动物。大多数传染病恢复后不久，体内的病原微生物即从体内消失，但有部分传染病（如布氏杆菌病、结核杆菌病等）动物康复后仍能长期带菌。对于这类病原携带者，需进行反复的实验室检查才能查明。

（3）健康病原携带者　指过去没有患过某种传染病但却能排出该病原体的动物。一般认为多为隐性感染或是条件性病原微生物感染所致，如巴氏杆菌病、沙门菌病、结核病等。这类病原携带者存在间歇排出病原体的现象，因此仅凭一次检查的阴性结果不能得出结论，只有反复多次检查均为阴性时才能排除病原携带状态，在引进动物时要特别注意。

（二）传播途径

病原体由传染源排出后，经一定的方式再侵入其他易感动物所经的途径称为传播途径。按病原体更换宿主的方式可将传播途径归纳为水平传播和垂直传播两种方式。

掌握传染病传播途径的重要性在于人们能有效地切断传染途径，保护易感动物的安全。

1. 水平传播

水平传播是指病原体在动物群体之间或个体之间横向平行的传播方式。

（1）直接接触传播　直接接触传播是在没有任何外界因素参与下，病原体通过被感染的动物与易感动物直接接触（交配、舐咬、身体摩擦等）而引起的传播方式。以直接接触传播为主要传播方式的传染病不多，最具代表性的是狂犬病，大多数情况下是健康动物被病犬咬伤而传染的；为患传染病的动物施行手术或进行尸体剖检时，病原体偶尔也可经伤口感染。仅能以直接接触传播为传播途径的传染病，其流行特点是一个接一个地发生，形成明显的连锁状，一般不易造成大面积流行。

（2）间接接触传播　是指必须在外界环境因素下，病原体通过传播媒介使易感动物发生传染的方式。从传染源将病原体传播给易感动物的各种外界环境因素称为传播媒介，生物媒介称为媒介者，无生命的物体称为媒介物。多数传染病都以间接接触为主要传播方式。常见的传播媒介有以下几类。

① 经被污染的饲料、饮水和用具传播　这是最常见的一类媒介。传染源的分泌物、排泄物等污染了宠物日粮、饮水及周围环境中的物体，其他生活或经过该环境的动物就可能被感染。如犬瘟热、犬细小病毒病等常常是通过这样的途径传播的。

② 经被污染的空气（飞沫、尘埃）传播　空气并不适合于病原微生物的生存，但病原微生物可以短时间内存留在空气中。空气中的飞沫和尘埃是微生物的主要依附物。几乎所有

的呼吸道传染病都主要通过飞沫进行传播,如流行性感冒、结核病、犬传染性喉气管炎、猫病毒性鼻气管炎、猫杯状病毒感染等。一般动物密度大、光线暗、通风不良等环境有利于病原体通过空气进行传播。

③ 经活的媒介物传播

a. 节肢动物：蚊、蝇、蠓、虻和蜱等节肢动物,通过在患病动物和健康动物之间的刺螫、吸血而传播病原微生物。但有的病原体能在这些节肢动物体内存活、生长,因此有的既是媒介,又是传染源。

b. 野生动物：一类是本身对病原微生物具有易感性,在感染病原微生物后引起疫病的传播,如狼、狐等传播狂犬病,鸟传播禽流感,鼠类传播钩端螺旋体病、布氏菌病等。另一类是本身对病原体并无易感性,但可以机械地传播疫病,如鼠类可能传播猪瘟和口蹄疫等。

c. 人类：宠物与人的关系最密切,接触最频繁,传播疫病的机会也就最多。许多宠物饲养者缺乏防疫意识,无意中成为传染病的传播者。如接触了患病动物后马上抚摸健康动物；宠物医生接诊完一个病例后接着处理另一个病例；对针头、体温计及其他器械等人为消毒不严等都易造成疫病的传播。

④ 经污染的土壤传播　有些病原体能在土壤中生存较长时期,当易感动物接触污染土壤时,可能发生感染,如炭疽、破伤风等。

2. 垂直传播

垂直传播是指病原体从亲代到子代的传播方式,包括经胎盘传播、分娩过程的传播和经卵传播,也可说是在母体内就发生了感染。如受伪狂犬病毒、布氏杆菌感染的动物能通过血液循环将病原体经胎盘传播给胎儿；带有沙门菌的鸟卵经胚胎感染使雏鸟发病；大肠杆菌、葡萄球菌、疱疹病毒通过子宫口到达绒毛膜或胎盘传播给子代。

（三）动物群体的易感性

易感性是指动物个体对某种病原体缺乏抵抗力、容易被感染的特性。动物群中易感个体所占的百分比和易感性的高低,直接关系到疫病是否能造成流行以及疫病的严重程度。一般来说,如果动物群中有70%～80%的个体是有抵抗力的,就不会发生大规模的爆发流行。

动物易感性的高低虽然与病原体的种类和毒力强弱有关,但主要还是由动物体的遗传特性、特异免疫状态等因素决定的。外界环境条件如气候、饲料质量、卫生条件、粪便处理、喂养方式、运动量、养殖密度等因素对动物的易感性也有一定影响。可通过抗病育种、加强饲养管理,给动物注射疫苗等措施,增强机体的抵抗力及特异性免疫力,从而降低其易感性。

三、疫源地和自然疫源地

1. 疫源地

传染源及其排出的病原体存在的地区称为疫源地,包括传染源、传染源污染的环境及一定范围内的可疑动物和贮藏宿主。因此在防疫时,不仅要处理传染源,而且要对传染源存在或经过的环境进行必要的处理。

疫源地的范围大小一般根据传染源的分布和病原体的污染范围确定。疫点通常是指范围较小的疫源地或由单个传染源所构成的疫源地,有时也将某个比较孤立的养殖场或养殖村称为疫点。疫区则指有多个疫源地存在、相互连接成片而且范围较大的区域,一般指某种疫病正在流行的地区,范围通常比疫点大。但疫点和疫区的划分不是绝对的。

疫源地的存在具有一定的时间性，时间的长短由多方面因素决定。一般来说，只有当所有的传染源死亡、康复动物体内不再带有病原体、传染源离开疫区，并对该地区进行了彻底消毒，经过一个最长潜伏期没有出现新的病例，且通过血清学检查确认动物群体安全时，才能认为该疫源地被消灭。如果该地区以后没有新的传染源或传播媒介入侵，该传染病就不会再在此地区发生。

2. 自然疫源地

有些传染病的病原体在自然情况下，即使没有人类或动物的参与，也可以通过传播媒介感染动物造成流行，并且长期在自然界循环延续，这些传染病称为自然疫源性疾病。存在自然疫源性疾病的地区，称为自然疫源地。自然疫源性疾病具有明显的地区性和季节性，并受人类活动改变生态系统的影响，如狂犬病、伪狂犬病、犬瘟热、流行性乙型脑炎、布氏杆菌病、鹦鹉热、土拉杆菌病等自然疫源性疾病。

在平时的防控工作中，一定切实做好疫源地的管理工作，防止其范围内的传染源或其排出的病原体扩散，引发传染病的蔓延。自然疫源地的保护也是非常重要的，人类活动如果改变了自然界的生态系统，使得一些野生动物离开原来的生活空间；或者人类滥杀滥捕野生动物，使得野生动物携带的一些病原进入了人类生活的范围，都会引起自然疫源性疾病的发生和流行。

单元五　动物疫病流行过程发展的特征

一、流行过程发展的特征

1. 传染病的表现形式

流行过程中，可根据一定时间内发病率的高低和传播范围的大小，将传染病的表现形式分为四种：散发性、地方流行性、流行性和大流行。

（1）散发性　是指动物发病数量不多，在一个较长时间内只有零星地散在发生。出现散发的主要原因可能是动物群对某种疫病的免疫水平较高，或某种疫病呈现隐性感染概率大，或某种疫病的传播需要一定的条件。

（2）地方流行性　是指在一定的地区和动物群体中，发病动物较多，但常局限于一个较小的范围，称为地方性流行，如炭疽、马腺疫等。这种形式除了表示发病数量稍微超过散发性以外，有时还包含着该地区存在某些有利于疾病发生的条件，如饲养管理的缺陷、土壤水源等环境有病原体的污染、带（菌）毒动物、存在活的传播媒介等。

（3）流行性　是指在一定时间内动物发病数或发病率超过了正常水平，发病数量较多，波及的范围也较广。它没有一个病例绝对数的界限，而仅仅是指疫病发生频率较高的一个相对名词。流行性疫病往往传播速度快，如果采取的防控措施不力，可很快波及很大的范围。在短时间内发现很多动物发病时，常称为某病的暴发。

（4）大流行　是一种传播范围极广、群体中动物发病率很高的流行过程，流行范围可为一个国家或几个国家，甚至可涉及一个洲或整个大陆。这类疫病多为传染性很强的病原体所引起。在历史上如口蹄疫、流感、牛瘟等都曾出现过大流行。

上述流行形式之间的界限是相对的，并不是固定不变的，随条件的变化而发生转移。这与当地的传染病发生情况、防疫水平等有关，如防疫水平高的地区，少量动物发病就会引起高度重视，而防疫工作差的地方，传染病的发生非常频繁，只有大规模发生时才会引起关注。由于各国对动物疫病防疫工作都较重视，现在很少发生大流行。

2. 流行过程的季节性和周期性

某些传染病经常发生在一定的季节，或在一定的季节出现发病率显著上升的现象，称为流行过程的季节性。出现季节性的原因有以下几方面。

（1）季节影响病原体在外界环境中的存在和散播　在夏季由于气温高、光照时间长，不利于病毒在外界的存活，而很适合细菌的生长繁殖，因此细菌性疫病发生较多，而病毒性疫病的流行相对较少；在春秋季节因气温和湿度都非常有利于病原微生物的生存，如犬瘟热、细小病毒病等易于发生和流行。

（2）季节影响活的传播媒介　如通过蚊传播的流行性乙型脑炎，主要发生在6～11月间。

（3）季节影响动物的活动和抵抗力　冬季气温寒冷，可降低动物呼吸道黏膜的屏障作用，容易造成呼吸道疫病的流行。

有些传染病，发生后经过一定的间隔时间（常以数年计），还可能再度发生流行，这种现象称为疫病流行的周期性。在传染病流行期间，易感动物除发病死亡或淘汰以外，其余的由于患病康复或隐性感染获得了免疫力，从而使流行逐渐平息。但经过一定时间后，由于动物的免疫力逐渐降低，曾经患病的动物群被新成长的后裔所代替，或引进新的易感动物，使动物群易感性再度增高，又可能重新暴发流行。周期性的现象一般具有以下特点：易感动物饲养周期长；不进行免疫接种或免疫密度很低；动物耐过免疫保护时间较长；发病率高等。因此在大动物群表现比较明显，而小动物由于每年更新或流动的数量大，动物群易感性高，疫病可以每年流行，故周期性一般不明显。

动物传染病流行过程的季节性或周期性是可以改变的，通过深入研究，掌握其发生特性和规律，在流行季节到来之前采取综合性防疫措施，可以避免传染病的发生和流行。

二、影响流行过程的因素

传染病的流行过程是一种复杂的社会生物现象，受社会因素和自然因素等多方面的影响，这些影响主要通过流行过程的各个环节而发生作用，对传染病流行过程的发生、蔓延、终止起着决定性的作用。

1. 社会因素

社会因素包括社会制度、生产力、经济、文化、科学技术水平及全社会对动物疫病的重视程度等多种因素，其中最重要的是防疫体制是否健全，是否得到充分执行。这些因素是控制和消灭动物疫病的重要保证。

2. 自然因素

影响流行过程的自然因素很多，如气候、气温、湿度、阳光、雨量、地形、地理环境等，但常以地理、气候因素的作用最突出。夏秋两季蚊蝇滋生，容易发生以吸血昆虫为媒介的疫病如乙型脑炎、附红细胞体病等；低温、潮湿的环境有利于多种病原体的保存和生长，同时降低机体的抵抗力，各种传染的机会增加。因此在平时的饲养管理过程中，一定要首先注重建筑结构、通风设施和饲养密度等问题，根据天气、季节等各种因素的变化，切实做好饲养管理工作和各项综合性防疫措施，避免动物疫病的发生和流行。

【项目小结】

本项目主要介绍了宠物疫病流行的三大基本环节和传播途径。同时对动物传染病、寄生虫病、动物疫病、感染的概念以及宠物疫病的传染性、流行性、表现形式和影响因素也做了较为详细的描述。

【复习思考题】

1. 简述动物传染病、寄生虫病、动物疫病、感染的概念。
2. 动物疫病有哪些基本的特征？
3. 动物疫病流行的三大基本环节是什么？
4. 宠物疫病传播的途径有哪几种？
5. 宠物疫病流行有哪些表现形式？
6. 可采取哪些有效措施预防动物疫病的发生？又可采取哪些有效措施防止宠物疫病的流行与扩散？

项目二　宠物疫病的防疫措施

【知识目标】
1. 掌握宠物疫病的预防措施和发生疫病时的扑灭措施。
2. 掌握流行病学调查与分析的方法。
3. 了解动物检疫的分类、范围、对象和作用。
4. 了解动物疫情报告制度与时限。
5. 掌握消毒的种类、消毒方法和常用消毒剂的应用。

【技能目标】
1. 能结合实际病例，对患病宠物进行隔离和封锁。
2. 能结合实际消毒对象和污染程度，选用适用的消毒剂和消毒方法进行消毒。
3. 能结合实际病例，对宠物尸体进行无害化处理。

单元一　防疫工作的基本原则和内容

一、防疫工作的基本原则

1. 建立和健全各级动物卫生防疫机构

建立和健全各级动物卫生防疫机构，特别是基层兽医防疫机构，以保证宠物疫病防疫措施的贯彻。宠物疫病防疫工作是一项与农业、商业、外贸、卫生、交通等部门都有密切关系的重要工作。只有各有关部门密切配合、紧密合作，从全局出发，统一部署，全面安排，才能把宠物疫病防疫工作做好。

2. 贯彻"预防为主"的方针

搞好饲养管理、防疫卫生、预防接种、检疫、隔离、消毒等综合性防疫措施，以提高宠物健康水平和抗病能力，控制和杜绝疫病的传播蔓延，降低发病率和死亡率。实践证明，切实做好平时的预防工作，可防止许多疫病的发生，即使一旦发病，也能及时得到控制。随着宠物饲养量的急剧增加，"预防为主"的方针显得更为重要，如果不是把重点工作放在预防方面，而是忙于诊治病例，势必会造成宠物发病率不断增加、防疫工作陷入被动的局面。

3. 贯彻执行相关法律法规

《中华人民共和国动物防疫法》、《动物检疫管理办法》、《动物诊疗机构管理办法》等法律法规对宠物防疫、检疫、诊疗等方面的工作做出了明确而具体的规定。

4. 完善各项防疫措施，消除疫病发生和流行的条件

较为完善的防疫技术措施，可以概括为：养（加强饲养管理）；免（免疫预防接种）；检（检疫）；监（疫情监测、监督检查）；隔（隔离患病动物）；诊（诊断）；治（治疗患病动物）；处（处理病死动物及其产品）；封（封锁疫点、疫区）；消（消毒、杀虫、灭鼠）；驱（驱虫）；育（培养健康后代）12字措施。在疫病防治工作中，要根据本地区动物疫情及动物种类、数量等，因病而异，及时调整、制订相应的防疫措施。

二、防疫工作的基本内容

动物疫病的流行必须具备传染源、传播途径和易感动物群三个基本环节。这三个环节是构成疫病在动物群中蔓延的基础，倘若缺乏任何一个环节，新的传染就不可能发生。因此，采取适当的防疫措施来消除或切断三个基本环节的相互联系，就阻止了疫病的流行。但只采取一项单独的防疫措施往往是不够的，必须采取"养、防、检、治"的综合防疫措施。综合防疫措施包括平时的预防措施、发生疫病时的扑灭措施和治疗措施。

1. 平时的预防措施

（1）加强饲养管理，增强宠物机体的抵抗力。

（2）搞好卫生消毒工作，定期消毒、杀虫、灭鼠，尸体、粪便进行无害化处理，及时消灭外界环境的病原体，减少病原体的侵入。

（3）定期免疫接种，使易感动物转化为非易感动物，防制疫病的发生。

（4）在宠物引种、销售等流通环节要按规定加强审批、报检、检疫，及时发现患病宠物，减少疫病的传播。

（5）做好本地宠物疫病疫情的调查研究，摸清疫情分布情况，协同邻近地区进行动物疫病的防治，防止外来疫病的侵入。

2. 发生疫病时的扑灭措施

（1）及时发现、诊断和上报疫情并通知毗邻单位。

（2）迅速隔离患病宠物，严格消毒污染和疑似污染的场所用具。发生流行性强、危害严重的疫病时，必须采取严格封锁和隔离措施。

（3）紧急免疫接种，对患病宠物进行及时和合理的治疗。

（4）无害化处理死亡宠物和淘汰的患病宠物。

以上预防措施和扑灭措施不是截然分开的，而是互相联系、互相配合、互相补充的。

3. 治疗措施

（1）针对病原体的疗法　在疫病的治疗中，帮助动物机体杀灭或抑制病原体，或消除其致病作用的疗法很重要，一般可分为特异性疗法、抗生素疗法和化学疗法等。

（2）针对动物机体的疗法　治疗工作中，既要考虑帮助动物机体消灭或抑制病原体，消除其致病作用，又要帮助机体增强一般的抵抗力和调整、恢复生理机能，促使机体战胜疫病，恢复健康。可分为加强护理和对症疗法。

（3）在宠物饲养场还应针对整个群体进行治疗，除了药物治疗外，还要紧急注射疫苗、血清等。

单元二　流行病学调查与分析

流行病学调查和分析是认识疫病表现和流行规律的重要方法，其目的是摸清传染病发生的原因和传播条件，及时采取合理的防疫措施，迅速控制、扑灭动物传染病的流行。在调查前，必须拟定调查计划，明确目标，根据目标决定调查种类、范围和对象。未发病时可研究某地区影响疫病发生的一切条件，考察某项防疫措施的效果；发病时对疫区进行系统调查，了解疫病发生、发展的过程，查明原因和传播条件，弄清易感动物、疫区范围、发病率和致死率，从而制订有效的对策及措施。基本要求是：实事求是，抓主要矛盾，有对比，数据统计分析与典型调查相结合。

一、流行病学调查

1. 流行病学调查的主要方法

流行病学调查应有明确的目标，根据目标决定调查种类。调查种类可分为个例调查、暴发调查、现况调查、回顾性调查和前瞻性调查等。个例调查和现况调查是动物发生疫情时最常用、最基本的调查。主要方法包括：询问调查、现场调查、实验室检查和统计分析。

（1）询问调查　这是流行病学调查中最常用的方法。通过询问座谈方式，对宠物的主人、宠物医生以及其他相关人员进行调查，查明传染源、传播方式及传播媒介等问题。

（2）现场调查　主要对宠物生存状况、饲养管理情况等重点观察，同时注意调查卫生状况、地理地形、气候条件等。因发生的疫病不同，调查的重点内容也不同。如发生消化道传染病时，应特别注意宠物的食物来源和质量、水源卫生情况、粪便处理情况等；如发生节肢动物传播的传染病时，应注意调查当地节肢动物的种类、分布、生态习性和感染情况等。

（3）实验室检查　为了进一步调查病因，常需要进行实验室检查，包括病原、抗体、寄生虫虫卵、毒物等方面的检查。另外，也可检查宠物食物、饮水、排泄物、呕吐物等。

（4）统计分析　把各项调查数据应用统计学方法归纳分析，对得到的结果进行综合分析，进一步了解疫情。

2. 流行病学调查的主要内容

（1）本次疫病的流行情况

① 时间参数　包括动物最初发病的时间，最早出现动物死亡的时间，疫病处于高峰的时间以及高峰的持续时间，患病动物最早康复的时间，一般患病动物的病程等。

② 分布情况　包括最早发病的地点及以后的蔓延状况，当前的疫情分布及发展趋势等。

③ 动物群体状况　包括疫区内各种动物的数量和分布情况，发病动物的种类、数量、年龄、性别等。

④ 各种频率指标　包括发病动物的感染率、发病率、死亡率和致死率等。

（2）疫情来源　本地过去是否发生过类似疫病。如果有发生要进一步了解发生的时间、地点，当时的流行情况及确诊结果或未确诊的原因，当时采取的措施以及取得的效果等。如果没有发生过，要了解周边地区的发生状况。同时要调查本地宠物引进、输出情况等。

（3）传播途径和传播方式　调查宠物的主要饲料来源、流向及防疫情况；排泄、病死宠物的处理状况等。

（4）饲养环境　主要了解当地的政治、经济状况，居民的生活方式，宠物拥有的数量、饲养方式、活动场所等。

二、流行病学分析

流行病学分析是将流行病学调查所取得的材料，进行统计整理分析，找到传染病流行过程的规律，为找到有效的防控措施提供重要的帮助，从而采取积极的措施来预防疫病的发生。常用的统计指标有以下几个。

1. 发病率

表示动物群中在一定时期内某病的新病例发生的频率。发病率能全面地反映传染病的流行速度，但往往不能说明整个过程，有时常有动物呈隐性感染。

发病率＝某期间内某病新病例数/某期间内该动物群动物的平均数×100%

2. 感染率

临诊诊断法和各种检验法（微生物学、血清学、变态反应等）检查出来的所有感染动物的头数（包括阴性患者）占被检查的动物总头数百分比。统计感染率可以比较深入地提示流行过程的基本情况，特别是在发生慢性传染病时有非常重要的意义。

$$感染率 = 感染某传染病的动物总头数 / 检查总头数 \times 100\%$$

3. 患病率（流行率、病例率）

在某一指定的时间动物群中存在某病的病例数的百分比，代表在指定时间动物群中疾病数量上的断面。

$$患病率 = 在某一指定时间动物群中存在的病例数 / 在同一指定时间动物群中动物总数 \times 100\%$$

4. 死亡率

某病病死数占某种动物总头数的百分比。它能表示该病在动物群中造成死亡的频率而不能说明传染病发展的特性。它能较好地表示该病在动物群体中发生的频率，但不能说明传染病的发展特性。死亡率高当然对动物养殖影响很大，但死亡率低的疫病影响并不一定就小。

$$死亡率 = 因某病死亡头数 / 同时期某种动物总头数 \times 100\%$$

5. 病死率

因某病死亡的动物总头数占该病患病动物总数的百分比。它能反映该疫病在临床上的严重程度，但并不能提示疫病的根本。

$$病死率 = 因某病致死头数 / 该病患病动物总数 \times 100\%$$

6. 带菌率

在某一动物种群中，经检测携带有某种疫病病原体的个体数量占种群数量的百分比。

$$带菌率 = 携带某种病原体的动物头数 / 被调查动物总头数 \times 100\%$$

单元三 检 疫

一、检疫的概念

目前，传统兽医学正在向现代兽医学转变。传统兽医学偏重于动物疾病的诊断和治疗，而现代兽医学更注重动物防疫检疫与动物性食品的安全，同时兼顾动物疾病的诊断与治疗。检疫就是应用各种诊断方法，对动物和动物产品进行法定疫病的检查，并采取相应的措施，防止疫病的发生和传播。检疫是一项重要的防疫措施，不仅发生疫病的疫区要进行检疫，在没有发生疫病时也要进行经常性检疫，目的是通过检疫监督，防止动物疫病的传入和传出，保障人类健康，维护公共卫生安全和对外贸易的信誉。随着人民生活水平的提高，动物及动物产品流通日趋活跃，交易日趋频繁，动物防疫检疫问题已引起了国际社会的广泛关注和重视。在我国动物检疫早已实施，上至中央政府和国家领导人，下至各级地方政府和养殖企业都开始高度重视动物防疫检疫工作。自1998年以来，国家相继出台了《中华人民共和国动物防疫法》、《中华人民共和国畜牧法》、《动物检疫管理办法》、《重大动物疫情应急条例》等一系列法律法规，并配套了一系列的动物疫病防治技术标准、规程，使动物检疫工作显得越来越重要。

二、动物检疫的作用

1. 防止患病动物及染疫动物产品进入流通环节

通过检疫，可以及时发现动物病疫以及其他危害公共卫生的因素。

2. 保护人类健康

在宠物传染病中有多种可以传播给人，如炭疽、结核病、布氏杆菌病、狂犬病、旋毛虫病、弓形虫病、禽流感、鼠疫等。

3. 维护对外贸易信誉

健康的宠物是保证国际间宠物贸易畅通无阻的关键。

4. 控制和消灭某些传染病

如结核病、布氏杆菌病等慢性病可采取检疫净化的措施。

三、动物检疫的范围

动物检疫的范围是指动物检疫的责任界限。

1. 国内动物检疫的范围

《中华人民共和国动物防疫法》规定：国内动物检疫的范围主要是指动物和动物产品。动物是指家畜家禽和人工饲养、合法捕获的其他动物。动物产品是指动物的肉、生皮、原毛、绒、脏器、脂、血液、精液、卵、胚胎、骨、蹄、头、角、筋以及可能传播动物疫病的奶、蛋等。

2. 进出境动物检疫的范围

《中华人民共和国进出境动植物检疫法》规定：进出境动物检疫的范围主要是动物、动物产品和其他检疫物，装载动物、动物产品和其他检疫物的装载容器、包装物以及来自动物疫区的运输工具。动物是指饲养、野生的活动物，如畜、禽、兽、蛇、龟、虾、蟹、贝、蚕、蜂等。动物产品是指来源于动物未经加工或虽经加工但仍有可能传播疫病的产品，如生皮张、毛类、肉类、脏器、油脂、动物水产品、奶制品、蛋类、血液、精液、胚胎、骨、蹄、角等。其他检疫物是指动物疫苗、血清、诊断液、动物性废弃物。

四、动物检疫的对象

动物检疫的对象是指动物检疫中政府规定的动物疫病，包括传染病和寄生虫病。动物检疫并不是把所有的动物疫病都作为检疫对象，而是根据国内外动物疫情、养殖业和人、畜健康及疫病净化等需要确定。主要包括人畜共患疫病、危害大防控困难的疫病、我国尚未发现的动物疫病、急性烈性动物疫病烈性传染病。农业部（2008）1125号公告将全国动物检疫对象分为三类，一类动物疫病有17种、二类动物疫病有77种、三类动物疫病有63种，共157种。

1. 一类动物疫病

口蹄疫、猪水泡病、猪瘟、非洲猪瘟、高致病性猪蓝耳病、非洲马瘟、牛瘟、牛传染性胸膜肺炎、牛海绵状脑病、痒病、蓝舌病、小反刍兽疫、绵羊痘和山羊痘、高致病性禽流感、新城疫、鲤春病毒血症、白斑综合征。

2. 二类动物疫病

多种动物共患病（9种）：狂犬病、布氏杆菌病、炭疽、伪狂犬病、魏氏梭菌病、副结核病、弓形虫病、棘球蚴病、钩端螺旋体病。

牛病（8种）：牛结核病、牛传染性鼻气管炎、牛恶性卡他热、牛白血病、牛出血性败血病、牛梨形虫病（牛焦虫病）、牛锥虫病、日本血吸虫病。

绵羊和山羊病（2种）：山羊关节炎脑炎、梅迪-维斯纳病。

猪病（12种）：猪繁殖与呼吸综合征（经典猪蓝耳病）、猪乙型脑炎、猪细小病毒病、猪丹毒、猪肺疫、猪链球菌病、猪传染性萎缩性鼻炎、猪支原体肺炎、旋毛虫病、猪囊尾蚴病、猪圆环病毒病、副猪嗜血杆菌病。

马病（5种）：马传染性贫血、马流行性淋巴管炎、马鼻疽、马巴贝斯虫病、伊氏锥虫病。

禽病（18种）：鸡传染性喉气管炎、鸡传染性支气管炎、传染性法氏囊病、鸡马立克次体病、产蛋下降综合征、禽白血病、禽痘、鸭瘟、鸭病毒性肝炎、鸭浆膜炎、小鹅瘟、禽霍乱、鸡白痢、禽伤寒、鸡败血支原体感染、鸡球虫病、低致病性禽流感、禽网状内皮组织增殖症。

兔病（4种）：兔病毒性出血病、兔黏液瘤病、野兔热、兔球虫病。

蜜蜂病（2种）：美洲幼虫腐臭病、欧洲幼虫腐臭病。

鱼类病（11种）：草鱼出血病、传染性脾肾坏死病、锦鲤疱疹病毒病、刺激隐核虫病、淡水鱼细菌性败血症、病毒性神经坏死病、流行性造血器官坏死病、斑点叉尾鲴病毒病、传染性造血器官坏死病、病毒性出血性败血症、流行性溃疡综合征。

甲壳类病（6种）：桃拉综合征、黄头病、罗氏沼虾白尾病、对虾杆状病毒病、传染性皮下和造血器官坏死病、传染性肌肉坏死病。

3. 三类动物疫病

多种动物共患病（8种）：大肠杆菌病、李氏杆菌病、类鼻疽、放线菌病、肝片吸虫病、丝虫病、附红细胞体病、Q热。

牛病（5种）：牛流行热、牛病毒性腹泻/黏膜病、牛生殖器弯曲杆菌病、毛滴虫病、牛皮蝇蛆病。

绵羊和山羊病（6种）：肺腺瘤病、传染性脓疱病、羊肠毒血症、干酪性淋巴结炎、绵羊疥癣、绵羊地方性流产。

马病（5种）：马流行性感冒、马腺疫、马鼻腔肺炎、溃疡性淋巴管炎、马媾疫。

猪病（4种）：猪传染性胃肠炎、猪流行性感冒、猪副伤寒、猪密螺旋体痢疾。

禽病（4种）：鸡病毒性关节炎、禽传染性脑脊髓炎、传染性鼻炎、禽结核病。

蚕、蜂病（7种）：蚕型多角体病、蚕白僵病、蜂螨病、瓦螨病、亮热厉螨病、蜜蜂孢子虫病、白垩病。

犬、猫等动物病（7种）：水貂阿留申病、水貂病毒性肠炎、犬瘟热、犬细小病毒病、犬传染性肝炎、猫泛白细胞减少症、利什曼病。

鱼类病（7种）：鲴类肠败血症、迟缓爱德华菌病、小瓜虫病、黏孢子虫病、三代虫病、指环虫病、链球菌病。

甲壳类病（2种）：河蟹颤抖病、斑节对虾杆状病毒病。

贝类病（6种）：鲍脓疱病、鲍立克次体病、鲍病毒性死亡病、包纳米虫病、折光马尔太虫病、奥尔森派琴虫病。

两栖与爬行类病（2种）：鳖腮腺炎病、蛙脑膜炎败血金黄杆菌病。

五、动物检疫的分类

根据动物及其产品的动态和运转形式，我国动物检疫在总体上分为国内检疫和国境检疫两大类。

1. 国内检疫

对国内动物及动物产品进行检疫称为国内检疫，简称内检。主要包括产地检疫、屠宰检疫和检疫监督。动物产地检疫是指动物、动物产品在离开饲养地或生产地之前进行的检疫；对待宰活动物和宰后肉尸内脏所进行的检疫称为屠宰检疫；对进入流通环节的动物及动物产品所进行的监督检查称为检疫监督。

县级以上地方人民政府设立的动物卫生监督机构负责动物、动物产品的检疫工作和其他有关动物防疫的监督管理执法工作。动物卫生监督机构的官方兽医具体实施动物、动物产品检疫。

2. 国境检疫

对出入国境的动物及动物产品进行检疫称为国境检疫，又叫进出境检疫或口岸检疫（简称外检）。主要包括进境检疫、出境检疫、过境检疫、携带物检疫、邮寄物检疫等。我国在各重要口岸设立的出入境检验检疫机构，代表国家根据我国规定的进境动物检疫对象名录，按照贸易双方签定的协定或贸易合同中规定的检疫条款实施进出境检疫。

单元四 疫情报告

一、疫情报告制度

动物疫情是指动物疫病发生、发展的情况。重大动物疫情，是指高致病性禽流感等发病率或者死亡率高的动物疫病突然发生，迅速传播，给养殖业生产安全造成严重威胁、危害，以及可能对公众身体健康与生命安全造成危害的情形，包括特别重大动物疫情。

从事动物疫情监测、检验检疫、疫病研究与诊疗以及动物饲养、屠宰、经营、隔离、运输等活动的单位和个人，发现动物染疫或者疑似染疫的，应当立即向当地兽医主管部门、动物卫生监督机构或者动物疫病预防控制机构报告，并采取隔离等控制措施，防止动物疫情扩散。其他单位和个人发现动物染疫或者疑似染疫的，应当及时报告。接到动物疫情报告的单位，应当及时采取必要的控制处理措施，并按照国家规定的程序上报。报告内容主要包括：①疫情发生的时间、地点；②染疫、疑似染疫动物的种类和数量、同群动物数量、免疫情况、死亡数量、临床症状、病理变化、诊断情况；③流行病学调查和病源追踪情况；④已采取的控制措施；⑤疫情报告的单位、负责人、报告人及联系方式等。

动物疫情由县级以上人民政府兽医主管部门认定；其中重大动物疫情由省、自治区、直辖市人民政府兽医主管部门认定，必要时报国务院兽医主管部门认定。国务院兽医主管部门负责向社会及时公布全国动物疫情，也可以根据需要授权省、自治区、直辖市人民政府兽医主管部门公布本行政区域内的动物疫情。其他单位和个人不得发布动物疫情。

迅速、准确、全面的疫情报告，能使动物卫生监督机构及时发现掌握疫情情况，快速反应，及时制订防控对策，做好动物疫情的应急工作，依法防治，群防群控、果断处置严格处理，减少损失。

二、疫情报告时限

动物疫情报告实行快报、月报和年报制度。疫情报告责任人可电话报告，也可以直接到当地兽医主管部门、动物卫生监督机构或者动物疫病预防控制机构的办公地点找有关人员报告，也可以书面形式报告等。

动物卫生监督机构报告以报表形式上报。动物疫情快报、月报、年报报表由全国畜牧兽医总站统一制订。利用动物防疫网络系统进行上传。疫情报告工作中，要严格执行国家有关疫情报告的规定及本省动物防疫网络化管理办法，认真统计核实有关数据，防止误报、漏报，严禁瞒报、谎报。保证做到及时上报、准确无误。

1. 快报

所谓快报，就是在发现某些传染病或紧急疫情时，应以最快的速度向有关部门报告，以便迅速启动应急机制，将疫情控制在最小的范围，最大限度地减少疫病造成的经济损失，保护人畜健康。

县级动物卫生监督机构和国家测报点确认发现一类或者疑似一类动物疫病，二类、三类或者其他动物疫病呈暴发性流行，新发现的动物疫情，已经消灭又发生的动物疫情等时，应在24h之内快报至全国畜牧兽医总站。全国畜牧兽医总站应在12h内报国务院畜牧兽医行政管理部门。

如果属于重大动物疫情，应按照《重大动物疫情应急条例》的规定上报：县（市）动物卫生监督机构接到报告后，应当立即赶赴现场调查核实。初步认为属于重大动物疫情的，应当在2h内将情况逐级报省、自治区、直辖市动物卫生监督机构，并同时报所在地人民政府兽医主管部门；兽医主管部门应当及时通报同级卫生主管部门。省、自治区、直辖市动物卫生监督机构应当在接到报告后1h内，向省、自治区、直辖市人民政府兽医主管部门和国务院兽医主管部门所属的动物卫生监督机构报告。省、自治区、直辖市人民政府兽医主管部门应当在接到报告后1h内报本级人民政府和国务院兽医主管部门。重大动物疫情发生后，省、自治区、直辖市人民政府和国务院兽医主管部门应当在4h内向国务院报告。

2. 月报

月报即按月逐级上报本辖区内动物疫病的情况，为上级部门掌握分析疫情动态、实施防疫监督与指导提供可靠依据。县级动物卫生监督机构对辖区内当月发生的动物疫情，于下一个月5日前上报地（市）级动物卫生监督机构，地（市）级动物卫生监督机构每月10日前报告省级动物卫生监督机构，省级动物卫生监督机构于每月15日前报全国畜牧兽医总站，全国畜牧兽医总站将汇总分析结果于每月20日前报国务院畜牧兽医行政管理部门。

3. 年报

实行逐级上报制。县级动物卫生监督机构应在每年1月10日前将辖区内上一年的动物疫情报告地（市）级动物卫生监督机构，地（市）级动物卫生监督机构应当在1月20日前报省级动物卫生监督机构，省级动物卫生监督机构应当在1月30日前报全国畜牧兽医总站，最后由全国畜牧兽医总站将汇总分析结果于2月10日前报国务院畜牧兽医行政管理部门。

单元五　隔离和封锁

一、隔离

隔离是为了控制传染源，切断流行过程，防止健康动物受到传染，以便将疫情控制在最小范围内加以就地扑灭。因此，在发生传染病流行时，应首先查明在动物群中蔓延的程度，应逐头（只）检查临床症状，必要时进行血清学和变态反应检查。根据检疫的结果，将全部受检动物分为患病动物、可疑感染动物和假定健康动物三类，以便分别对待。

1. 患病动物

患病动物是指有典型症状或其他方法诊断呈阳性的动物，是危险性最大的传染源。应选择不易传播病原体、消毒方便的场所进行隔离，如患病动物数量较多，可在原栏舍隔离。要严格消毒，加强卫生护理，及时治疗，并有专人看管。隔离场所禁止无关人员和其他动物接近；工作人员出入应严格执行消毒制度；隔离区内的用具、饲料、粪便等，未经彻底消毒处理，不得运出；没有治疗价值的患病动物，按有关国家有关规定进行无害化处理。

2. 可疑感染动物

可疑感染动物指未发现任何症状，但与患病动物及其污染的环境有过明显的接触，如同群、同圈、同水源、同用具等。这类动物有可能处在潜伏期，并有排菌（毒）的危险，应在消毒后另选地方将其隔离、看管，限制其活动，详加观察，出现症状的则按患病动物处理。

有条件时应立即进行紧急免疫接种或预防性治疗。经过一个该传染病最长潜伏期无症状的可取消隔离。

3. 假定健康动物

疫区内除以上两类外的其他易感动物都属于此类。应与上述两类严格隔离饲养，加强防疫消毒，进行紧急免疫接种和药物预防。

采取隔离措施时应注意：仅靠隔离不能扑灭传染病，需要与其他防疫措施相配合。

二、封锁

1. 封锁的概念

当发生某些重要传染病时，在隔离的基础上，把疫源地封闭起来，防止疫病由疫区向安全区扩散。

2. 封锁的对象

发生一类动物疫病或二、三类动物疫病呈爆发性流行时，必须进行封锁。

3. 封锁的程序

当地县级以上地方人民政府兽医主管部门应当立即派人到现场，划定疫点、疫区、受威胁区，调查疫源，及时报请本级人民政府对疫区实行封锁。疫区范围涉及两个以上行政区域的，由有关行政区域共同的上一级人民政府对疫区实行封锁，或者由各有关行政区域的上一级人民政府共同对疫区实行封锁。必要时，上级人民政府可以责成下级人民政府对疫区实行封锁。

4. 封锁区的划分

按照不同动物疫病病种及其流行特点和危害程度，划定疫点、疫区和受威胁区的范围。

5. 封锁的执行

应执行"早、快、严、小"的原则，即发现报告疫情、执行封锁要早，行动要迅速果断，封锁要严密，范围要小。

6. 封锁的具体措施

（1）对疫点的措施　扑杀并销毁染疫动物和易感染的动物及其产品；对病死的动物、动物排泄物、被污染饲料、垫料、污水进行无害化处理；对被污染的物品、用具、动物圈舍、场地进行严格消毒。

（2）对疫区的措施　在疫区周围设置警示标志，在出入疫区的交通路口设置临时动物检疫消毒站，对出入的人员和车辆进行消毒；扑杀并销毁染疫和疑似染疫动物及其同群动物，销毁染疫和疑似染疫的动物产品，对其他易感染的动物实行圈养或者在指定地点放养，役用动物限制在疫区内使役；对易感染的动物进行监测，并按照国务院兽医主管部门的规定实施紧急免疫接种，必要时对易感染的动物进行扑杀；关闭动物及动物产品交易市场，禁止动物进出疫区和动物产品运出疫区；对动物圈舍、动物排泄物、垫料、污水和其他可能受污染的物品、场地进行消毒或者无害化处理。

（3）对受威胁区的措施　对易感染的动物进行监测；根据需要对易感染的动物实施紧急免疫接种。

7. 解除封锁

自疫区内最后一头（只）发病动物及其同群动物处理完毕起，经过一个最长潜伏期以上的监测，未出现新病例的，彻底消毒后，经上一级动物卫生监督机构验收合格，按照国务院兽医主管部门规定的标准和程序评估后，由原决定机关决定并宣布解除封锁，撤销疫区和设立的临时动物检疫消毒站。

单元六 消毒、杀虫、灭鼠与动物尸体处理

一、消毒

利用物理、化学和生物学的方法清除并杀灭外界环境中所有病原体的措施称为消毒。消毒是贯彻"预防为主"方针，进行综合性防疫的一项重要措施；目的是消灭被传染源散播于外界的病原体，以切断传播途径，阻止疫病的继续蔓延扩散。

1. 消毒对象

消毒对象包括患病动物及动物尸体所污染的圈舍、场地、土壤、水、饲养用具、运输用具、仓库、人体防护装备、病畜产品、粪便等。

2. 消毒的种类

根据消毒的目的和时机不同分为预防性消毒、随时消毒和终末消毒。

（1）预防性消毒 平时对动物栏舍、场地、水源、用具物品、设施等进行定期或不定期消毒。

（2）随时消毒 在发生传染病时，为了及时消灭患病动物排出的病原体而进行的消毒。消毒对象主要是患病动物的排泄物、分泌物污染的环境及一切用具、物品、设施等。根据需要，每天进行一次或多次随时消毒。

（3）终末消毒 在疫病控制、扑灭之后或者在疫区解除封锁之前，为了消灭疫区内可能残留的病原体而进行的全面彻底的消毒。终末消毒的实施质量如何，是决定今后能否继续在该地饲养健康动物的关键。

3. 消毒的方法

（1）机械清除 使用机械的方法清除病原体，如经常采用清扫、洗刷、通风过滤等手段清除存在于环境中病原体。将粪、尿、垫草、饲料残渣等及时清除干净，洗刷动物被毛，除去体表污物及附在污物上的病原体，这种方法虽然不能杀灭病原体，但可以大大减少病原体的数量，若再配合其他消毒方法，常可获得较好的消毒效果。若不事先进行清扫、洗刷，舍内因积有粪便、污垢等有机物，还将直接影响常用消毒剂的消毒效果。因此机械消毒在实际工作中最常用，且简单易行。但清扫前可根据需要先用清水或消毒药物喷洒，以免打扫时尘土飞扬，造成病原体播散；清除的污物垫料等要进行掩埋、焚烧或用其他无害方法处理。

同样，通风虽然不能杀灭病原体，但可以通过短期内使舍内空气交换，达到减少舍内病原体的目的。通风换气时间与舍内外温差、通风孔大小有关，一般每次不得少于30min。为防止动物圈舍排出的污气、尘埃等进入相邻动物圈舍，圈舍间应保持50m以上的距离，或将圈舍改为纵向通风。有条件的动物饲养场，圈舍内可实行正压过滤通风。

（2）物理消毒法 物理消毒是指用阳光、紫外线、干燥、高温等方法杀灭病原体。

① 阳光、紫外线和干燥 阳光是天然洁净的消毒剂，其光谱中的紫外线有较强的杀菌能力。此外，阳光的灼热和蒸发水分引起的干燥也有杀菌作用。一般病毒和非芽孢细菌在阳光暴晒下几分钟至几小时后，其致病力可大大减弱甚至死亡。对用具、物品等阳光消毒是一种简单、经济、易行的消毒方法。阳光消毒能力的大小与季节、天气、时间、纬度等有关，应用时要灵活掌握，并配合其他消毒方法进行。

紫外线杀菌作用最强的波段是250～270nm。紫外线对革兰阴性菌消毒效果好，对革兰阳性菌效果次之，对芽孢无效。许多病毒也对紫外线敏感。紫外线消毒时受很多因素的影响，只对表面光滑的物体才有较好的消毒效果。空气中的尘埃可吸收大部分紫外线，因此消

毒时，舍内和物体表面必须干净。用紫外线灯管消毒时，灯管距离消毒物品表面不超过1m，灯管周围1.5～2m处为消毒有效范围，消毒时间为1～2h。若灯下能装一小吹风机，能增加消毒效果。

② 干热消毒

a. 焚烧法：用于患病动物尸体、污染的垃圾、废弃物等物品的消毒，可直接点燃或在焚烧炉内焚烧。铁笼等金属用品、用具要用火焰喷灯进行消毒。

b. 烧灼法：烧灼是直接用火焰灭菌。适用于实验室的接种环、试管口、玻璃片等不怕热的器材的消毒或灭菌。

c. 热空气消毒法：利用干热空气进行消毒。主要用于各种耐热玻璃器皿如试管、吸管、烧瓶及培养皿等实验器材的消毒。由于干热的穿透力低，因此箱内温度上升至160℃后，保持2h才可杀死所有病原体及其芽孢。

③ 湿热消毒

a. 煮沸消毒法：煮沸消毒是最常用的消毒方法之一，此法操作简便、经济、实用且效果比较可靠，适用于一般器械如刀、剪、注射器、针头等的消毒。大多数非芽孢病原体在100℃的沸水中迅速死亡，而芽孢病原体则要煮沸后15～30min才能致死。煮沸消毒时，若在水中加入增效剂则可以提高煮沸消毒的效果。如在煮沸金属器械时加入2％碳酸钠溶液，可使溶液偏碱性，增强杀菌力，同时还可减缓金属氧化，具有一定的防锈作用。

b. 流通蒸汽消毒法：流通蒸汽消毒法又称为常压蒸汽消毒法，是在1个标准大气压下，用100℃左右的水蒸气进行消毒。这种消毒方法常用于不耐高温高压物品的消毒。因在常压下，蒸汽温度达到100℃，维持30min，能杀死细菌的繁殖体，但不能杀死细菌的芽孢和真菌孢子。流通蒸汽消毒时，消毒物品包装不宜过大、过紧，吸水物品不要浸湿后放入。

c. 巴氏消毒法：巴氏消毒是利用热力杀死物品中的病原菌及其他细菌的繁殖体（不包括芽孢和嗜热菌），而不致严重损害物品质量的一种方法，广泛应用于牛奶等消毒。

牛奶的巴氏消毒有两种方法：一是加热至63～65℃，至少保持30min，然后迅速冷却至10℃以下；二是加热至71～75℃，至少保持15min，然后迅速冷却至10℃以下。这两种方法也称冷击法，可使牛奶消毒，也有利于鲜牛奶转入冷库保存。将鲜牛奶通过不低于132℃的管道1～2s，然后迅速冷却，从而达到消毒目的的方法称超高温巴氏消毒法，可使牛奶在常温下保存期延长至半年左右。

d. 高压蒸汽灭菌法：高压蒸汽灭菌为杀菌效果最好的灭菌法，利用高压灭菌器进行灭菌。在密闭条件下，蒸汽压力愈大，则灭菌器内温度愈高，杀菌效力愈强。通常压力表达到1×10^5Pa时温度为121.3℃，经过30min即可杀灭所有的繁殖体和芽孢。此法常用于耐高热的物品如普通培养基、金属器械、敷料、针头等的灭菌。

(3) 化学消毒法　化学消毒是指用化学药物（消毒剂）杀灭病原体。由于消毒剂和被消毒对象种类繁多，其化学消毒方法也很多。在动物疫病防控过程中，常常利用各种化学消毒剂对病原微生物污染的场所、物品等进行清洗、浸泡、喷洒、熏蒸，以达到杀灭病原体的目的。各种消毒剂对病原微生物具有广泛的杀伤作用，但对动物和人也有损伤作用，使用时应予注意。选择药剂时应考虑高效、广谱、作用迅速、活性长效、性质稳定、便于贮运、抗有机物干扰、高度的安全性、成本适中、使用方便等条件。

(4) 生物消毒法　生物消毒是指通过堆积发酵、沉淀池发酵、沼气池发酵等产热或产酸，以杀灭粪便、污水、垃圾及垫草等中病原体的方法。主要用于污染粪便的无害化处理。在粪便堆积发酵过程中，由于粪便、污物中的微生物发酵产热可使温度高达70℃以上。经过一段时间，可以杀死病毒、病原菌、寄生虫卵等病原体而达到消毒的目的，同时又保持了粪便的良好肥效。在发生一般疫病时是一种很好的粪便消毒方法，但此法不适用于由产芽孢病菌污染的粪便消毒，对这种粪便最好的处理方法是焚毁。

4. 消毒方法的选择

选择何种消毒法对物品消毒，应根据病原体的特性和被消毒物体的特性加以选择：染有细菌芽孢等的物品，可选择火焰或焚烧消毒法；染有一般病原体的物品，可选择煮沸消毒法；不耐热、湿的染疫物和圈舍、仓库等，可选择气体熏蒸消毒；怕热而不怕湿的染疫物品可采用消毒液浸泡；染有一般病原体的粪便、垃圾、垫草等污物应选择生物消毒法等。

5. 常用的消毒剂及其应用

（1）酚类消毒剂　能使病原微生物的蛋白凝固、变性，对病毒、真菌作用差，不能杀灭芽孢。

① 来苏儿（煤酚皂液、甲酚皂液）　主要用于环境、排泄物、用品消毒。常用浓度为3%～5%。

② 菌毒敌（又名农乐、消毒灵、菌毒敌，含酚41%～49%，醋酸22%～26%）　有特殊臭味，易溶于水。能杀灭细菌、真菌和病毒，对多种寄生虫卵亦有杀灭作用。主要用于环境、排泄物、用品消毒，常用浓度为0.5%～1%；若用于熏蒸消毒，则每立方米用2g。

（2）碱类消毒剂　能水解菌体蛋白和核蛋白，使细胞膜和酶受损而死亡。对病毒有强大的杀灭作用，可用于许多病毒性传染病的消毒，高浓度碱液亦可杀灭芽孢。碱类消毒剂最常用于畜禽饲养过程中场所及圈舍地面、污染设备（防腐）及各种物品以及含有病原体的排泄物、废弃物的消毒。

① 氢氧化钠（苛性钠、火碱）　对病毒、病菌杀灭力均好。由于腐蚀性强，主要用于环境、地面的消毒。常用浓度为2%～4%，杀灭炭疽芽孢浓度为10%。

② 石灰乳　对大多数细菌繁殖体有较强的杀灭力，不能杀灭炭疽芽孢和结核杆菌。主要用于涂刷消毒动物栏舍、墙壁和地面等。常用浓度为10%～20%。在配制石灰乳时，应随配随用，以免失效造成浪费。

（3）酸类消毒剂　高浓度的氢离子能使菌体蛋白变性和水解，而低浓度的氢离子可以改变细菌体表蛋白两性物质的解离度，抑制细胞膜的通透性，影响细菌的吸收、排泄、代谢和生长。氢离子还可与其他阳离子在菌体表面竞争性吸附，妨碍细菌的正常活动。

① 硼酸　可用于黏膜的消毒。常用浓度为2%～3%。

② 乳酸　对伤寒杆菌、大肠杆菌、葡萄球菌和链球菌等具有抑制或杀灭作用，对某些病毒也有一定灭活作用，适用于空气消毒。乳酸蒸汽消毒时，将适量20%乳酸溶液置于器皿中在密闭室内加热蒸发30～90min即可。

③ 盐酸和硫酸　具有强大的杀菌和杀芽孢作用，但它们对动物组织细胞、纺织品、木质用具和金属制品等具有强烈的刺激和腐蚀作用，故应用受到限制。将2.5%盐酸溶液和15%食盐水溶液等量混合，将皮张浸泡在此溶液中，并使溶液温度保持在30℃左右，浸泡40h，用于被病原微生物污染或可疑被污染和一般染疫动物的皮毛消毒。

（4）醇类消毒剂　能使菌体蛋白凝固和脱水，且能溶脂，但不能杀灭芽孢。乙醇为应用最广泛的醇类消毒剂。常用浓度为70%～75%。主要用于皮肤、器械以及注射针头、体温计等的消毒。

（5）醛类消毒剂　醛类的杀菌作用较强，其中以甲醛的熏蒸消毒最为常用。随着生产技术的进步和养殖业的需求，戊二醛、邻苯二甲醛等高效消毒剂也被广泛应用。

① 甲醛　用于熏蒸消毒时，通常按7～21g/m³ 高锰酸钾加入14～42ml/m³ 福尔马林进

行，室温一般不应低于15℃，相对湿度应为60%～80%，密闭门窗7h以上便可达到消毒目的，然后敞开门窗通风换气，消除残余的气味。

② 多聚甲醛 本身无杀菌作用，但加热至80～100℃时能产生大量的甲醛气体而呈现强大的杀菌作用。用多聚甲醛熏蒸消毒时，可按 $3\sim5g/m^3$ 取多聚甲醛，加热至100℃密闭10h即可达到消毒的作用，使用注意事项与甲醛相似，要求较高的温度和湿度。

③ 戊二醛 不仅能快速高效地杀灭大多数细菌、细菌繁殖体、真菌、芽孢和病毒，而且不腐蚀金属器械和玻璃及塑料制品，且使用方便、对人的毒性很低，广泛应用于不耐热的医疗器械、精密仪器、食品器具、禽畜栏舍和环境卫生的消毒。常用浓度为2%。

(6) 卤素类消毒剂 卤素（包括氯、碘等）对细菌原生质及其他结构成分有高度的亲和力，易渗入细胞，之后和菌体原浆蛋白的氨基或其他基团相结合，使其菌体有机物分解或丧失功能而呈现杀菌作用。氯的杀菌力最强，其次为碘。常用的消毒剂有漂白粉精、次氯酸钠溶液、优氯净、强力消毒王、碘酊、复方络合碘等。

① 漂白粉 主要成分为次氯酸钙，杀菌迅速且无残留物和气味。可用于环境、排泄物、用品的消毒。5%澄清液：喷洒消毒动物圈舍、笼架、饲槽、车辆以及食品厂、肉联厂设备和工作台面等物品。10%～20%乳剂：消毒被污染的圈舍、粪池、排泄物，对金属有一定腐蚀作用，可使纺织品褪色，对皮肤和黏膜有刺激性，大量使用时应戴防护口罩或面具，穿防护服，做好自身防护。

② 氯胺-T 消毒作用缓慢而持久。用于饮水消毒时浓度为 $2\sim4g/m^3$；用于用品消毒时浓度为0.5%～1%；用于环境、排泄物消毒时浓度为3%～5%。

③ 二氯异氰尿酸钠（优氯净、消毒威） 对病毒、细菌、芽孢、真菌杀灭能力强，用于饮水消毒时浓度为0.0004%；用于用品、栏舍消毒时浓度为0.5%～1%；用于环境、排泄物消毒时浓度为3%～5%；杀灭芽孢浓度为5%～10%。

④ 稳定性二氧化氯 具有独特的杀菌原理（经活化后释放出新生态原子氧），能够快速、持久地杀灭细菌、真菌、病毒、芽孢。适用于畜禽养殖环境、空气、器具和饮水、饲料消毒。将10g粉剂倒入1kg水中搅拌均匀，静置5min至完全溶解，即得1kg 1000ml的母液。根据消毒对象与作用的不同，按比例配水使用。

⑤ 碘酊 用于手术部位、注射部位等皮肤的消毒，常用浓度为2%～5%。

⑥ 碘甘油 常用于口炎、咽炎和病变皮肤等局部的消毒，常用浓度为1%。

(7) 氧化剂类消毒剂 该类消毒剂含有不稳定的结合态氧，当它与病原体接触后可通过氧化反应破坏其活性基团而呈现消毒作用。常用的制剂有以下几种。

① 高锰酸钾 用于皮肤、黏膜、创面冲洗消毒，常用浓度为0.1%；可与福尔马林混合用于空气的熏蒸消毒。

② 过氧化氢（双氧水） 对厌氧菌感染很有效，主要用于陈旧创的消毒，常用浓度为1%～3%。

③ 过氧乙酸 能迅速杀死细菌、病毒、真菌和细菌芽孢，可用于耐酸塑料、玻璃、搪瓷和橡胶制品的消毒以及带动物消毒，常用浓度为0.2%～0.5%，空间加热熏蒸消毒时的常用浓度为5%。保存过氧乙酸时需要低温避光保存，70℃以上会引起爆炸。稀释后只能保持药效3～7天，故应现用现配。

(8) 表面活性剂类消毒剂 可通过吸附于细菌表面，改变菌体胞膜的通透性，使胞内酶、辅酶和中间代谢产物逸出，造成病原体代谢过程受阻而呈现杀菌作用。

① 新洁尔灭 为阳离子表面活性剂，不能与阴离子表面活性剂（肥皂、合成类洗涤剂）合用，否则会被中和而失效。对化脓性细菌、肠道细菌及部分病毒有较好的杀灭能力，对结

核杆菌、真菌、芽孢的杀灭效果不好。用于皮肤、黏膜及器械消毒时，浓度为 0.1%；用于创面消毒时，浓度为 0.01%。

② 百毒杀　为双链季铵盐消毒剂。具有速效和长效等双重效果，能杀灭多种病原体和芽孢。平时对环境喷洒、设备器具以及带动物消毒时，使用浓度为 0.015%；疫病发生时的消毒，常用浓度为 0.025%。

③ 消毒净　为季铵盐类阳离子表面活性剂。可用于黏膜、皮肤、器械及环境的消毒。皮肤、黏膜消毒时，可用浓度为 0.05%～0.1%；金属器械消毒可用 0.05%溶液浸泡，并加入 0.05%亚硝酸钠以防生锈。

（9）挥发性烷化剂　能与菌体蛋白和核酸的氨基、羟基、巯基发生反应，使蛋白质变性、核酸功能改变。对各种微生物和某些昆虫及其虫卵都有杀灭作用。

① 环氧乙烷（氧化乙烯）　适用于精密仪器、医疗器械、生物制品、皮革、裘皮、羊毛、橡胶、塑料制品、图书、饲料等忌热、忌湿物品的消毒。消毒应在密闭条件下进行，要求环境相对湿度为 30%～50%，最适温度 38～54℃，但不得低于 18℃，消毒时间越长效果越好。

② 福尔马林　用于喷洒地面、墙壁时，常用浓度为 2%～4%；用于熏蒸消毒时，每立方米用 14～42ml。

（10）染料类消毒剂　破坏细菌的离子交换机能，抑制酶的活性。常用甲紫和结晶紫对革兰阳性菌杀灭力较强，也有抗真菌作用。用于皮肤或黏膜创面消毒时，浓度为 1%～2%；用于烧伤时，浓度为 0.1%～1%。

（11）复合型消毒剂　当前我国生产、经营和使用最广泛的兽用消毒药品主要为复合酚类、碘类、季铵盐类和氯制剂四大类。

① 农福　由天然酚、有机酸、表面活性剂组成的配方消毒剂。各种活性成分之间协同作用，能有效杀灭各种细菌、病毒和真菌。空舍和环境消毒稀释比例为 1：（200～1000）。

② 安灭杀　主要成分为季铵盐和戊二醛，可杀灭病毒、细菌、支原体、原虫和真菌。pH 值呈中性，不易受环境酸碱度及有机物影响，最适宜养殖场环境、带动物及设备消毒。常规预防消毒稀释比例为 1：（800～1000）；饮水消毒稀释比例为 1：（3000～5000）；爆发疾病时稀释比例为 1：（80～1000）（视病原体不同）。

③ 拜净　是以三碘氧化合物方式杀菌的复合型碘伏高效消毒剂。适宜带动物喷雾消毒、场地消毒、饮水消毒、设备消毒。常规环境消毒稀释比例为 1：（1200～1500）；饮水消毒稀释比例为 1：2500；器械设备消毒稀释比例为 1：600；暴发疾病时稀释比例为 1：（300～600）（视病原体不同）。

④ 百胜-30　主要包含碘、磷酸、硫酸等成分，为复合碘消毒剂之一。对病毒、细菌、支原体、衣原体、真菌和藻类都有强大的杀灭作用。适合带动物喷雾消毒、饮水消毒和环境的消毒。栏舍及用具消毒稀释比例为 1：（200～300）；饮水消毒稀释比例为 1：1250；处理伤口稀释比例为 1：150。

⑤ 聚维酮碘（碘伏、强力碘）　是碘与表面活性剂的不定型络合物，能杀灭多种病原体、芽孢，对皮肤、黏膜无刺激作用，并可延长杀菌作用至 2～4h。常用于饮水、饲槽、水槽、环境等消毒；可用于皮肤损伤面（烧伤、冻伤、刀伤、擦伤等）感染的预防和治疗。器械、种蛋、食具消毒稀释比例为 1：（800～1000）；动物乳房及外阴的消毒稀释比例为 1：10；饮水消毒稀释比例为 1：（1000～1500）；带动物消毒稀释比例为 1：（800～1000）；爆发疾病时稀释比例为 1：（100～200）。

消毒是一个系统工程，基础消毒选择烧碱，门口消毒可选择农福、消毒威等。对动物消毒和舍内空气消毒可选择拜净、安灭杀、百胜-30、聚维酮碘、过氧乙酸、百毒杀等。

随着经济贸易的全球化，动物疾病流行也呈现全球化，一些新的疾病的流行给动物养殖业造成了巨大损失。由于新型传染病疫苗的研究需要较长周期，因此预防控制新型传染病只能通过加强饲养管理和注重消毒等预防措施来实现。这种形势下，研究一种或多种新型、高效、广谱、安全的消毒剂显得十分必要。因此新型高效复合型消毒剂以及兽用消毒剂专用表面活性剂将成为未来研究的趋势，在此基础上，宠物手术（器械）专用消毒剂、奶牛乳头专用消毒剂、种蛋专用消毒剂、SPF动物屏障设施专用消毒剂、生物安全实验室专用消毒剂、疫苗灭活专用消毒剂等更加细化的专业实用型消毒剂的研究也会逐渐受到人们的关注。

兽用消毒剂在实际应用中存在的主要问题：忽略清除动物栏舍内的粪便、饲料残渣、体表脱落物等有机物；认为饮水消毒剂对畜禽无害而随意加大浓度，造成损失；认为使用温开水作溶剂能增加所有消毒剂的消毒效果；不能做到交叉应用多种类型消毒剂，造成耐药性的产生；认为消毒剂气味越浓越好，造成动物黏膜损伤，影响效益。

二、杀虫

蚊、蝇、蜱、虱、螨、虻、蠓等节肢动物是重要的传播媒介。杀灭这些媒介昆虫和防止它们的出现，在防控疫病方面具有重要意义。

1. 物理杀虫法

用喷灯火焰烧昆虫聚居的墙壁，用火焰烧昆虫聚居的垃圾等废物；拍、打、捕、捉等能消灭部分媒介昆虫，但不适合大群饲养的动物；用沸水杀灭用具、衣服、装饰品上的昆虫。在动物舍门窗安装纱网进行隔离。

2. 生物杀虫法

是用雄虫绝育技术控制昆虫繁殖和以昆虫的天敌或病菌消灭昆虫的方法。如用过量激素抑制昆虫的变态或蜕皮；利用微生物感染昆虫，影响其生殖或使其死亡；用辐射使雄虫绝育；消除昆虫滋生繁殖的环境等方法都是有效消灭昆虫的方法。

3. 药物杀虫法

主要是应用敌百虫、敌敌畏、倍硫磷、除虫菊酯等化学杀虫剂来杀虫的方法。目前使用的杀虫剂往往同时具有两种或两种以上的杀虫作用；目前应用最多的是拟除虫菊酯类杀虫剂，此类杀虫剂具有广谱、高效、低毒、残效短、用量少等优点，舍内使用0.3%的胺菊酯油剂喷雾。按$0.1\sim0.2ml/m^3$用量，蚊、蝇在15～20min内全部被击倒，12h全部死亡。

鸟类对有机磷类杀虫剂特别敏感，易发生中毒，故在饲养鸟类的场所禁止使用有机磷类杀虫剂。

三、灭鼠

鼠类可传播炭疽、结核病、布氏杆菌病、钩端螺旋体病、鼠疫、李氏杆菌病、野兔热、巴氏杆菌病、衣原体病、立克次体病等人畜共患病，对人和动物的健康威胁很大。因此，灭鼠在防控人畜共患病方面具有重要意义。

灭鼠工作应从两个方面进行：一方面根据鼠类的种类、密度、分布规律等生态特点防鼠灭鼠，加强圈舍墙基、地面、门窗的建造和圈舍内外环境的整洁卫生工作，同时挖掘、填埋、堵塞鼠洞，破坏其生存环境，使鼠无处觅食和无处藏身。另一方面，采取各种方法直接杀灭鼠类。如利用鼠类天敌猫等捕食鼠类的生态灭鼠法；利用各种灭鼠工具以关、夹、压、扣、套、堵、挖、灌、翻等不同方法杀灭鼠类的器械灭鼠法；利用杀鼠剂、绝育剂和驱鼠剂等进行的药物灭鼠法，常可收到非常显著的灭鼠效果。

四、动物尸体处理

死亡动物尸体包括患非传染病死亡的、患传染病死亡的、不明原因死亡的、扑杀死亡的，这些死亡动物可能含有大量病原体，是一种特殊的危险的传染源。应通过用焚毁、掩埋、化制等方法将病害动物尸体进行处理，以彻底消灭其所携带的病原体，达到消除病害因素、保障人畜健康安全的目的。

1. 尸体的运送

运送动物尸体和病害动物产品应采用密闭、不渗水的容器，装前卸后必须要消毒。尸体运送前，工作人员应穿戴工作服、口罩、风镜、胶鞋及手套。运送尸体应用特制的运尸车或装车前应将尸体各天然孔用蘸有消毒液的湿纱布、棉花严密填塞，以免流出粪便、分泌物、血液等污染周围环境；小动物和禽类可用塑料袋盛装。在尸体污染过的地方，应用消毒液喷洒消毒，若为泥土地面，应铲去表层土，连同尸体一起运走。运送过尸体的用具、车辆应严加消毒，工作人员用过的手套、衣物及胶鞋等亦应进行严格消毒。

2. 动物尸体的处理方法

（1）焚毁　将病害动物尸体、病害动物产品投入焚化炉或用其他方式烧毁碳化。此法消灭病原体最彻底，但所需费用较高。

（2）掩埋　应选择远离学校、公共场所、居民住宅区、村庄、动物饲养和屠宰场所、饮用水源地、河流等地区进行掩埋；掩埋前应对需掩埋的病害动物尸体和病害动物产品实施焚烧处理；掩埋坑底铺 2cm 厚生石灰；病害动物尸体和病害动物产品上层应距地表 1.5m 以上；焚烧后的病害动物尸体和病害动物产品表面以及掩埋后的地表环境应使用有效消毒药物喷洒消毒；污染的饲料、排泄物和杂物等物品，也应喷洒消毒剂后与尸体共同深埋。掩埋后需将掩埋土夯实，但不要太实，以免尸腐产气造成气泡冒出和液体渗漏。

此法操作简单实用，但不适用于患有炭疽等芽孢杆菌类疫病，以及牛海绵状脑病、痒病的染疫动物及动物产品、组织的处理。

（3）化制　国家规定销毁动物疫病以外的其他疫病的染疫动物，以及病变严重、肌肉发生退行性变化的动物的整个尸体或胴体、内脏，分别投入干化机或湿化机进行化制。

单元七　免疫接种和药物预防

一、免疫接种

免疫接种是激发动物机体产生特异性抵抗力，使易感动物转化为不易感动物的一种手段。在防控传染病的诸多措施中，免疫接种是最经济、最方便、最有效的办法之一。根据免疫接种的时机和目的不同可分为预防接种和紧急接种。

1. 预防接种

为预防某些传染病的发生和流行，平时有计划地给健康动物进行的免疫接种，称为预防接种。根据生物制品的不同，采用皮下注射、皮内注射、肌内注射、口服、喷雾、点眼、滴鼻等不同的接种方法，例如灭活疫苗、类毒素和亚单位疫苗不能经消化道接种，一般用于肌内注射或皮下注射。接种后经一定的时间（数天至 3 周），可获得数月至 1 年以上的免疫力。

2. 紧急接种

在发生传染病时为了迅速控制和扑灭疫病的流行，而对疫区和受威胁区内尚未发病的动物进行应急性免疫接种，称为紧急接种。一般是在疫区及周围的受威胁区进行。

高免血清注入机体后免疫产生快，紧急接种以使用高免血清较好。用疫苗紧急接种仅对尚未发病的动物进行，对发病动物及可能感染的处于潜伏期的动物，应该在严格消毒的情况下隔离，不能接种疫苗。由于外表无症状的动物中可能混有处于潜伏期的动物，这部分动物接种疫苗后不仅不能获得保护，反而促使它更快发病，因此在紧急接种后的一段时间内可能出现增多的现象，但疫苗接种后很快产生抵抗力，因此发病率不久即可下降，最终使流行平息。

3. 犬、猫的定期预防接种

（1）犬的预防接种　幼犬出生60天后，由母源抗体产生的免疫力随母源抗体的消失而迅速消失，处于易感状态，容易患传染病，应接种疫苗。犬常见传染病有狂犬病、犬瘟热、犬钩端螺旋体病、犬传染性肝炎、细小病毒性肠炎等，因此一般用含以上病原体的疫苗进行预防接种。

目前，国内小动物临床常用大疫苗分国产和进口疫苗两大类。国产犬疫苗有七联苗、五联苗和狂犬疫苗。较常用的是五联疫苗（狂犬病、犬瘟热、犬副流感、犬细小病毒病和传染性肝炎）。进口疫苗主要是六联疫苗（犬瘟热、犬细小病毒病、犬钩端螺旋体病、犬传染性肝炎、犬腺病毒病、犬副流感）和狂犬疫苗。

接种疫苗的程序：母犬可在分娩前20天接种灭活疫苗以保证高水平的母源抗体。幼犬50日龄后，即可接种犬疫苗。如果选择进口六联苗，则连续注射3次，每次间隔4周或1个月；如果幼犬已达3月龄（包括成年犬），则可连续接种2次，每次间隔4周或1个月；此后，每年接种一次进口六联苗。如果选择国产五联苗，从断奶之日起（幼犬平均45天断奶）连续注射疫苗3次，每次间隔2周；此后，每半年接种1次国产五联苗。

3月龄以上的犬，每年应接种1次狂犬病疫苗。接种狂犬病疫苗最好选择单苗，以确保临床效果。

（2）猫的预防接种　幼猫在11周龄时首次接种猫泛白细胞减少症疫苗（弱毒疫苗），一般为每1～2年1次，种猫或孕猫应接种灭活疫苗。同时，一般每年在春秋两季进行狂犬病疫苗注射预防。

猫的有些疾病为人畜共患病，如沙门菌性肠炎、结核病、类鼻疽病、狂犬病、钩虫病、弓形虫病、绦虫病、肺吸虫病、血吸虫病、旋毛虫病、锥虫病及疥癣等，应注意避免人与动物间的交叉感染。

二、药物预防

在平时正常饲养管理下，给动物投服药物以防止疫病的发生，称为药物预防。目前，动物可能发生的传染病种类很多，其中相当多的疫病尚无疫苗或无有效的疫苗，有些病虽有疫苗但实际应用效果不佳。因此，应用药物防治也是一项重要措施。用于预防的药物很多，可按照作用范围广、安全性好、耐药性低、性质稳定、价格低廉、经济实用的原则选择使用。

（1）作用范围广　最好是广谱抗菌、抗寄生虫药，对多种病原体有效。磺胺类药物对大多数革兰阳性菌和部分革兰阴性菌有效，甚至对衣原体和某些原虫也有效；喹诺酮类对革兰阳性菌、革兰阴性菌、支原体、某些厌氧菌均有效；硝基咪唑类对大多数专性厌氧菌具有较强的作用；青霉素类、头孢菌素类、大环内酯类主要作用于革兰阳性菌；氨基糖苷类、多黏菌素类主要作用于革兰阴性菌；四环素类和氯霉素类对革兰阳性菌和革兰阴性菌等均有作用。

（2）安全性好　即对动物低毒。

（3）耐药性低　即能较长时间使用，不易产生耐药现象。

（4）性质稳定　即不易分解失效，便于长时间保存使用。

实践活动一 消 毒

【知识目标】
1. 了解消毒的种类。
2. 掌握消毒方法和常用消毒剂的应用。

【技能目标】
1. 学会喷雾器、火焰喷灯等消毒器械的使用方法。
2. 学会常用消毒液的配制方法。
3. 能正确实施宠物圈舍笼具、用具、地面和粪便的消毒。

【实践内容】
1. 常用消毒器材的使用。
2. 常用消毒剂的配制方法。
3. 常用的消毒方法。
4. 消毒效果的检查评价。

【材料准备】
(1) 器材 喷雾消毒器、天平或台秤、盆、桶、缸、清扫及洗刷用具、高筒胶鞋、工作服、橡胶手套等。
(2) 药品 新鲜生石灰、粗制氢氧化钠、漂白粉、来苏儿、高锰酸钾、福尔马林等。
(3) 实训场地 传染病实验室、宠物饲养场等。

【方法步骤】
可先由教师或现场指导教师操作示教，然后学生操作。

1. 常用消毒器材的使用

(1) 喷雾器 有两种，即手动喷雾器和机动喷雾器。手动喷雾器分为背携式（压力式）和手压式（单管式）两种，常用于小面积的消毒。机动喷雾器又有背携式和担架式两种，常用于大面积的消毒。喷雾前要对其各部分进行仔细检查，尤其注意喷头部分有无堵塞现象。消毒液必须先在桶内充分溶解，经过滤后装入喷雾器。消毒完后立即将剩余的药液倒出，用清水将喷雾器洗净晾干。喷雾器的打气筒及零件应注意维修。

(2) 火焰喷灯 是用汽油或煤油作燃料的一种工业用喷灯。喷出的火焰具有很高的温度。消毒效果较好，用于消毒各种被病原体污染的金属笼具及其他用品，但应注意不要喷烧太久，以免将消毒物品烧坏。消毒时应按一定的顺序，以免发生遗漏。

2. 消毒剂的配制方法

为了方便生产、贮存和运输等各环节的需要，大多数消毒剂都是以高浓度、结晶体或粉剂等形式进行生产和销售，从市场购回后，大多数消毒药品都必须进行稀释配制或经其他形式处理后，才能正常使用，这就涉及消毒剂的配制问题。

消毒剂浓度表示法有百分浓度、比例浓度、摩尔浓度等。实际消毒工作中常用百分浓度和比例浓度。百分浓度即每100g或每100ml药液中含某药纯品的克数或毫升数。比例浓度表示1份溶质相当于溶液的份数，以比例表示，例如溶液标为1∶10，系指固体（或气体）溶质1g或液体溶质1ml加溶剂配成10ml的溶液。

(1) 配制要求 所需药品应准确称量。配制浓度应符合消毒要求，不得随意加大或减小。使药品完全溶解，混合均匀。

(2) 配制过程　先将稀释药品所需要的水倒入配药容器（盆、桶或缸）中，再将已称量的药品倒入水中混合均匀或完全溶解即成待用消毒液。

(3) 常用消毒液的配制

① 5%氢氧化钠的配制　称取50g氢氧化钠，加入适量常水中（最好用60~70℃热水），搅拌使其溶解，加水至1000ml，即得。

② 0.1%高锰酸钾的配制　称取1g高锰酸钾，加水1000ml，使其充分溶解即得。

③ 3%来苏儿的配制　取来苏儿3份，加清水97份，混合均匀即成。

④ 碘酊的配制　称取碘化钾15g，加蒸馏水20ml溶解后，再加碘片20g及95%乙醇500ml，搅拌使其充分溶解，再加入蒸馏水至1000ml，搅匀，滤过即得。

⑤ 碘甘油的配制　称取碘化钾10g，加入10ml蒸馏水溶解后，再加碘10g，使其充分溶解后，加甘油至1000ml，搅匀，即得。

⑥ 高浓度溶液配制低浓度溶液方法　可用稀释法，用下列稀释公式进行计算。

设A为浓溶液浓度，B为稀溶液浓度；V为欲配制稀溶液的量，X为需要浓溶液的量

$$A:B=V:X \qquad X=\frac{V\times B}{A}$$

例：欲配75%的乙醇1000ml，需用95%乙醇多少毫升？

代入公式

$$X=\frac{1000\times 75}{95}\approx 789.5(ml)$$

即取95%乙醇789.5ml加水稀释至1000ml，即为75%乙醇。

⑦ 熟石灰（消石灰）配制方法　生石灰（氧化钙）1kg，加水350ml，生成粉末状物即为熟石灰，可撒布于阴湿地面、污水池、粪池周围等处消毒。

⑧ 20%石灰乳配制方法　1kg生石灰加5kg水即为20%石灰乳。配制时最好用瓷缸或木桶等容器。首先把少量水（350ml）缓慢加入生石灰内，稍停，使石灰变为粉状的熟石灰时，再加入余下的4650ml水，搅匀即成20%石灰乳。

⑨ 漂白粉乳剂及澄清液的配制法　首先在漂白粉中加入少量的水，充分搅拌成糊状，然后按所需的浓度加入全部水（最好25℃的温水）。

20%漂白粉乳剂：每1000ml水加漂白粉200g（含有效氯25%），混匀所得即是。

20%漂白粉澄清液：把20%漂白粉乳剂静置一段时间，上清液即为20%漂白粉澄清液，使用时可稀释成所需浓度。

⑩ 1:100菌毒敌消毒剂的配制　即药物原液1份加水99份，拌匀即可。若配制浓度低于1:100时，1常可忽略不计。如配制1:1000菌毒敌、百毒杀、菌毒灭时，即药物原液1份加水1000份，拌匀即可。

(4) 配制注意事项　药品应充分溶解；药量、水量和药与水的比例应准确；配制消毒液的容器必须干净；注意检查消毒药品的有效浓度；配制好的消毒药品不能久放，应现用现配。某些消毒药品（如生石灰）遇水会产生高温，应在搪瓷桶、盆或铁锅中配制为宜；对有腐蚀性的消毒药品（如氢氧化钠）在配制时，应戴橡胶手套操作，严禁用手直接接触，以免灼伤；对配制好的有腐蚀性的消毒液，应选择塑料或搪瓷桶、盆贮存备用，严禁贮存于金属容器中，避免损坏容器。

3. 常用的消毒方法

(1) 人员的消毒　进入宠物养殖场的人员，必须在场门口更换靴、鞋，在消毒池内进

行消毒。在消毒室内洗澡、更换衣物，穿戴清洁消毒好的工作服、帽和鞋，经消毒后进入生产区，消毒室经常保持干净、整洁。工作服、鞋、帽和更衣室定期洗刷消毒。

（2）栏舍、用具消毒　第一步先对圈舍地面、用具等进行彻底清理。清理前用清水或消毒液喷洒，以免灰尘及病原体飞扬。随后扫除粪便等污物，水泥地面的圈舍再用清水冲洗。第二步用化学消毒剂进行消毒，消毒液用量一般按 $1000ml/m^2$ 计算。消毒时先由远门处开始，对天棚、墙壁、用具和地面按顺序均匀喷洒，然后到门口，最后打开门窗通风，用清水洗刷用具等将消毒药味除去。

化学药物熏蒸消毒：用福尔马林，用量按照圈舍空间计算，福尔马林 $25ml/m^3$、水 $12.5ml/m^3$，两者混合后再放高锰酸钾（或生石灰）$25g/m^3$。消毒前将动物赶出圈舍；舍内的管理用具、物品等适当摆开，门窗密闭，室温不得低于正常室温（15～18℃）。药物反应可在陶瓷容器中进行，用木棒搅拌，经几秒钟即可产生甲醛蒸气。经 12～24h 将门窗打开通风，药气消失后，才能将动物迁入。

（3）地面土壤消毒　患病动物停留过的圈舍、运动场等，先除去表土，清除粪便和垃圾。小面积的地面土壤可用消毒液喷洒。大面积的土壤可翻地，在翻地的同时撒上干漂白粉，一般传染病用量为 $0.5kg/m^2$，炭疽等芽孢杆菌性传染病用量为 $5kg/m^2$，漂白粉与土混合后加水湿润压平。

4. 粪便的消毒

（1）化学药品消毒法　用含 2‰～5‰ 有效氯的漂白粉溶液或 20% 石灰乳，与粪便混合消毒。

（2）掩埋法　将污染的粪便与漂白粉或生石灰混合后，深埋于地下 2m 左右。

（3）焚烧法　污染粪便不多时，可架起一层铁梁，铁梁下面放置木材和汽油，铁梁上面放置欲消毒的粪便，如粪便太湿，可混合一些干草，以便烧毁。

（4）生物热消毒法　有发酵池法和堆粪法。

① 发酵池法　在距水源、居民点及养殖场一定距离处（200～250m）挖池，大小视粪便多少而定。池底池壁可用砖和水泥砌好，使之不透水。用时池底先垫一层土，每天清除的粪便倒入池内，直到快满时，在粪便表面铺一层干草或杂草，上面盖一层泥土封好。经 1～3 个月发酵后作肥料用。也可利用沼气发酵池进行消毒。

② 堆粪法　在距场舍 100～200m 以外地方选一堆粪场。在地面挖一浅沟，深约 20cm，宽 1.5～2m，长度随粪便多少而定。先将非粪便或蒿草等堆至 25cm，再堆欲消毒的粪便，高达 1～1.5m 后，在粪堆的外面铺一层 10cm 厚的非污染性粪便或谷草，最外层抹上 10cm 厚的泥土。堆放 3 周到 3 个月，即可作肥料用。

5. 污水的处理

污水的处理有沉淀法、过滤法、化学药品消毒法。常用的消毒方法是漂白粉消毒法，用量是每立方米水用有效氯为 25%，漂白粉 6g（清水）或 8～10g（混浊的水）。

6. 消毒效果的检查评价

通过消毒可以将病原微生物进行杀灭或清除以达到无害化要求，但在实际操作过程中，由于各种各样的原因，影响着消毒的效果。在掌握了不同消毒对象及消毒剂的不同特性、合理采用适宜消毒剂对消毒对象实施消毒、化学消毒制剂的配制等一系列方法后，还要掌握消毒效果的评价常识。对于是否达到消毒的预期效果，一般情况下可从以下几个方面进行评定。

（1）房舍用具机械清除效果检查　对地板、墙壁、设备、用具的清洁度，管理用具消毒确实程度及所采取的消毒粪便的方法进行评定。

（2）消毒剂选择正确性的检查　检查工作记录表，了解消毒剂的种类、浓度、温度及每平方米所用的量等，确定是否根据消毒对象的特性选用消毒剂、最佳浓度和消毒方法。

（3）消毒对象的细菌学检查　有条件的可应用细菌直接检查方法，看是否达到要求。从消毒过的地板、墙壁、墙角及用具上取样品，进行细菌学检查测定微生物数量及大肠杆菌价。

（4）粪便生物热消毒效果检查　常用装在金属套管内的最高化学温度表测定粪便的温度，由温度高低评价消毒效果。

进行消毒时注意人员防护，如配制消毒药时要防止生石灰溅入眼中；漂白粉消毒时防止引起结膜炎和呼吸道炎；注意防止病原微生物散播；宠物食具及饮水器应选用气味小的消毒药。

【实践报告】

写出一份如何进行消毒工作的报告。

实践活动二　宠物传染病的免疫接种

【知识目标】

1. 了解免疫接种的相关概念、接种程序。
2. 掌握免疫接种的注意事项。

【技能目标】

1. 能正确给宠物进行免疫接种。
2. 知道动物生物制剂的保存、运送和用前检查方法。
3. 能根据要求对各种疫苗进行稀释操作和免疫接种。

【实践内容】

1. 预防接种前的准备。
2. 生物制剂的保存、运送和用前检查。
3. 免疫接种的方法。
4. 免疫接种前后的护理和观察。

【材料准备】

（1）器材　金属注射器（5ml、10ml、20ml等规格）、玻璃注射器（1ml、2ml、5ml等规格）、金属皮内注射器、针头、煮沸消毒锅、镊子、毛剪、体温计、脸盆、毛巾、纱布、脱脂棉、搪瓷盘、出诊箱、工作服、登记卡片、保定动物用具。

（2）药品　5％碘酊、70％乙醇、来苏儿或新洁尔灭等消毒剂、疫苗、免疫血清。

（3）实训场地　传染病实验室、宠物饲养场等。

【方法步骤】

可先由教师或现场指导教师操作示教，然后学生操作。

1. 预防接种前的准备

（1）根据动物疫病免疫接种计划，统计接种对象及数目，确定接种日期（应在疫病流行季节前进行接种），准备足够的生物制剂、器材和药品，编制登记表册或卡片，安排及组织接种和保定动物的人员。

（2）免疫接种前，必须对所使用的生物制剂进行仔细检查，如有不符合要求者，一律不能使用。

（3）为保证免疫接种的安全和效果，接种前应对预定接种的动物进行了解及临床观察，必要时进行体温检查。凡体质过于瘦弱的、妊娠后期的、未断奶的动物、体温升高者或疑似患病动物均不宜接种疫苗。另外，经过长途运输或改换饲养环境或方法的动物也不宜接种疫苗。对这类未接种的动物以后应及时补种。

2. 生物制剂的保存、运送和用前检查

（1）生物制剂的保存　各种生物制剂均应保存在低温、阴暗及干燥的场所。疫苗、类毒素、免疫血清等应保存在2~15℃的环境，防止冻结；病毒性疫苗应在0℃以下冻结保存。在不同温度条件下保存不得超过所规定的期限，超过有效期的制剂均不能使用。

（2）生物制剂的运送　要求包装完善，防止散播活的弱毒病原微生物。运送途中避免日光直射和高温，并尽快送到保存地点或预防接种场所。弱毒苗应在低温条件下运送，大量运送应用冷藏车，少量运送可装在装有冰块的广口瓶内，以免疫苗的性能降低或丧失。

（3）生物制剂的用前检查　各种生物制剂用前均需仔细检查，有下列情况之一者不得使用：①没有瓶签或瓶签模糊不清，没有经过合格检查者；②过期失效者；③生物制剂的质量与说明书不符者，如色泽、沉淀、制剂内异物、发霉或有臭味者；④瓶封口不紧或玻璃破裂者；⑤没有按规定方法保存者，如加氢氧化铝的菌苗经过冻结后，其免疫力可降低。

3. 免疫接种的方法

根据不同生物制剂的使用要求采用相应的接种方法。

（1）点眼滴鼻免疫法　用滴管或注射器吸取疫苗滴于鼻孔或眼内。

（2）皮下注射法　选择部位应为皮肤松弛、皮下结缔组织丰富的部位。犬常在颈部或背部皮下；鸟类在胸部或大腿内侧。根据药液黏稠度及动物大小，选用合适的注射针头。

（3）肌肉接种法　选择部位应在肌肉丰富、神经和血管分布较少的部位。哺乳动物一般采用臀部或颈部肌内注射；犬采用颈部肌内注射或股内侧肌内注射，有时可在背部肌内注射，鸟类在胸部肌内注射。

（4）经口免疫法　将可供口服的疫苗混于水中或食物中，动物通过饮水或采食而获得免疫，称为经口免疫。经口免疫时，应按动物头（只）数和每头（只）动物平均饮水量或采食量，准确计算需用的疫苗剂量。免疫前应停饮或停喂数小时，以保证每头（只）动物都能饮用一定量的水或吃入一定量的食物；混合疫苗用水和食物的温度以不超过室温为宜；稀释疫苗的水应纯净，不能含有消毒药；已经混合好的饮水和食物，进入动物体内的时间越短效果越好。

4. 免疫接种前后的护理和观察

（1）接种前的健康检查　在对动物进行免疫接种时，必须注意动物的营养和健康状况，进行一般性检查（包括体温检查）。根据检查结果将动物分成数组。在自动免疫接种时可按下列各组处理：完全健康的动物可进行自动免疫接种；衰弱、妊娠后期的动物不能进行自动免疫接种，而应注射免疫血清；疑似动物和发热动物应注射治疗量的免疫血清。上述分组规定可根据疫病的特性和接种方法而变动。

（2）接种后的观察和护理　动物接受免疫接种后，可发生暂时性的抵抗力降低现象，故应有较好的护理和管理措施，同时必须特别注意必要的休息和营养补充。有时动物在免疫接种后发生反应，故应仔细观察，期限一般为7~10天。如有反应，可根据情况给以适当的治疗。

5. 免疫接种注意事项

（1）工作人员需穿着工作服及胶鞋，必要时戴口罩。工作前后均应洗手消毒，工作中不应吃食物、吸烟等。

（2）接种时应严格执行消毒及无菌操作。注射器、针头、镊子应高压或煮沸消毒。注射器最好采用一次性注射器或及时更换针头。注射部位皮肤用5%碘酊和75%乙醇消毒，被毛较长的剪毛后再消毒。

（3）疫苗使用前必须充分振荡，使其均匀混合后才能应用。免疫血清则不应振荡，沉淀不应吸取，并随吸随注射。需经稀释后才能使用的疫苗，应按说明书的要求进行稀释。吸取疫苗时，先除去封口上的火漆或石蜡，用酒精棉球消毒瓶盖。瓶盖上固定一个消毒的针头专供吸取药液，吸液后不拔出，用酒精棉包好，以便多次吸取。给动物注射用过的针头不能吸液，以免污染疫苗。

（4）针筒排气溢出的药液应吸积于酒精棉球上，并将其收集于专用瓶内。用过的酒精棉球、碘酒棉球和吸入注射器内未用完的药液都放入专用瓶内，集中烧毁。已经打开瓶或稀释过的疫苗，必须当天用完，未用完的处理后销毁。

（5）免疫接种完毕，必须填写免疫档案，犬等动物还必须挂耳标。

【实践报告】

1. 记录免疫接种的方法步骤，写出一份实践报告。
2. 根据当地的实际情况，制订一份动物免疫接种计划。

【项目小结】

本项目主要介绍了宠物疫病平时的预防措施和发生疫病时的扑灭措施；流行病学调查与分析的方法；消毒的种类、消毒方法和常用消毒剂的应用。同时对动物疫情报告制度、动物尸体无害化处理和动物检疫的分类、范围、对象等也做了较为详细的描述。

【复习思考题】

1. 宠物疫病平时的预防措施和发生疫病时的扑灭措施主要有哪些？
2. 我国政府将动物疫病分为几类？共多少种？一类疫病有哪些？
3. 动物流行病学调查与分析的方法主要有哪些？
4. 动物检疫分为哪几类？动物检疫的作用主要体现在哪几个方面？动物检疫范围、对象有哪些？
5. 尸体无害化处理的方法有哪些？
6. 根据消毒的时机和目的不同，消毒分为几类？有何意义？
7. 如何选择常用消毒药品，使用时应注意哪些问题？
8. 尸体剖检时工作人员要从哪些方面做好防护工作？
9. 犬、猫免疫接种程序如何？怎样做好宠物的免疫接种工作？
10. 怎样正确选择药物预防宠物患病？
11. 疫情报告在重大动物疫病处理中有何意义？

项目三 宠物疫病的诊断与治疗

【知识目标】
1. 掌握宠物疫病的诊断方法。
2. 掌握宠物疫病的治疗原则和治疗方法。

【技能目标】
1. 能结合实际病例，灵活采用诊断方法诊断宠物疫病。
2. 能结合实际病例，灵活采用有效的宠物疫病治疗方法。

单元一 宠物疫病的诊断

对发生和怀疑发生的宠物疫病，及时和正确的诊断是预防工作的重要环节，是有效组织防疫措施的关键。宠物疫病常用的诊断方法有临床诊断、流行病学诊断、病理学诊断、微生物学诊断、免疫学诊断、分子生物学诊断等，各有特点。实际工作中应根据不同疫病的具体情况，选取一种或几种方法及时作出诊断。

一、临床诊断

临床诊断是利用问诊、视诊、触诊、听诊和叩诊等方法直接对患病动物进行检查，然后根据患病动物在疾病过程中所表现的临床症状、综合特征作出初步诊断或得出诊断印象，为后续诊断奠定基础。有些疾病根据其示病症状就可建立正确诊断。临床诊断是最基本最常用的诊断方法，方法简单、方便、易行，对任何动物在任何场所均可实施。

狂犬病、犬细小病毒病、犬瘟热等疫病具有特征性的症状，经过仔细的临床检查，可得出诊断结果。但是临床诊断具有一定的局限性，对于患病初期尚未表现特征性症状的疫病，就难以作出诊断。因此在多数情况下，临床诊断只能提出可疑疫病的范围，必须结合其他诊断方法才能确诊。

二、流行病学诊断

流行病学诊断是针对患病动物群体的一种诊断性调查和病因调查。流行病学调查是应用兽医流行病学的研究方法，对动物群体中存在或出现的疫病现象进行实际调查。了解疫病流行全过程以及与流行有关的某些因素，获取相关疫病的第一手感性材料，并对材料进行统计、分析，作出诊断性推理，搞清疫病的特征和严重程度；疫病在动物间、时间、空间的分布规律。分析是什么病，可能的感染途径、传播途径及可能的病因，从而科学制订防控对策。

流行病学诊断是在流行病学调查（疫情调查）的基础上进行的。可在临床诊断过程中进行，可向宠物主人询问疫情，并对现场进行仔细检查，然后对调查材料进行统计分析，作出诊断。流行病学调查的内容如下。

(1) 本次疫病流行的情况　最初发病的时间、地点，随后的情况，发病动物的种类、数量、性别、年龄；感染率、发病率、死亡率和病死率。各种动物的数量和分布情况；疫情扩散、蔓延、分布情况等。

(2) 疫情来源的调查　本次发病前是否从外地引进过动物、饲料和用具；输出地有无类似的疫病存在；本地过去是否发生过类似的疫病，何时何地发生，流行情况如何；是否确诊，何时采取过哪些防控措施，效果如何；附近地区是否发生过类似的疫病。

(3) 传播途径和方式的调查　本地各类有关动物的饲养管理情况；动物流动、防疫卫生、检疫情况；发病季节和天气状况；节肢动物、野生动物的分布活动情况；死亡动物尸体处理情况；粪尿处理等情况。

(4) 本地政治、经济状况及有关人员对疫情的看法等　以推测是否是人畜共患病，疫源地是否在不断扩大等情况。

综上所述，可以看出，疫情调查不仅给流行病学诊断提供依据，而且也能为制订防控对策提供依据。

三、病理学诊断

病理学诊断是选择病死动物尸体或有典型临床症状的患病动物进行解剖检查，观察其病理变化，根据病变部位大小、形态、颜色、质地及分布等情况，结合疫病特征性的病理变化，作出诊断结论。如犬传染性肝炎、禽流感等的病理变化均有较大的诊断价值。但急性死亡病例，有的特征性的病变尚未出现，尽可能多检查几头（只），并选取症状比较典型的进行剖检。有时还需采取特定的器官组织进行病理组织学检查。如疑为狂犬病时取大脑的海马角进行包含体检查。

剖检尸体和采集病料时，注意以下几点。

(1) 尽可能多剖检几头（只）死亡病例，只有找到共同的特征性病变，才有诊断意义。

(2) 剖检前对病死动物尸体进行仔细检查，观察尸体体表特征及天然孔情况，以排除炭疽等恶性传染病。若怀疑动物死于炭疽，应先采取耳尖血液涂片染色镜检，排除炭疽后方可解剖。

(3) 进行尸体剖检越早越好，尸体久放，容易腐败分解，失去诊断价值。须采取病料的应在死后立即进行，夏季不超过5~6h，冬季不超过20h。同时最好在白天进行剖检，在灯光下，会影响病变颜色的观察。

(4) 病料在短时间内不能送到检验单位时，应迅速冷冻保存或用保存液保存。

(5) 剖检记录是尸体病理剖检报告的主要依据，也是进行综合分析诊断的原始材料。应在检查过程中做好完整详细的剖检记录，而不是事后补记。

(6) 要按程序要求及消毒要求做好有关工作人员的安全防护工作，避免感染；同时防止环境污染。因此，在整个剖检过程中应注意严格消毒。

① 病理剖检室内地面、墙面应采用防水材料建筑，墙角呈半圆形以便于清洗和消毒。地面应有地漏排水设备。解剖台下应连接水槽，台上方安装脚踏式或感应式自动冲水装置，以便于洗刷消毒。

② 室内应每天进行紫外线或臭氧消毒。物体表面、工作台等可用过氧乙酸或含氯消毒剂擦拭或喷雾消毒，使用后的医疗器械应高压蒸汽灭菌。

③ 如果条件不允许，在野外剖检时，应选择地势较高、环境干燥，远离居民区、动物栏舍、水源和交通要道的地方进行。剖检前，挖一个深2m的坑，剖检后将内脏、尸体连同被污染的土层投入坑内，再撒上石灰或喷洒消毒药后用土掩埋。

④ 采集病料、剖检和处置病尸的人员在剖检尤其是在剖检传染病尸体时，应穿工作服，外罩胶皮或塑料围裙，戴胶皮手套、工作帽，穿胶鞋，必要时戴上口罩和防护眼镜。手上若有伤口，必须戴双层手套。可用凡士林或其他油脂涂手，以保护皮肤，防止感染。若不慎造成外伤，应立即消毒包扎；如有血液或渗出物溅入眼内，应立即用硼酸水冲洗。剖检过程中，应保持清洁，注意消毒。常用清水或消毒液洗去剖检人员手上和刀、剪等器械上的血液、脓液和各种排出物。

剖检后，双手先用肥皂洗涤，再用消毒液浸泡，最后用清水冲洗。剖检器械、衣物和其他可重复使用的物品应用消毒液或其他消毒灭菌方法充分消毒，再用清水洗净。

四、病原学诊断

应用兽医微生物学和寄生虫学的方法找出导致动物感染的病原体，或查明存在于动物周围环境、圈舍、用具以及饮水、饲料中的病原微生物，以便采取适当措施，将其消灭，切断其传播途径。动物疫病病因若无法确定，会使人们无法及时做出决策和采取特异性的预防和控制措施。

(一) 细菌性疫病的诊断方法

1. 病料的采集、保存及运送

(1) 采集病料的原则　采集病料是动物疫病诊断的一个重要环节，也是一项技术性很强的具体工作。病料采集、处理、保存、运送是否合理，直接影响到实验室检验结果的准确性。所以，采集样品要符合规定和要求。

① 无菌采样和安全采样的原则　避免样品污染是无菌采样的目的。一般样品采集的全过程均应无菌操作，尤其是供微生物学检查和血清学实验的样品。采样部位、器械、容器及其他物品均需灭菌处理。但有些样品，如皮肤上的水疱用清水清洗即可，忌用消毒剂消毒。同时在采集病料时要防止病原扩散而造成环境污染和人的感染。因此在尸体剖检前，首先将尸体在适当消毒液中浸泡消毒，剖检场地应选择易于消毒的台面或地面。打开胸腔、腹腔后，应先采集病料，再进行病理学检查，剖检的尸体应严格按国家有关规定进行处理。剖检人员、用具及场地必须进行严格的消毒处理。

② 适时采样原则　尽可能采集到新鲜样品是适时采样的目的。供检疫用的材料因检测目的和项目不同，有一定的时间要求。采样一般主要采集濒死或刚刚死亡的动物。动物活体采样：若是分离病原体，须在动物病初发热期或出现典型临床症状时采集；若是采取血清检测抗体，最好采取发病初期和恢复期这两个时期的血清。动物尸体采样：应在动物死亡后立即采集，若无条件，夏季不宜迟于 2~4h，冬季不超过 20h。

③ 典型采样的原则　采集到含病原体最多的具有代表性的样品是典型采样的目的。动物活体采样：一是选择未经药物治疗、病状典型的动物，这对细菌性传染病的检查尤其重要；二是选择具有代表性的典型材料，一般采集病原体含量最高的组织或脏器。水疱性疫病采集水疱皮和水疱液；发热性疫病采集血液、咽喉分泌物、粪便；呼吸道疫病采集咽喉分泌物；消化道疫病采集粪便；螨病采集病变和健康交界处的皮肤。因此在采取病料前，要综合临床症状和病变，对动物可能患某种疫病作出初步诊断，选择适当的待检物。从动物尸体采样：通常采集有病变的组织、器官或病变最明显、最典型的病原体常侵害的部位。淋巴结、心、肝、脾、肺、肾，不论有无病变，一般均应采取。供病理组织切片的样品，应连带部分健康组织。

④ 合理采样的原则　合理采样指取样动物的数量和样品的数量合理。动物群体发病，

至少采取5头（只）份动物的病料。每一种样品的数量不宜过少，除确保本次实验用量外，以备必要的复检用。病料的量一般至少是检测量的4倍。

(2) 采集病料的方法

① 液体材料的采集方法　破溃的脓汁、胸水、腹水以及口腔、鼻腔、阴道分泌物等，一般用灭菌的棉拭子蘸取或注射器抽取放入无菌试管内，密封送检。血液：无菌操作从静脉或心脏采血，每头（只）每次10ml，小动物3～5ml。然后加抗凝剂（10ml血液加3.8%枸橼酸钠1ml）；若需分离血清，则采血后（一定不要加抗凝剂），放在灭菌的试管中，摆成斜面，待血液凝固析出血清或用离心机分离后，再将血清吸出，置于另一灭菌试管中送检。条件许可时，可直接无菌操作制成液体涂片或接种于适宜的培养基。

② 实质脏器的采集方法　应在尸体剖检时立即采集，取病变最明显的部位，取样大小可酌情而定，淋巴结连带周围脂肪一起整体采集。采集的样品分别置于灭菌容器中。

③ 肠道及其内容物的采集方法　选取要采集的肠管至少6cm，两端结扎，从结扎线外端稍远处剪断，置于灭菌玻璃容器或塑料袋中。粪便应采取新鲜的带有脓、血、黏液的部分。

④ 皮肤及羽毛的采集方法　皮肤要取病变明显且带有一部分正常皮肤的部位。被毛或羽毛要取病变明显部位，并带毛根，放入平皿内。

⑤ 胎儿　可将流产胎儿及胎盘、羊水等用不透水塑料袋包紧送往实验室，也可用注射器吸取内容物放入试管送检。

(3) 病料的保存与运送　供细菌检验的病料，经冷藏的在24h内能送到，可冷藏运检，否则应冷冻送检或放入灭菌液体石蜡或30%甘油盐水缓冲保存液中（甘油300ml、氯化钠4.2g、磷酸氢二钾3.18g、磷酸二氢钾1.0g、0.02%酚红1.5ml，蒸馏水加至1000ml，pH值7.6）中送检。

供细菌学检验的病料最好及时由专人送检，并附有送检单。送检单内容应包括：送检单位、被采样单位、地址，动物品种、性别、日龄、死亡日期、送检日期，联系电话，送检病料的数量、编号、保存方法以及检验目的等，并附发病时间、临床表现、病理变化、发病率、死亡率、免疫接种和用药情况等对诊断有帮助的临床病例摘要。

2. 细菌性疫病的检查方法

(1) 镜检法　常用的染色方法有革兰染色法、亚甲蓝染色法、瑞氏染色法和姬姆萨染色法。而有些细菌需采用特殊染色方法：结核杆菌和副结核杆菌用抗酸染色法；布氏杆菌用柯氏鉴别染色法；钩端螺旋体用镀银染色法。一般对病料中的细菌做检查时，常选择美蓝染色法或瑞氏染色法等单染色法，而对培养物中的细菌进行染色检查时，多采用可以鉴别细菌的复染色法。

先对病料进行涂片、染色再镜检（油镜观察细菌的形态结构和染色特性）。因此在进行病料分离培养前常制作涂片、染色、镜检，以了解细菌形态、结构和染色特性，大致估计被检材料中可能含有的病原菌和含菌量。如对禽霍乱和炭疽的诊断，常通过病料组织触片、染色、镜检即可确诊。

(2) 培养检查法　细菌病常有多种细菌混杂，其中有致病菌，也有非致病菌。不同的细菌在固体、液体、半固体及鉴别培养基中有其特定的生长现象，表现出一定的感官特征，通过观察这些特征可初步确定细菌的种类。如细菌在固体培养基上经过培养，长出肉眼可见的菌落。不同细菌形成的菌落其形态、大小、色泽以及表面性状、透明度、边缘性状、有无溶血现象等都有所差异；细菌在液体培养基中生长可使液体出现混浊、沉淀、液面形成菌膜以及使液体出现变色、产气等现象。因此从采集的病料中分离出致病性病原菌是细菌病诊断的重要依据，也是对病原菌进一步鉴定的前提。

(3) 生化试验　生化实验是利用生物化学的方法，检测细菌在人工培养繁殖过程中所产生的某种新陈代谢产物是否存在，是一种定性检测。不同的细菌，新陈代谢产物各异，表现出不同的生化性状，这些性状对细菌种属鉴别有重要价值。

一般只有纯培养的细菌才能进行生化试验鉴定。生化试验在细菌鉴定中极为重要，方法也很多，可依据检疫目的适当选择。主要有糖发酵试验、V-P试验、甲基红试验、枸橼酸盐利用试验、吲哚试验、硫化氢试验、触酶试验、氧化酶试验、脲酶试验等。

(4) 动物试验　为了证实所分离的细菌是否有致病性，可进行动物接种试验，最常用的是本动物接种和实验动物接种。最常用的实验动物有：小鼠、大鼠、豚鼠和家兔。实验动物在试验前应编号分组，以便对照。动物接种以后应立即隔离饲养，每天从静态、动态和食态等方面进行观察，做好记录。对发病和死亡的实验动物及时剖检，观察病理变化，并采取病料接种培养基，分离病原体。

(二) 病毒性疫病的诊断方法

1. 病料的采集、保存和运送

病毒性疫病病料的采集原则、方法以及保存、运送方法与细菌性疫病是基本一致的。不同的是病毒性液体病料采集后可直接加入一定量的青霉素和链霉素或其他抗生素，抑制在采样过程中细菌的污染；病毒病料的保存除可冷冻保存外，还可放在50%甘油磷酸盐缓冲液中保存。

2. 病毒的分离培养

在接到检疫材料时，对组织器官样品、粪便样品等均需经过处理，制成混悬液，然后离心取上清液供病毒分离培养，并做除菌处理。除菌方法有滤器除菌、高速离心除菌和用抗生素处理三种。无菌的体液如腹水、水泡液、脱纤血液等，可以不作处理，直接进行病毒分离培养。病毒分离培养要求活的组织细胞，常用的方法有禽胚接种、动物组织培养和动物接种，被接种的动物、禽胚或细胞出现死亡或病变时（但有的病毒需盲目传代后才能检出），可应用血清学试验及相关的技术进一步鉴定病毒。

① 病毒培养性状观察　病毒在活的细胞内培养增殖后，使易感动物、禽胚、细胞发生病变或变化，能用肉眼或在普通光学显微镜下观察到。根据培养性状，结合被检动物临床表现可作出预测性诊断。

② 病毒形态学观察　直接电镜观察是将被检材料经处理浓缩和纯化，用2%~4%磷钨酸钠染色，在电子显微镜下直接观察散在的病毒颗粒，据病毒形态作出诊断。免疫电镜技术是把抗原抗体反应的特异性与电镜的高分辨率相结合而建立的检测新技术。将待检样品与抗血清混合后，形成抗原抗体复合物，经超速离心，吸取沉淀物染色，电镜观察。由于抗体会将病毒浓缩在一起，极大地提高了检出率和敏感性。

③ 病毒核酸检测　通过检测病毒核酸达到诊断疫病的目的。目前，最常用的检测方法是聚合酶链式反应（PCR技术）。

3. 包含体检查

狂犬病病毒、伪狂犬病病毒等能在易感细胞中形成包含体。将被检材料直接制成涂片、组织切片或冰冻切片，经特殊染色后，用显微镜检查。狂犬病病毒的包含体即尼氏小体位于神经细胞的胞浆内，用大脑的海马角、小脑或延脑触片，塞勒染色镜检，呈圆形、卵圆形、樱桃红色；而伪狂犬病病毒的包含体位于细胞核内；也有个别病毒的包含体可在细胞核和细胞浆内同时存在，像犬瘟热病毒。这种方法对能形成包含体的病毒性传染病具有重要的诊断意义。但包含体的形成有个过程，出现率也不是100%，所以在包含体检查时应注意。

4. 动物接种试验

同细菌学检查。取病料或分离到的病毒处理后接种实验动物，通过观察记录动物的发病时间、临床症状及病变甚至死亡的情况，也可借助一些实验室的方法来判断病毒是否存在。

（三）寄生虫性疫病的诊断方法

1. 虫卵检查法

虫卵检查主要诊断动物蠕虫病，尤其是寄生在动物消化道及其附属腺体中的寄生虫。被检材料多是动物粪便。

（1）直接涂片镜检　先于载玻片中央滴加一滴生理盐水或蒸馏水，再用灭菌环挑起少许粪便，在水滴中混合，均匀涂布成适当大小的薄层，显微镜检查。

粪便直接涂片镜检是最简单的虫卵检查方法，但在粪便中虫卵较少时，检出率不高。

（2）集卵法检查　集卵法是利用密度不同的液体对粪便进行处理，使粪中的虫卵下沉或上浮而被集中起来，再进行镜检，提高了检出率。其方法有水洗沉淀法和饱和盐水漂浮法。

① 水洗沉淀法　取5～10g被检粪便放入烧杯或其他容器中，捣碎。加常水150ml搅拌，过滤，滤液静置沉淀30min，弃去上清液，保留沉渣。再加水，再沉淀，如此反复直到上清液透明，弃去上清液，取沉渣涂片镜检。此方法适合比重较大的吸虫卵和棘头虫卵的检查。

② 饱和盐水漂浮法　取5～10g被检粪便捣碎，加饱和食盐水（1000ml沸水中加入食盐400g，充分搅拌溶解，待冷却，过滤备用）100ml混合过滤，滤液静置45min后，取滤液表面的液膜镜检。此法适用于线虫卵和绦虫卵的检查。

2. 虫体检查法

（1）蠕虫虫体检查法　绝大多数蠕虫的成虫较大，肉眼可见，用肉眼观察其形态特征可作出诊断；幼虫检查法主要用于非消化道寄生虫和通过虫卵不易鉴定的寄生虫的检查；另外，丝状线虫的幼虫采取血液制成压滴标本或涂片标本，显微镜检查；血吸虫的幼虫需用毛蚴孵化法来检查；旋毛虫、住肉孢子虫则需进行肌肉压片镜检。

（2）蜘蛛昆虫虫体检查法

① 螨虫的检查　采集在病变和健康皮肤交界处皮肤的刮下物。病变部剪毛，用锐匙或凸刃小刀，与皮肤垂直刮取皮屑，刮到皮肤微出血为止。把刮取物置于洁净小瓶加塞或直接置于载玻片上，滴加数滴煤油或2%KOH溶液，使皮屑溶解后进行镜检。

② 蜱等其他蜘蛛昆虫的检查　采用肉眼检查法。

（3）原虫虫体检查法　原虫大多为单细胞寄生虫，肉眼不可见，需借助于显微镜检查。检查血液原虫常用血液涂片镜检法；检查泌尿生殖器官原虫时采集的病料立即放于载玻片，高倍镜暗视野镜检，能发现活动的虫体或病料涂片，甲醇固定，姬姆萨染色，镜检；检查球虫卵囊时可直接取粪便涂片或用饱和盐水漂浮法检查，尸体剖检时取兔肝脏坏死病灶或鸡盲肠黏膜涂片染色后镜检。检查弓形虫虫体时，可取活体的腹水、血液或淋巴结穿刺液涂片，姬姆萨染色，镜检，观察细胞内外有无滋养体、包囊，或尸体剖检时取脑、肺、淋巴结等组织做触片，染色镜检，检查其中的包囊、滋养体。也可取死亡动物的肺、肝、淋巴结或急性病例的腹水、血液作为病料，接种于小白鼠的腹腔，观察其临床表现并分离虫体。

五、免疫学诊断

免疫学诊断是诊断传染病和检疫常用的重要方法，有血清学检测技术和变态反应两类。

1. 血清学检测技术

血清学检测技术是利用抗原和抗体特异性结合的免疫学反应进行诊断,具有特异性强、检出率高、方法简易快速的特点。操作简单的有凝集反应、沉淀反应;操作较为复杂的有补体结合反应、中和试验;亦有广泛应用在疫病诊断中的免疫标记技术等。这些技术都是建立在抗原抗体反应的高度特异性基础之上。可以用已知抗原来测定被检动物血清中的特异性抗体,也可以用已知抗体来测定被检材料中的抗原,以达到检测目的。

2. 变态反应

分枝杆菌、布氏杆菌等细胞内寄生菌,在传染的过程中能引起以细胞免疫为主的Ⅳ型变态反应,称为传染性变态反应。临床上用已知的变应原(过敏原)给动物点眼、皮下、皮内注射,观察是否出现特异性变态反应,进行变态反应诊断。如用结核菌素给动物皮内注射,然后根据局部炎症情况判定是否感染结核病。

六、分子生物学诊断

分子生物学诊断又称基因诊断,主要是针对不同病原微生物所具有的特异性核酸序列和结构进行测定,其特点是反应的灵敏度高,特异性强,检出率高,是目前最先进的诊断技术。

1. PCR

PCR 又称聚合酶链式反应,是 20 世纪 80 年代中期发展起来的一项极有应用价值的技术。PCR 技术有逆转录 PCR(RT-PCR)、免疫 PCR 等。此项技术具有特异性强、灵敏度高、操作简便、快速、重复性好和对原材料要求较低等特点。它尤其适于那些培养时间较长的病原菌的检查,如结核分枝杆菌、支原体等。PCR 的高度敏感性使该技术在病原体诊断过程中极易出现假阳性,避免污染是提高 PCR 诊断准确性的关键环节。

2. 核酸杂交技术

由于每一种病原体都有其独特的核苷酸序列,所以应用一种已知的特异性核酸探针,就能准确地鉴定样品中存在的是何种病原体,进而作出疾病诊断。核酸杂交技术敏感、快速、特异性强,特别是结合应用 PCR 技术之后,对靶核酸检测量已减少到皮克(pg)水平。核酸杂交技术为检测那些生长条件苛刻、培养困难的病原体,为潜伏感染或整合感染动物的检疫提供了极为有用的手段。

3. 核酸分析技术

核酸分析技术包括核酸电泳、核酸酶切电泳、寡核苷酸指纹图谱和核苷酸序列分析等技术,它们都已开始用于病原体的鉴定。如疱疹病毒等 DNA 病毒,经限制性内切酶切割后电泳,根据呈现的酶切图谱可鉴定出所检病毒的类型;轮状病毒、流感病毒等 RNA 病毒,由于其核酸具多片段性,故通过聚丙烯酰胺凝胶电泳分析其基因组型,便可作出快速诊断。

单元二　宠物疫病的治疗

一、治疗原则

对患上疫病的宠物进行治疗,一是为了挽救发病宠物,减少损失;二是为了消除传染源。在治疗时还应考虑经济问题,用最少的花费取得最佳的治疗效果。目前对各种宠物疫病的治疗方法虽有所进步,但仍有些疫病尚无有效的疗法。当认为患病宠物无法治愈,或治疗需要很长时间,所用医疗费用过高,或发病宠物对周围的人和其他动物有严重的传染威胁时，可以淘汰进行无害化处理；尤其是当某地传入一种过去没有发生过的危害性较大的新病时，为了防止疫病蔓延扩散，在严格消毒的情况下将患病宠物进行无害化处理。因此，不仅要反对只管治不管防的单纯治疗观点，又要反对仅进行预防，治疗可有可无的偏见。

治疗宠物疫病与普通病治疗有所不同，要特别注意以下几点：治疗流行性强、危害严重的疫病时，必须在严格封锁或隔离的条件下进行；对因治疗和对症治疗相结合，既要考虑消除病原体的致病作用，又要想方设法提高机体的抗病能力；局部治疗和全身治疗相结合；中西医治疗相结合，取中西医之长，达到最佳治疗效果；治疗中在用药方面坚持因地制宜、控制成本支出的原则。

二、治疗方法

（一）针对病原体的疗法

针对病原体的疗法就是帮助机体杀灭或抑制病原体，或消除其致病作用的疗法。可分为特异性疗法、抗生素疗法和化学疗法等。

1. 特异性疗法

应用针对某种传染病的高免血清、痊愈血清（全血）、卵黄抗体等特异性生物制品进行治疗的方法称为特异性疗法。如犬瘟热血清、三联血清等。

高免血清主要用于某些急性疫病的治疗，例如犬瘟热、犬传染性肝炎、犬细小病毒感染等。使用时应注意以下几个方面的问题。

（1）早期使用　抗病毒血清具有中和病毒的作用，但仅限于未与组织细胞结合的外毒素和病毒，而对已与组织细胞结合的外毒素、病毒及产生的组织损害无作用。所以，使用免疫血清实施治疗，愈早愈好，以便使毒素和病毒在未达到侵害部位之前便被中和而失去毒性。

（2）血清用量　要根据动物的体重、年龄和使用目的来确定血清用量。

（3）多次足量　应用免疫血清治疗虽然有收效快、疗效高的特点，但维持时间短，因此必须多次足量注射才能收到好的效果。

（4）途径适当　使用免疫血清适当的途径是皮下注射或肌内注射，而且注射量较大时应进行多点注射。

（5）防止过敏　使用免疫血清时可能会引起过敏反应，应注意预防，最好用提纯制品。

2. 抗生素疗法

一般高免血清生产量很少，并非随时可以购到，因此在兽医实践中的应用远不如抗生素或磺胺类药物广泛。抗生素是治疗细菌性传染病的主要药物，使用抗生素时应注意以下几方面的问题。

（1）掌握抗生素的适应证　因抗生素各有其主要适应证，可根据初步的临床诊断结果，估计致病菌菌种，掌握不同抗菌药物的抗菌谱，选用适宜的抗生素。最好能对分离到的病原菌进行药敏试验，选择敏感药物进行治疗。

（2）考虑用量、疗程、给药途径、不良反应、经济价值　抗菌药在机体内要发挥杀灭或抑制病原菌的作用，必须在靶组织或器官内达到有效的浓度，并能维持一定的时间。开始剂量宜大，以便集中优势药力给病原体以决定性打击，以后再根据病情酌减用量。疗程应根据疾病的类型、动物的具体情况决定，一般急性感染的疗程不宜过长，可于感染控制后3天左右停药。同时，血中有效浓度维持时间受药物在体内的吸收、分布、代谢和排泄的影响。因此，应在考虑各药的药物动力学、药效学特征的基础上，结合动物的病情、体况，制订合适的给药方案，包括药物品种、给药途径、剂量、间隔时间及疗程等。

此外，对毒性较大、用药时间较长的药物，最好能通过血药浓度监测，作为用药的参考，以保证药物的疗效，减少不良反应的发生。

(3) **不宜滥用** 滥用抗生素不仅对动物无益，而且能产生多种危害，例如常用的抗生素对大多数病毒无效，故一般不宜应用。即使在某种情况下应用于控制继发感染，但在病毒继发感染后感染加重的情况下，对发病动物也是无益而有害的。

(4) **联合用药** 联合应用抗菌药的目的主要在于扩大抗菌谱，增强疗效，减少用量，降低或避免不良反应，减少或延缓耐药菌株的产生。病因未明而又危及生命的严重感染，可先进行联合用药，确诊后再调整用药；用一种药物不能控制的严重感染或混合感染、容易出现耐药性的细菌感染、需要长期治疗的慢性病等情况下，为防止耐药菌的出现，进行联合用药效果不错。

抗生素的联合应用应结合临床经验控制使用。如青霉素与链霉素合用，土霉素与红霉素的联合应用可通过协同作用增强疗效。而青霉素与红霉素合用，土霉素与头孢类合用，因产生拮抗作用，不仅不能提高疗效，反而降低了疗效，同时又增加了病菌对多种抗生素的接触机会，更易产生广泛的耐药性。

抗生素和磺胺类药物的联合应用：如链霉素和磺胺嘧啶的协同作用可防止病菌迅速产生对链霉素的耐药性；青霉素与磺胺的联合应用常比单独使用的效果好。

3. 化学疗法

使用有效的化学药物帮助动物机体消灭或抑制病原体的治疗方法，称为化学疗法。治疗宠物传染病常用的化学药物有以下几类。

(1) **磺胺类药物** 这是一类化学合成的抗菌药，对大多数革兰阳性菌和部分革兰阴性菌有效，甚至对衣原体和某些原虫也有效，但对螺旋体、立克次体、结核分枝杆菌、支原体等无效。

不同磺胺类药物对病原菌的抑制作用亦有差异。一般来说，其抗菌谱强度的顺序为 SMM＞SMZ＞SD＞SDM＞SMD＞SM_2。

(2) **抗菌增效剂** 甲氧苄氨嘧啶类药物是一类合成的广谱抗菌药，与磺胺类药物并用，能显著增强疗效，同时也能大大增加了某些抗生素的疗效，故称为抗菌增效剂，有甲氧苄氨嘧啶（TMP）和二甲氧苄氨嘧啶（DVD，敌菌净）等。对多种革兰阳性菌及阴性菌均有抗菌活性，但对铜绿假单胞菌、结核分枝杆菌、丹毒杆菌、钩端螺旋体无效。

(3) **喹诺酮类药** 主要有恩诺沙星、诺氟沙星、环丙沙星、二氟沙星、达氟沙星、氧氟沙星等。具有抗菌谱广、杀菌力强、吸收快、体内分布广泛、抗菌作用独特、与其他抗菌药无交叉耐药性、本类药物之间无交叉耐药性、使用方便、不良反应小等特点。

(4) **硝基咪唑类药** 主要有甲硝唑、地美硝唑、替硝唑、氯甲硝唑、硝唑吗啉、氟硝唑等，对大多数专性厌氧菌和原虫具有较强的作用，但对需氧菌或兼性厌氧菌则效果差。

(5) **抗病毒药** 主要有吗啉胍、金刚烷胺、利巴韦林、膦甲酸钠、缩氨硫脲、聚肌胞、抗病毒中草药等。主要是通过干扰病毒吸附于细胞、阻止病毒进入宿主细胞、抑制病毒核酸复制、抑制病毒蛋白质合成、诱导宿主细胞产生抗病毒蛋白等途径发挥效应。但毒性较大，应用比抗菌药少得多。

(二) 针对动物体的疗法

在宠物疫病的治疗过程中，既要考虑消除病原体的致病作用，也要帮助动物机体增强抗病能力，促使机体战胜疾病，恢复健康。

1. 加强护理

患病宠物护理工作的好坏直接关系到治疗效果的好坏，因此，要根据疫病的性质和临床特点灵活做好护理工作。如患病的宠物应在严格隔离的栏舍中进行治疗；隔离栏舍应光线充足、安静、干燥、通风良好，并能经常进行消毒；保证有充足饮水和易于消化的高质量饲料的供给；严禁闲人入内；夏天应注意防暑降温，冬天注意防寒保暖；必要时可根据病情的需要，采用注射葡萄糖、维生素或其他营养性物质的方式维持其生命，帮助机体渡过难关。

2. 对症治疗

为了减缓或消除某些严重的症状，调节或恢复机体的生理机能而进行的治疗方法称为对症治疗。如使用退热、止血、止痛、止泻、镇静、兴奋、强心、利尿、防止酸中毒、调节电解质平衡等药物以及某些急救手术治疗等，都属于对症治疗的范围。

实践活动三　宠物病料的采集与送检

【知识目标】
1. 了解不同宠物疾病病料的种类和选择。
2. 了解宠物病料的采取的目的和意义。

【技能目标】
学会采取、保存、包装和记录被检宠物病料。

【实践内容】
1. 病料的采取。
2. 病料的保存。
3. 病料的包装和运送。

【材料准备】
（1）材料　煮沸消毒器、外科刀、外科剪、镊子、刀片、试管、平皿、广口瓶、包装容器、注射器、采血针头、脱脂棉、载玻片、酒精灯、火柴等；新鲜动物尸体。
（2）药品　保存液、来苏儿等。
（3）实训场地　传染病实验室、宠物医院。

【方法步骤】

1. 病料的采取

（1）剖检前检查　发现动物急性死亡且天然孔出血时，先用显微镜检查其末梢血液涂片中是否有炭疽杆菌存在。如疑为炭疽，则不可随意剖检，只有在确定不是炭疽时方可进行剖检。

（2）采集时间　内脏病料的采取，必须在死亡后立即进行，夏天不宜迟于2～4h，冬天不迟于20h。病料采集后，应立即送检。如不能立刻进行检验，应迅速冷藏。若需要采取血清测抗体，最好采发病初期和恢复期两个时期的血清。

（3）器械的消毒　刀、剪、镊子、注射器、针头等煮沸消毒30min。玻璃制品、陶制品等器皿可用高压灭菌。软木塞、橡皮塞于0.5%石炭酸水溶液中煮沸10min。采取一种病料，使用一套器械和容器，不可混用。

（4）病料的采取　应根据不同的传染病，采取不同的脏器或内容物。如败血性传染病可采集心、肝、脾、肺、肾、淋巴结、胃、肠等；有神经症状的传染病采集脑、脊髓等。若无法估计是哪种传染病，可全面采集。检查血清抗体时，采取血液，凝固后析出血清，将血清装入灭菌小瓶送检。为了避免杂菌污染，病变检查应待病料采集完毕后再进行。各种组织及液体的病料采集方法如下。

① 脓汁　用灭菌的注射器或吸管抽取或吸出脓肿深部的脓汁，置于灭菌试管中。若为开口的化脓灶或鼻腔时，则用无菌棉签浸蘸后，放在灭菌的试管中。

② 淋巴结及内脏　取淋巴结、肺、肝、脾及肾等有病变的部位，样品大小可酌情而定，淋巴结连带周围脂肪一起整体采集，采集的样品分别置于灭菌容器或保鲜袋中。若为供病理组织切片的材料，应将典型病变部分及相连的健康组织一并切取，组织块的大小每边约2cm。

③ 血液

a. 血清：以无菌操作吸取血液10ml，置于灭菌试管中，待血液凝固析出血清后，吸出血清置于另一灭菌试管中。

b. 全血：采取10ml全血，立即注入盛有5％柠檬酸钠1ml的灭菌试管中，搓转混合片刻后即可。

c. 心血：心血通常在右心房处采集，先用烧红的刀片烙烫心肌表面，然后用灭菌的尖刃外科刀自烙烫处刺一小孔，再用灭菌的注射器吸出血液，盛于灭菌试管中。

④ 乳汁　乳房先用消毒药水洗净，最初所挤的乳汁弃去，然后再采集5ml乳汁于灭菌试管中。若仅供显微镜直接染色检查，则可在其中加入0.5％的福尔马林溶液。

⑤ 胆汁　先用烧红的刀片烙烫胆囊表面，再用灭菌的注射器刺入胆囊内吸取胆汁，盛于灭菌的试管中。

⑥ 肠　用烧红的刀片将欲采取的肠表面烙烫后穿一小孔，将灭菌棉签插入肠内，采集肠管黏膜或其内容物；亦可用线扎紧一段肠管（约6cm）两端，然后将两端切断，置于灭菌的器皿内。

⑦ 皮肤　取大小为10cm×10cm的皮肤块，保存于30％甘油缓冲溶液、10％饱和盐水溶液或10％福尔马林溶液中。

⑧ 流产胎儿和小宠物　将流产后的整个胎儿或小宠物尸体用不透水塑料袋包紧，装入木箱内，立即送往实验室。

⑨ 骨　需要完整的骨标本时，应将附着的肌肉和韧带等全部除去，表面撒上食盐，然后包于浸过5％石炭酸水或0.1％升汞溶液的纱布或麻布中，装于木箱内送往实验室。

⑩ 脑、脊髓　如采取脑、脊髓做病毒检查，可将脑、脊髓浸入50％甘油盐水液中或将整个头部割下后用不透水塑料袋包紧，迅速冷藏送检。

⑪ 粪便　以清洁玻璃棒蘸新鲜粪便少许，置小瓶内，或用棉拭子自直肠内取少许。

⑫ 尿　用导尿管无菌采取尿液10～20ml，立即送检。

⑬ 供显微镜检查用的脓汁、血液及黏液　可用载玻片制成抹片，组织块可制成触片，然后在两块玻片之间靠近两端边缘处各垫一根火柴或牙签，以免抹片或触片上的病料互相接触。如玻片有多张，可按上法依次垫火柴或牙签重叠起来，最上面的玻片上的涂（抹）面应朝下，最后用细线包扎，玻片上应注明编码，并另附说明。

2. 病料的保存

采集病料后，如不能立即进行检验或需要运送到有关部门进行检验的，应立即冷冻保存或加入适当的保存剂保存。

（1）细菌检验材料的保存　将采取的脏器组织块保存于30％甘油缓冲溶液中，容器加塞封固。

30％甘油缓冲溶液的配制方法：中性甘油30ml、氯化钠0.5g、碱性磷酸钠1.0g，加蒸馏水至100ml，混合后高压灭菌备用。

（2）病毒检验材料的保存　将采取的脏器组织块，保存于50％甘油缓冲盐水溶液中，容器加塞封固。

50%甘油缓冲盐水溶液的配制方法：氯化钠 2.5g、酸性磷酸钠 0.46g、碱性磷酸钠 10.74g，溶于 100ml 中性蒸馏水中，加纯中性甘油 150ml，中性蒸馏水 50ml，混合分装后，高压灭菌备用。

（3）病料组织学检验材料的保存　将采取的脏器组织块放入 10% 福尔马林溶液或 95% 乙醇中固定；固定液的用量应为送检病料的 10 倍以上。如用 10% 福尔马林溶液固定，应在 24h 后换新鲜溶液一次。严寒季节为防病料冻结，可将上述固定好的组织块取出，保存于甘油和 10% 福尔马林等量混合液中。

3. 病料的包装和运送

病料送往检验室时，对病料容器一一标号，详加记录，附上病料送检单运送。

（1）液体病料最好收集在灭菌的细玻璃管中，管口用火焰封闭，注意勿使管内的病料受热。将封闭的玻璃管用废纸或棉花包装，装入较大的试管中，再装在木盒中运送。用棉签蘸取的鼻液及脓汁等物，可置于灭菌的试管中，剪去多余的签柄，用蜡密封管口，再装入木盒内运送。

（2）盛装组织或脏器的玻璃容器，包装时力求细致而结实，最好用双重容器。将盛有病料的器皿用蜡封口后，置于内容器中，内容器中衬垫缓冲物（如棉花、碎纸等）。当气候温暖时，需加冰块，没有冰块时加冷水和等量的硫酸铵搅拌，使之迅速溶解，可使水温降至零下。再将内容器置于外容器中，外容器内应填充废纸、木屑、石灰粉等，再将外容器密封好。内外容器中所加缓冲物的量，以盛病料的容器万一破碎时能完全吸收其液体为度。外容器上需注明上下方向，写明"病理材料"、"小心玻璃"标记。

病料装入容器内至送到检验部门的时间越快越好，且最好是专人送检。途中避免接触高热及日光，避免振动、冲撞，以免腐败或病原菌死亡。远途可航空托运，通知检验单位及时提取。血清学和病理组织学检验材料，可妥善包装后邮寄。

4. 注意事项

（1）采取微生物检验材料时，要严格按照无菌操作规定进行，并严防病原扩散。

（2）要有秩序地进行工作，注意消毒，严防自身感染及造成他人感染。

（3）正确地保存和包装病料，正确填写送检单。

【实践报告】

结合病例情况，写出一份实践报告。

【项目小结】

本项目主要介绍了宠物疫病的诊断方法、治疗原则和治疗方法。同时对病料的采集、保存和送检以及药物联合使用等也做了较为详细的描述。

【复习思考题】

1. 供细菌学检查的病料如何采集？如何处理？
2. 宠物螨病的病料如何进行采集？
3. 细菌性疫病的诊断方法有哪几种？
4. 寄生虫性疫病的诊断方法有哪几种？粪便中虫卵检查的方法有哪几种？
5. 病毒性疫病的诊断方法有哪几种？
6. 宠物发生疫病后应如何进行治疗？应注意哪些问题？

项目四 犬、猫病毒性传染病的诊断与防治

【知识目标】
1. 了解犬、猫常见病毒性传染病的种类。
2. 了解病毒性传染病的诊断要点。
3. 了解犬细小病毒感染、犬瘟热等常见传染病的综合治疗措施及预防措施。
4. 了解病毒性传染病的诊断原则和一般治疗方法。

【技能目标】
1. 能结合实际病例，对犬、猫常见传染病的症状进行判断。
2. 能对重要传染病的诊断所需病料进行采集、检验等操作。
3. 能对犬细小病毒感染、犬瘟热进行临床诊断及实验室诊断处理。
4. 能根据不同疫病特点实施有针对性的防疫措施。

单元一 狂 犬 病

狂犬病，又名恐水病，俗称疯狗病，是由狂犬病病毒引起的人畜共患的一种急性、自然疫源性传染病。临诊上以狂躁不安、意识紊乱，继之局部或全身麻痹而死为主要特征。

【诊断处理】

1. 流行病学特点

狂犬病病毒属弹状病毒科狂犬病毒属成员，核酸型为 RNA。病毒主要存在于患病动物的中枢神经组织、唾液腺和唾液中，其他脏器、血液、乳汁中可能有少量病毒存在。在中枢神经和唾液腺细胞的胞浆内常形成狂犬病特有的包含体，称 Negri 小体（内基小体）。

本病能感染人及所有的温血动物，包括鸟类；在少数国家的野生动物中流行严重，以鼬鼠、香猫、松鼠、臭鼬和蝙蝠为主，随后传至狼、狐、犬、猫等野兽和家兽，再传至人以及牛、猪、马、羊等动物。

患病和带毒的动物（我国以犬为主）是主要的传染源和病毒贮存宿主，病犬在潜伏期时，其唾液中就可排毒。在我国的流行地区，外观健康的犬血清阳性率达 8.3%～25%。

本病主要通过咬伤、损伤的皮肤黏膜、消化道摄入、呼吸道吸入等途径传播。各种动物的发病率不同：犬 72%，牛 18.4%，鹿 5.5%，马 4.2%，猪 3%。本病一年四季均可发生，但春夏季发生较多，这与犬的活动期有一定关系。感染不分性别、年龄。

人和哺乳动物的感染绝大部分是由疯犬咬伤而引起，因疯犬的唾液中含有病毒。外观健康的动物也可能带毒，它们是病毒的贮存宿主。已经证明吸血蝙蝠和食虫、食果蝙蝠在病毒的散布中也起重要作用。因为蝙蝠可感染和排出狂犬病病毒，但它本身并不发生致死性的临诊症状。所有这些都可成为人畜患病的传染源。

非咬伤感染可通过吸入和食入传染性物质而发病。如经呼吸道吸入，或健康动物的皮肤和黏膜原有创伤时再接触含有病毒的唾液即可被感染。在非洲还有从蚊虫体内分离到病毒的报道，说明可能还有另外的传播途径。

2. 症状及病理变化

潜伏期长短不一，这与感染病毒的量、感染的部位、伤口的深浅及动物的易感性相关。一般为15天，长者可达数月或一年以上。犬、猫、猪一般为10～60天，人为30～60天。临诊表现为狂暴型和麻痹型（或沉郁型）两型。

（1）狂暴型 分前驱期、兴奋期和麻痹期。

① 前驱期 表现精神沉郁，常躲在暗处，不听呼唤，不愿与人接近。食欲反常，喜吃异物，吞咽时颈部伸展，瞳孔散大，唾液分泌增多，后躯软弱，性格变态。此期约经半天到2天。

② 兴奋期 表现狂暴，常主动攻击人畜，高度兴奋。狂暴之后出现沉郁，病犬卧地，疲劳不动，一会又立起，眼斜视，精神恐慌。稍受刺激就出现新的发作，疯狂攻击，或自咬四肢、尾及阴部，病犬常在外游荡，多不归家。吠声嘶哑，下颌麻痹，流涎。此期经2～4天。

③ 麻痹期 由于三叉神经麻痹出现下颌下垂，舌脱出，流涎，很快后躯及四肢麻痹，卧地不起，抽搐，最后因呼吸中枢麻痹或衰竭而死。病程为1～2天。

（2）麻痹型或沉郁型 病犬只经过短期兴奋即进入麻痹期。表现喉头、下颌、后躯麻痹，流涎，张口，吞咽困难。一般经2～4天死亡。

猫多为狂暴型，症状与犬相似，但病程较短。在出现症状后2～4天死亡。在疫病发作时，攻击抓伤其他猫、动物和人，对人危害较大。

患犬身体消瘦，皮肤可见咬伤、撕裂伤。口腔、咽和喉黏膜充血、糜烂，胃内空虚或有异物，胃肠黏膜充血或出血，脑膜及实质中可见充血和出血。病理组织学检查，脑呈非化脓性脑脊髓炎变化。病变以脑干和海马角最明显。特征变化是在多种神经细胞浆内出现嗜酸性包含体，称内基小体（Negri body）。这是病毒寄生于神经元尼氏体部位的标志。但有时死于狂犬病的犬找不到包含体。

3. 实验室诊断

根据动物出现的典型症状和病程、病史可作出初步诊断。确诊需进行实验室诊断。

（1）病理组织学检查 将出现脑炎症状和患病动物扑杀，取小脑或大脑海马角部做触片，经姬姆萨染色或病理切片HE染色，镜检见神经细胞内有Negri小体，即可确诊。病犬脑组织的阳性检出率仅为70%。

（2）荧光抗体法 取可疑病脑组织或唾液腺制成触片或冰标切片，用荧光抗体染色（将纯化的狂犬病高免血清γ-球蛋白用异硫氰荧光素标记）在荧光显微镜下观察，见细胞浆内出现黄绿色荧光颗粒即可确诊。此法快速且特异性强，其检出率为90%。

（3）动物接种 取脑病料制成乳剂，经脑内途径接种于30日龄小鼠，观察3周。若在接种后1～2周内小鼠出现麻痹症状和脑膜炎变化即可确诊。

（4）可通过血清中和试验检验狂犬病抗体而确定。

此外，酶联免疫吸附试验、核酸探针技术也可用于本病的诊断。

【防治处理】

1. 治疗原则及方法

由于狂犬病感染途径和临床表现的特殊性，因此被咬后的伤口处理和及时的免疫预防是非常重要的。当人被可疑的病犬咬伤时，应尽量挤出伤口的血，用肥皂水彻底清洗，并用3%碘酊处理，接种狂犬病疫苗。最好同时注射免疫血清，可降低发病率。家畜被病犬或可疑病犬咬伤后，应尽量挤出伤口的血，然后用肥皂水或0.1%升汞水、乙醇、醋酸、3%石炭酸、碘酊、硝酸银等消毒药和防腐剂处理，并用狂犬病疫苗紧急接种，使被咬动物在疫病的潜伏期内就产生主动免疫，以免发病。

凡是病犬，且过去又没做过免疫的，应立即处死。对于免疫的犬，在已知的免疫期内若接触病犬或被咬伤，应彻底治疗创伤，再给动物注射疫苗，并将其关养，至少观察30天。

2. 注意事项

人患本病多是由于被病犬咬伤所致。病初表现头痛、乏力、食欲不振、恶心、呕吐等。被咬伤部位有发痒、似蜜蜂爬等感觉，脉搏快，瞳孔散大，多泪，流涎，出汗，有时呼吸肌和咽部痉挛，出现呼吸困难，见到水就恐惧，故名恐水症（恐水症只发生于人）。有时也出现狂暴，不能自制。通常在发病3~4天后，因全身麻痹死亡。

3. 预防

狂犬病的预防主要包括控制传染源、切断传播途径和接种疫苗等几个步骤。控制传染源主要是家养犬免疫、消灭流浪犬以及对可疑病犬和猫的捕杀。对家养犬进行登记，给予预防接种。对狂犬、狂猫应立即击毙，以免伤人。咬过人的家犬、家猫等应设法捕获隔离10天。病死动物应焚烧或深埋。

用灭活或改良的活毒疫苗可预防狂犬病。用改良的活毒疫苗免疫犬，应在3~4月龄时首免，1岁时再免疫，然后每3年免疫一次。灭活苗的免疫期比较短，首免之后3~4周二免，此后每年接种一次。猫用狂犬病疫苗接种，首免疫在3周龄，以后每年接种一次。

单元二　犬细小病毒感染

犬细小病毒病是犬的一种具有高度接触性传染的烈性传染病。临床上以急性出血性肠炎和心肌炎为特征。

【诊断处理】

1. 流行病学特点

犬是本病的主要宿主。犬细小病毒（CPV）对犬具有高度的传染性，各种年龄犬均可感染。但以刚断乳至90日龄的犬发病较多，病情也较严重。往往以同窝爆发为特征。依据临诊发病犬的种类来看，纯种犬及外来犬比土种犬发病率高。

病犬、隐性带毒犬是本病的主要传染源，感染后7~14天可经粪便向外界排毒。康复犬也可长期带毒。病犬的粪便中含病毒量最高。

感染途径主要为病犬与健康犬直接或间接接触感染。病毒随粪便、尿液、呕吐物及唾液排出体外，污染食物、垫料、饮水、食具和周围环境，主要经消化道感染。苍蝇、蟑螂和人也可成为本病的机械传播者。3~4周龄犬感染后以急性致死性心肌炎为多；8~10周龄的犬以肠炎为主。小于4周龄的仔犬和大于5岁的老犬发病率低。

犬细小病毒病多为散发，在养犬比较集中的单位常呈地方流行性。本病一年四季均可发生，但以冬春季节多发，天气寒冷，气温骤变，拥挤，卫生水平差和并发感染，可加重病情和提高死亡率。

2. 症状及病理变化

本病在临诊上可分为肠炎型和心肌炎型。

（1）肠炎型　自然感染的潜伏期为7~14天，病初表现发热（40℃以上）、精神沉郁、不食、呕吐。初期呕吐物为食物，之后为黏稠、黄绿色黏液或有血液。发病1天左右开始腹泻。初期粪便为黄色或灰黄色稀粪，常覆有大量黏液和假膜，随病情发展，粪便呈咖啡色或番茄酱汁样的含血稀粪。以后排便次数增加，出现里急后重，血便带有特殊的腥臭气味。血便数小时后病犬表现严重脱水症状，眼球下陷、鼻镜干燥、皮肤弹力高度下降、体重明显减轻。血象变化：病犬的白细胞计数可减少到 $4×10^9/L$ 以下。对于肠道出血严重的病例，由于肠内容物腐败可造成内毒素中毒和弥散性血管内凝血，使机体休克、昏迷、死亡。病程短的 4~5 天，长的 1 周以上。成年犬发病一般不发热。

病理变化：自然死亡犬极度脱水，消瘦，腹部蜷缩，眼球下陷，可视黏膜苍白，肛门周围附有血样稀便或从肛门流出血便。主要以胃肠道广泛出血性变化为特征，可见小肠明显出血，肠腔内含有大量血液。特别是空肠和回肠的黏膜潮红、肿胀，散布有斑点状或弥漫性出血，严重时肠管外观呈紫红色。淋巴结充血、出血和水肿，切面呈大理石样。在小肠黏膜上皮细胞中可见有核内包含体。

（2）心肌炎型　多见于 50 日龄以下的幼犬。常突然发病，数小时内死亡。病犬常出现无先兆性症状的心力衰竭，脉搏快而弱，心律不齐。心电图 R 波降低，ST 段升高。有的病犬突然呼吸困难。有的犬可见有轻度腹泻而死亡。病死率 60%~100%。

病变可见心脏扩大，心房和心室有瘀血块，心肌或心内膜有非化脓性坏死灶和出血斑纹，心肌纤维严重损伤。肺水肿，局灶性充血和出血，肺表面色彩斑驳。在病变的心肌细胞中有时可发现包含体。

3. 实验室诊断

该病在临床上的特征症状是呕吐、腹泻、便血。

（1）血常规检查　白细胞总数明显减少，多数犬在 $9×10^9/L$ 以下，少数犬在 $2×10^9/L$ 以下。如果继发细菌感染，白细胞总数可增高。血清总蛋白量下降至 4.2~6.6mg/dL，红细胞压积为 45%~71%，平均在 50% 左右，转氨酶指数升高。如果白细胞在 $2×10^9/L$ 以下，则预后不良。

（2）试纸快速诊断法　用犬细小病毒快速诊断试纸诊断本病，简便、经济、快速，有极高的准确率，是目前国内诊断该病的常用方法。

（3）电镜和免疫电镜观察　采集患犬粪便，进行氯仿处理后低速离心，取上清液进行负染后电镜观察，在病初期可见大量直径 20nm、圆形或六边形的病毒粒子。在病的后期，由于肠黏膜分泌性抗体的出现，常可见到大块聚集状态的病毒粒子，此时电镜观察效果欠佳。

（4）血凝试验与血凝抑制试验　在发病早期，可取病犬细胞培养物和粪便进行血凝试验。在发病后期，由于 IgM 等抗体的出现，使 CPV 抗原失去血凝性。此时，用二巯基乙醇（2-ME）处理，便可检查到粪便中的 IgM 等抗体和 CPV 抗原。

（5）酶联免疫吸附试验　采用双抗体法，应用特制的酶标反应小管、板或纤维素膜。国内外已研制出多种试剂盒。

（6）PCR 诊断技术　国内已有研制的 PCR 诊断试剂盒能检出痕量（10ng）的犬细小病毒 DNA，被测样品只需进行简单煮沸就能进行 PCR 反应，而且此试剂盒具有灵敏、特异等优点。

此外，还可利用核酸探针技术对 CPV 进行探测。

【防治处理】

1. 治疗原则及方法

本病无特效治疗药物，临床上常采用对症治疗、支持疗法、特异疗法、控制继发感染和中草药治疗。

（1）特异性抗病毒治疗　可采用抗犬细小病毒高免血清，1~2ml/kg 皮下注射或肌内注射，每天一次，连用 3~5 天。或选用犬细小病毒免疫球蛋白注射液，0.3~0.4ml/kg 皮下注射或肌内注射，连用 3~5 天。早期注射犬细小病毒单克隆抗体也可以收到良好的治疗效果。也可以用患病康复犬的全血按 3～5ml/kg 体重进行输血。

(2) 应用抗病毒药物　可选用利巴韦林 5～10mg/kg 肌内注射或静脉滴注，每日 1～2 次；为增强抗病毒能力，可用胸腺肽 0.5mg/kg 肌内注射，每日 1 次，连续 4～6 天。也可使用犬用干扰素 $(150～1500)×10^4 IU/kg$，肌内注射，每日 1 次，连用 5～7 天。

(3) 对症治疗　病犬出现严重呕吐、腹泻、脱水、失血、酸中毒和电解质紊乱是导致本病死亡的主要原因。因此及时的补液和补充电解质缓解酸中毒是治疗本病的最主要措施。通常选用林格液和葡萄糖生理盐水输液。每天至少输液一次，必要时每天输 2 次，连续输液 5～7 天。必须稀释到 0.5% 以下的浓度，缓慢静脉滴注。失血时注射维生素 K、卡巴克络、酚磺乙胺、立止血等药物，或云南白药灌肠。失血较多者，输血效果好。

(4) 控制继发感染　在静脉滴注时加入氨苄西林钠、头孢拉定、庆大霉素、卡那霉素等药物以防继发感染。

(5) 支持疗法　为提高犬的综合抵抗能力，帮助度过重症期需对其进行支持疗法。可在输液过程中加入维生素 C、肌苷、ATP、辅酶 A 等。

(6) 中药疗法　中医以清热解毒、渗湿、敛肠为治疗原则，选用地榆、槐花汤等。

2. 注意事项

(1) 呕吐、腹泻是病初期的症状，经验不足者可能以为是采食过多或饲喂不宜的东西所致，错过了最佳治疗时间。

(2) 心脏功能差、心律不齐的病犬输液时不能输得太多、太快，以免发生急性心衰死亡。因病犬长期不进食，加上本身消化液和体液大量丢失，大多数病犬都会引起酸碱平衡紊乱，出现酸中毒。对于不同程度的酸中毒应将 5% 碳酸氢钠注射液按 5ml/kg 体重加入到 2 倍剂量的 5% 葡萄糖溶液或 10% 葡萄糖溶液内静脉注射。

(3) 对于呕吐严重的犬，可选用爱茂尔肌内注射，必要时用阿托品，胃肠道有出血者忌用甲氧氯普胺（胃复安）。要特别注意因病犬多日不吃，摄入钾少，且呕吐、腹泻，又使钾大量丢失，因此凡禁食 3 日以上者均应补钾，并严格控制输钾的剂量、浓度、速度。

(4) 部分病犬在治疗过程中即使坚持每天输液，在发病的 4～5 天病情也可能有所加重，但只要坚持治疗，病犬的康复还是很有希望的，不能轻易放弃。一些病例常在通过 1～2 次治疗、病情有所好转后而中断治疗，易造成复发，使病程延长或转为晚期症状。

3. 预防

预防本病主要依靠接种疫苗和严格犬的检疫制度。目前国内使用的疫苗有犬细小病毒弱毒或灭活疫苗、犬二联苗（犬细小病毒病、犬传染性肝炎）、犬三联苗（犬瘟热、犬细小病毒病、犬传染性肝炎）、犬五联苗等。对 30～90 日龄的犬应注射 3 次，90 日龄以上的犬注射 2 次，每次间隔 2～4 周。每次注射 1 个头份剂量（2ml），以后每半年加强免疫 1 次。

加强饲养管理，定期驱虫，每季度应驱虫 1 次。

在本病流行季节，严禁将个人养的犬带到犬集结的地方。当犬群爆发本病后，应及时隔离，对犬舍和饲具应反复消毒。发现本病应立即进行隔离饲养，防止病犬、病犬饲养人员与健康犬接触，对犬舍及场地用 2% 火碱水或 10%～20% 漂白粉溶液等反复消毒。

单元三　犬　瘟　热

犬瘟热俗称狗瘟，是一种主要危害幼犬的严重犬类疾病。其病原体是犬瘟热病毒。病犬以呈现双相热型、鼻炎、严重的消化道障碍和呼吸道炎症等为特征。

【诊断处理】
1. 流行病学特点
犬瘟热病毒（CDV）是副黏病毒科、麻疹病毒属的成员，与该属的麻疹病毒和牛瘟病毒有着密切的抗原关系。犬瘟热病毒抵抗力不强，对热、干燥、紫外线和有机溶剂敏感，易被紫外线、乙醚、甲醛、来苏儿所杀死；2～4℃可存活数周，室温下存活数天，50～60℃ 1h可使该病毒灭活。pH值在4.5以下和9.0以上的酸环境或碱环境可使其迅速灭活，但低温冷冻可以保存数月，冷冻干燥可保存数年。

本病一年四季均可发生，但以冬春多发。本病有一定的周期性，每3年一次大流行。不同年龄、性别和品种的犬均可感染，但以未成年的幼犬最为易感。纯种犬、警犬比土种犬易感性高，而且病情反应重，死亡率也高。本病最重要的传染源是鼻、眼分泌物和尿液。曾有人报道感染犬瘟热病毒的犬60～90天后，尿液中仍有病毒排出，所以说尿液是很危险的传染源，主要传播途径是病犬与健康犬直接接触，也可通过空气飞沫经呼吸道感染。犬一旦发现犬瘟热，无论采取怎样严密的防护措施，都很难避免同居一室的其他犬被感染。

2. 症状及病理变化
潜伏期一般3～21天，平均为3～6天。

（1）病毒感染初期　体温升高（39.5～41℃），食欲不振，精神轻度沉郁，眼、鼻流水样分泌物，打喷嚏，有少数病犬出现轻度呕吐或腹泻，之后出现有2～3天无症状期，有的病犬可见白细胞减少。

（2）继发细菌感染期　体温再次升高，出现临床症状，此期病犬症状加重，发热呈弛张热型。精神沉郁，食欲减少或废绝，眼结膜潮红、肿胀，流出黏液性或脓性眼屎，严重者眼睛周围被毛脱落，眼屎将上下眼睑粘在一起，部分病犬出现眼角膜结膜炎、角膜混浊、溃疡，甚至穿孔。

（3）上呼吸系统症状　鼻镜干燥，打喷嚏，流出黏液性或脓性鼻汁，堵塞鼻孔，呼吸急促或呼吸困难；肺部感染时出现咳嗽，初为干咳后为湿咳，肺部听诊呼吸音粗粝，有湿啰音或捻发音。

（4）消化系统症状　主要表现为食欲不振、呕吐、腹泻、便秘或肠套叠，有肠卡他性炎症的触诊有压痛；粪便混有黏液，有时为恶臭或暗红色血便，常因自身抵抗力下降继发细菌感染或并发犬细小病毒病，最终因衰竭而死。

（5）泌尿系统症状　常见于持续发热病例，肾区因有肾炎而有压痛感。

（6）皮肤症状　部分病例在疾病的中后期，在下腹部和股内出现散发的米粒大至豆大的水疱性、脓疱性皮疹。有的病犬脚垫出现角质层增生（称为硬跖症）。

（7）神经症状　15％～20％的病犬会出现神经症状，一般发生在疾病的末期，也有极少数病犬一开始就出现神经症状。主要是由病毒侵入脑组织产生非化脓性脑炎所致，多突然发生，初期表现敏感或口唇、耳、眼睑抽搐，随后出现兴奋、癫痫、好动、转圈和精神异常、步态及姿势异常、共济失调、反射异常、感觉过敏、颈部强直、后躯麻痹等阵发性症状。最初发作时间短（一般几秒至几分钟），一天内发作几次，以后发作时间逐渐延长。出现神经症状的犬多预后不良，少数病犬恢复后也留有局部抽搐的后遗症。

本病病变复杂，主要是由于其他病原菌继发感染所致，治疗处置方法不同，也可导致不同的结果。病理组织学检查淋巴系统发生退行性变，弥漫性间质性肺炎，泌尿生殖道的变移上皮肿胀；眼睛的睫状体细胞浸润，色素上皮细胞增生。死于神经症状的病犬，呈现非化脓性脑炎及脑白质中的空泡形成，神经细胞和胶质细胞变性或早期脱髓鞘现象。在黏膜上皮细胞、网状细胞、白细胞、神经胶质细胞和神经元中发现嗜酸性犬瘟热病毒包含体。

3. 实验室诊断

犬瘟热病型比较复杂，又常与多种病毒和细菌混合感染，要确诊比较困难。根据临床症状、病理变化和流行病学资料仅可作出初步诊断，病犬死后也缺乏特征性的肉眼病变，确诊需进行实验室检查。

（1）**血常规检查** CDV 为泛嗜性病毒，可感染多种细胞和组织，对淋巴细胞和上皮细胞的亲嗜性最强。病毒感染期白细胞减少（4000～10000/mm^3）。继发细菌感染时，白细胞增多（40000～80000/mm^3），淋巴细胞绝对减少（50%以下），嗜中性细胞相对或绝对增加，轻度核左移和单核细胞增加。血清白蛋白减少，α_2-球蛋白增加。有的病例血清转氨酶和碱性磷酸酯酶活性增高。血液学和血清生化检验在犬瘟热的诊断中无太大意义。

（2）**病毒分离与鉴定** 从自然感染病例分离病毒比较困难。组织培养分离犬瘟热病毒可用犬肾细胞、犬肺巨噬细胞和鸡胚成纤维细胞等。据报道剖检时直接培养病犬肺巨噬细胞，容易分离到病毒。

（3）**电子显微镜直接检查病毒** 取早期病犬粪便或死犬肝、脾等病料，用电子显微镜可直接观察到病毒粒子。

（4）**病毒抗原检查** 采用免疫荧光实验法从血液白细胞、结膜、瞬膜以及肝、脾涂片中检查出犬瘟热病毒抗原。

（5）**包含体检查** 病犬生前可刮取其鼻、舌、瞬膜和阴道黏膜等，死后则刮膀胱、肾、胆囊或胆管等黏膜，进行 CDV 包含体检测。CDV 包含体见于胞浆内呈红色，圆形或椭圆形，边缘清晰。但与狂犬病病毒包含体和犬传染性肝炎病毒包含体较难鉴别，所以应进行综合分析。

（6）**血清学诊断**

① **中和试验** 一般使用鸡胚绒毛尿囊膜或敏感细胞进行中和试验，检测血清中抗 CDV 中和抗体。在进行中和试验时，一定要设阴性对照和阳性对照。

② **补体结合试验** 多使用感染鸡胚绒毛尿囊膜乳剂或敏感细胞培养物作为抗原进行补体结合试验，检测血清中的结合抗体。病犬一般在感染 2～4 周后产生补体结合抗体，持续时间短，因而补体结合试验是确定近期感染的一种方法。

③ **酶联免疫吸附试验** 是目前检查血清中 IgG 和 IgM 抗体较为快速、敏感、特异的方法。获得纯 CDV 抗原是进行酶联免疫吸附试验的关键步骤。通过蔗糖密度梯度离心提纯 CDV 抗原可增加检测的特异性。

（7）**分子生物学诊断技术** 把 RT-PCR 和核酸探针技术用于 CDV 的诊断，简单快速、特异性强、敏感性高，有广阔的应用前景。

（8）**试纸快速诊断** 用犬瘟热病毒抗原快速诊断试纸条进行早期诊断和鉴别诊断。

【防治处理】

1. 治疗原则及方法

本病目前尚无特效药治疗，主要采取对症疗法和支持疗法。治疗原则：增强抗体、中和病毒、抗菌消炎、防止继发感染、强心补液、酌情用药，提高患犬综合抵抗能力。

（1）**特异性治疗法** 主要是早期大剂量使用犬瘟热单克隆抗体（1～2ml/kg）、犬瘟热高免血清（1～2ml/kg）、犬二联王血清、犬多效高免血清或犬用精制抗多种病病毒免疫球蛋白（0.3～0.4ml/kg），连用3～5天，以提高其被动免疫能力。

（2）**抗病毒治疗法** 使用利巴韦林（5～10mg/kg）肌内注射或静脉滴注；为增强病犬抗病毒能力，可使用犬用干扰素 [（150～1500）×10^4 IU/kg] 肌内注射，以诱导犬的细胞产生抗病毒蛋白，抑制病毒的复制，连用 5～7 天。也可试用胸腺肽（0.05～0.5ml/kg），每天1次或隔天1次，以促进淋巴细胞成熟，调节和增强机体免疫功能，具有一定的抗病毒疗效，肌内注射或静脉滴注，连用5~7天。

(3) 防止继发感染　本病多因继发感染而加重病情，因此应根据病情应用抗生素，以防继发感染。如磺胺嘧啶、头孢拉定、头孢唑林钠、氨苄青霉素肌内注射或静脉滴注，连用数天，维持血液中有效浓度。在应用抗生素的同时，可给予地塞米松，具有消炎解热的作用。

(4) 对症治疗措施　对于病程长，出现呕吐、腹泻、脱水症状的犬，要及时补给5%葡萄糖注射液或生理盐水。并加入维生素、ATP、辅酶A等能量合剂。对于呕吐的犬可以加止吐药，发热的可以加双黄连、清开灵、柴胡等，有呼吸症状的犬可用止咳祛痰药。

(5) 神经症状治疗　对于出现神经症状的犬，扑米酮、地西泮或氯丙嗪等对缓解症状有一定效果，但要彻底恢复比较困难，即使个别未发生死亡，往往也留下后遗症。此外，还应增加营养，补给白蛋白、氨基酸等。

2. 预防

(1) 预防接种　本病的死亡率和淘汰率比较高，预防接种尤为重要。使用疫苗时母源抗体的存在可直接干扰疫苗的免疫效果，对幼犬的免疫水平有很大的影响。当血液中的中和抗体效价在1∶100以上时，具有保护作用，若是下降到1∶20以下时，则有可能感染。母源抗体的2%通过胎盘、98%通过初乳移行给幼犬，其半衰期为8.5天。多数幼犬在8~18周龄（最长14周龄）时，母源抗体迅速减少或消失。若能测出幼犬或母犬的中和抗体效价，就能确定给幼犬进行预防接种疫苗的时间。

(2) 紧急预防　对疫期或新引进的犬只应采取隔离观察或采取紧急预防措施，可注射高效价免疫血清，注射血清可保2周免受感染。

(3) 免疫　平时严格执行定期免疫注射制度，可预防犬瘟热。从未接种过疫苗的犬在6~8周龄时接种第1次疫苗，以2周的间隔时间连续免疫接种疫苗3次。为了维持免疫状态，每年都应追加免疫接种疫苗1~2次。目前临床上常用于预防本病的疫苗有单联疫苗、三联疫苗、五联疫苗、六联疫苗等。

(4) 环境消毒　本病发病迅猛，传染快，一旦发生犬瘟热，应及早将病犬隔离，对犬舍及周围环境进行消毒，消毒可用1%福尔马林、3%氢氧化钠溶液或5%来苏儿彻底、反复消毒。

单元四　犬冠状病毒病

犬冠状病毒病是犬的一种急性胃肠道传染病，其临诊特征为腹泻。此病发病急、传染快、病程短、死亡率高。如与犬细小病毒或轮状病毒混合感染，病情加剧，常因急性腹泻、呕吐、脱水迅速死亡。

【诊断处理】

1. 流行病学特点

犬冠状病毒病（CCV）属冠状病毒科冠状病毒属成员。病毒具有冠状病毒的一般形态特征，有囊膜，囊膜表面有花瓣状纤突。核衣壳呈螺旋状。病毒基因型为单股RNA。用甲醛、紫外线能灭活。对胰蛋白酶和酸有抵抗力。病毒能在粪便中存在6~9天。

本病可感染犬、貂和狐狸等犬科动物，不同品种、性别和年龄犬都可感染，但幼犬最易感染，发病率几乎100%，病死率50%，病犬和带毒犬是主要传染源。病毒通过直接接触和间接接触，经呼吸道和消化道传染给健康犬及其他易感动物。本病一年四季均可发生，但多发于冬季。气候突变、卫生条件差、犬群密度大、断奶、转舍及长途运输等可诱发本病。

2. 症状及病理变化

本病的潜伏期一般为1~3天，人工感染潜伏期24~48h。病犬常可持续数天的顽固性呕吐，直到出现腹泻前才有所缓解。粪便呈糊样、半糊样或水样，黄绿色或橘红色，恶臭，混有数量不等的黏液，严重者可见水样粪便中含有数量不等的血液。病犬因腹泻而迅速脱水，消瘦，白细胞总数减少，高度衰竭，大便失禁，卧地不起，眼球下陷，最后常因脱水或酸碱平衡失调而死亡。体温一般无明显变化，多数病犬在7~10天内可以康复。当幼犬泻淡黄色或淡红色粪便时，常在1~2天内突然死亡。

剖检死亡病犬表现为不同程度的胃肠炎变化。病犬严重脱水，腹部增大，腹壁松弛，肉眼可见肠壁很薄，胃和肠管扩张，肠内充满白色或黄绿色液体，肠黏膜充血或出血，肠系膜淋巴结肿大，肠黏膜脱落是该病较典型的特征。胃黏膜脱落出血，胆囊肿大，病犬易发生肠套叠。病理组织学检查可见小肠绒毛萎缩且发生融合，隐窝变深，黏膜固有层细胞成分增多，上皮细胞变平呈短柱状，杯状细胞排空。其他脏器一般无明显病理变化。

3. 实验室诊断

根据流行特点、临床症状、病理剖检变化可作出初步诊断。由于本病缺乏特征性症状和病理变化，因此确诊必须依靠实验室检查。可采用电镜检查、病毒分离、中和试验、血清学检查、免疫荧光技术以及试纸快速诊断等。

（1）电镜检查　采集病犬新鲜腹泻粪便，离心取上清液，经电镜检查很容易发现特征性的冠状病毒。但在发病7天以后粪便的病毒含量降低，故应尽早采集粪便样品。人工感染后12h便可在小肠绒毛中查到病毒。

（2）病毒分离　犬冠状病毒可在犬原代肾细胞、胸腺细胞、A-72细胞上生长，并出现细胞病变。

（3）中和试验、血清学检查、免疫荧光技术等　可以用于检查本病。

（4）试纸快速诊断　用犬冠状病毒抗原快速诊断试纸条进行早期诊断和鉴别诊断。

【防治处理】

1. 治疗原则及方法

目前尚无特效治疗方法，主要采取对症治疗。在病的初期可注射高免血清，应用广谱抗生素以防止继发细菌感染。尽快纠正脱水和电解质平衡紊乱，可用林格液和5%葡萄糖注射液、0.9%氯化钠注射液和5%碳酸氢钠注射液进行静脉滴注，以纠正酸中毒，同时选用肠黏膜保护剂。

2. 预防

由于本病目前无可用于临床防疫的疫苗，因此预防本病主要采取综合性预防措施。同时还可以采用犬五联疫苗、六联疫苗、七联疫苗等进行免疫预防。

由于病犬粪便中含有大量的传染性病毒粒子，因此，一旦发生本病应立即对病犬进行严格隔离，并保持良好的环境卫生。犬舍每天打扫，清除粪便，保持干燥和清洁卫生，饲具要彻底消毒后再用。刚出生的幼犬要吃足初乳，从而获得母源抗体以增强免疫保护力。也可给无免疫力的幼犬注射成年犬血清加以预防。一旦发病，应立即隔离病犬，全窝防治。

单元五　犬传染性肝炎

犬传染性肝炎是由犬传染性肝炎病毒引起的犬的一种急性、高度接触性、败血性传染病。临诊以严重血凝不良、肝脏受损、角膜混浊等为主要特征。

【诊断处理】
1. 流行病学特点

犬传染性肝炎病毒（ICHV）属于腺病毒，核酸为 DNA。

本病无季节性，一年四季均可发病，不分年龄、性别和品种。病犬和康复带毒犬是犬传染性肝炎的主要传染源。康复犬尿中排毒可达 6～9 个月。健康犬通过接触病犬的唾液、呼吸道分泌物、尿、粪便及其污染的用具等而感染，也可发生胎内感染造成新生幼犬的死亡。但 1 岁以内的幼犬多发，死亡率达 25%～40%。

2. 症状及病理变化

根据临床症状和经过可分为四种病型。本病的潜伏期为 6～9 天。

（1）特急性型 多见于初生仔犬至 1 岁内的幼犬。病犬突然出现严重腹痛和体温明显升高，有时病犬出现呕血或血性腹泻。一般发病后在 12～24h 内死亡。临床病理呈重症肝炎变化。

（2）急性型 此型病犬可出现本病的典型临床症状，多能耐过而康复。病初病犬精神沉郁，食欲不振，饮欲增加，呕吐或腹泻，眼和鼻开始流水样或浆液性分泌物，而后逐渐变为黏液性分泌物，体温升高，腹部触诊有压痛、弯背收腹、不断呻吟，有的病例齿龈和口腔出血或点状出血，头颈或下腹部水肿，扁桃体和全身淋巴结肿大，病犬出现步态踉跄、过敏等神经症状，轻微黄疸。

恢复期的病犬常见单侧间质性角膜炎和角膜水肿，甚至出现蓝白色的角膜翳，即"蓝眼病"。病犬眼睑痉挛、畏光和有浆液性眼分泌物，眼球一般在 1～2 天内迅速出现白色混浊，持续一段时间后逐渐恢复。个别恢复差的病犬眼球留有一个小白点，也有由于角膜损伤造成永久性视力障碍的。病犬重症期持续一周后，多能很快治愈。

（3）亚急性型 基本无特定的临床症状，可见轻度或中度食欲不振、精神沉郁，水样鼻汁及流泪，体温无明显变化。个别病犬出现几天狂躁不安的病症，一般不发生死亡，通常可自愈。

（4）无症状型 一般无临床症状，但血清中有特异抗体。

本病病理变化表现是肝脏肿大，呈淡棕色至血红色，表面呈颗粒状，小叶界限明显，质脆易碎，切面外翻，脾脏轻度充血、肿胀。多数病例胸腺水肿，有时腹腔积液，常混有血液和纤维蛋白，暴露于空气中易凝固。腹腔脏器表面有纤维蛋白沉着，有时胃、胆囊、肠系膜淋巴结肿胀出血。胆囊壁增厚、水肿、出血，内容物呈黑红色，胆囊黏膜有纤维蛋白沉着。

3. 实验室诊断

犬传染性肝炎病毒（ICHV）易与犬瘟热病毒、犬副流感病毒等混合感染，也增加了病症的复杂性。根据临床症状和病理变化，结合流行病学资料，只能作出初步诊断。确诊还需进行病原学检查、血清学检查、电镜观察和病毒分离鉴定等。

（1）血常规检查 血液学变化主要是白细胞减少，在病毒感染期间可见弥散性血管内凝血，血液凝固时间和凝血酶原时间延长，血沉加快。肝实质广泛损伤时，谷-丙转氨酶（GPT）、谷-草转氨酶（GOT）、鸟氨酸氨基甲酰转移酶（OCT）、碱性磷酸酶（ALP）、乳酸脱氢酶（LDH）及其同工酶（LDH5）等肝性血清酶活性依肝细胞的损害程度而相应升高。血清胆红素轻度或中度升高，血清尿素氮降低。

（2）尿常规检查 呈现胆红素尿及蛋白尿。

（3）病毒分离 取发热病犬的血液、尿、扁桃体或肝的活检材料，以及死亡病犬的肝、脾和腹腔液，接种犬原代细胞培养，可出现腺病毒所特有的细胞病变，并能检出核内包含体。

（4）补体结合试验　主要用于检测感染犬体内的抗体，不宜作为早期诊断方法。

（5）琼脂扩散试验　对于死亡犬可用琼脂扩散试验检出感染组织块（一般用肝组织）中的特异性沉淀原。

（6）中和试验　常用于犬群的感染率调查及个体免疫程度的测定，很少用于个体诊断。

（7）荧光抗体检查　可以直接检测组织切片、触片或感染细胞培养物中的病毒抗原，此方法可提供早期诊断。

【防治处理】

1. 治疗原则及方法

本病无特效药，主要采取对症疗法和加强饲养管理。

（1）抗病毒疗法　在发病初期大剂量注射抗犬传染性肝炎高免血清，可有效缓解临床症状。但对特急性型病例无效。也可试用胸腺素肌内注射或静脉滴注，每天1次或隔天1次，以促进淋巴细胞成熟，调节和增强机体免疫功能。或用犬精制抗多种病病毒免疫球蛋白、犬用干扰素或转移因子，连续用3～5天，以提高其被动免疫功能。

（2）对症治疗　主要是补液、保肝、止血及抗病毒。可大剂量应用5%～10%的葡萄糖注射液、维生素类、辅酶A、肌苷、ATP等混合静脉滴注；严重角膜炎时，可用眼封闭疗法；出现角膜混浊的病犬，可用普鲁卡因青霉素滴眼。抗病毒治疗可选用大青叶注射液、板蓝根、利巴韦林等抗病毒药。为防止继发感染，可选用庆大霉素、氨苄青霉素、卡那霉素等抗生素或磺胺类药物。同时加强饲养管理。

（3）中药治疗　龙胆10g、当归10g、车前草10g、柴胡10g、生地黄10g、木通10g、泽泻10g，煎汤去渣灌服，1天1剂。

2. 预防

定期预防接种犬传染性肝炎疫苗，可取得良好的免疫效果。通常采用犬五联疫苗、六联疫苗、七联疫苗等，从未接种过疫苗的犬一般在6～8周龄时接种第1次疫苗，以2周的间隔时间连续免疫接种疫苗3次。为了维持免疫状态，每年都应追加免疫接种疫苗1～2次。

加强饲养管理，注意环境卫生。对犬舍或周围环境进行消毒，消毒可用1%福尔马林、3%氢氧化钠溶液或5%来苏儿彻底、反复消毒。

单元六　犬副流感病毒感染

犬副流感病毒感染是由副流感病毒5型引起的犬的一种主要的呼吸道传染性疾病。临诊表现为发热、流涕和咳嗽，病理变化以卡他性鼻炎和支气管炎为特征。近年来研究认为，该病毒也可引起急性脑脊髓炎和脑内积水，表现为后躯麻痹和运动失调等症状。

【诊断处理】

1. 流行病学特点

病原为副流感病毒5型，又称犬副流感病毒（CPIV），在分类上属于副黏病毒科、腮腺炎病毒属成员。核酸类型为单股RNA。

CPIV可感染玩赏犬、实验犬和警犬，在警犬中是常发生的呼吸道疾病之一，在实验犬中可产生犬瘟热样症状。成年犬和幼龄犬均可感染发病，但幼龄犬病情较重。本病传播迅速，常突然爆发。

急性期病犬是最主要的传染来源，病毒主要存在于呼吸系统，自然感染途径主要是呼吸道。临诊上常见与支气管波氏菌混合感染。

2. 症状及病理变化

潜伏期较短。常突然发热，精神沉郁、食欲减退、咳嗽，随后出现浆液性、黏液性甚至脓性鼻汁，结膜发炎。部分病犬出现咳嗽和呼吸困难现象，扁桃体红肿。若与支气管波氏菌混合感染时，犬的症状更加严重，成窝幼犬咳嗽，并出现肺炎现象，病程一般在3周以上。11~12周龄犬死亡率较高。成年犬症状较轻，死亡率较低。有些犬感染后可表现后躯麻痹和运动失调等症状。有的病犬后肢可支撑躯体，但不能行走。膝关节和腓肠肌腱反射和自体感觉不敏感。

可见鼻孔周围有浆液性、黏液性或脓性分泌物，结膜炎，扁桃体炎，气管、支气管炎和肺炎病变，有时肺部有点状出血。出现神经症状的主要表现为急性脑脊髓炎和脑内积水，整个中枢神经系统和脊髓均有病变，前叶灰质最为严重。

3. 实验室诊断

根据流行病学、临诊症状和病理变化可作出初步诊断。本病与其他犬呼吸道传染病的临诊表现非常相似，不易区别，因此确诊必须经实验室诊断。

细胞培养是分离和鉴定CPIV的最好方法。另外，利用血清中和试验和血凝抑制试验，检查双份血清（发病初期和恢复期）的抗体效价是否上升，血清抗体效价增高2倍以上者，即可判为CPIV感染阳性，此法具有回顾性诊断价值。

【防治处理】

1. 治疗原则及方法

目前尚无特效药物，所以发现本病一般均采用综合疗法。

阿昔洛韦5~10mg/kg，静脉滴注，每日1次，连用5~7天。或口服利巴韦林，每日2次，连用5日。防止继发感染和对症治疗，常结合使用抗生素和止咳化痰药物。注射犬用高免血清或犬用免疫球蛋白，具有紧急预防作用，对发病初期的犬也有一定的治疗效果。

2. 防治措施

接种副流感病毒疫苗，对预防本病有积极作用。加强饲养管理，特别注意犬舍周围的环境卫生，可减少本病的诱发因素。对新购入犬要进行检疫、隔离和预防接种。发现病犬应及时隔离。

单元七　犬轮状病毒感染

犬轮状病毒感染是由轮状病毒引起的幼犬消化道机能紊乱的一种急性肠道传染病。临诊上以腹泻、脱水和酸碱平衡紊乱为特征。成年犬感染后一般呈隐性经过。

【诊断处理】

1. 流行病学特点

犬轮状病毒（CRV）属呼肠孤病毒科轮状病毒属成员。病毒粒子呈圆形，有双层囊膜。成熟病毒颗粒含双股RNA基因组。

患病的人、畜及隐性感染的带毒者，都是重要的传染源。轮状病毒主要存在于病犬的小肠内，尤其是下2/3处，即空肠和回肠部。病毒随粪便排出体外，污染周围环境。消化道是本病的主要感染途径。痊愈动物仍可从粪便中排毒，但排毒时间尚不清楚。轮状病毒在犬和动物间有一定的交叉感染性，所以，只要病毒在犬或某种动物中持续存在，就有可能造成本病在自然界中长期传播。本病传播迅速，多发生于晚秋、冬季和早春的寒冷季节。卫生条件不良、潮湿、寒冷或有疾病侵袭（如腺病毒感染）等，均可促使病情加剧，死亡率增高。CRV通常引起幼犬严重感染，成年犬感染后多呈亚临诊症状。

2. 症状及病理变化

从腹泻死亡仔犬中分离的轮状病毒，人工经口接种易感仔犬，可于接种后20～24h发生腹泻，并可持续6～10天。1周龄以内的仔犬常突然发生腹泻，排出黄绿色稀粪，并有恶臭或呈无色水样便，常混有黏液，严重者粪便带有黏液和血液。病犬被毛粗乱，肛门周围有粪便污染。一般患犬的食欲、体温及精神状态变化不大。有的患犬因脱水和酸碱平衡失调，出现心率加快，皮温和体温降低。脱水严重者，常因衰竭而死亡。

在一些无临诊症状的健康犬粪便中，也可分离出轮状病毒。

人工感染后12～18h死亡幼犬无明显异常病理变化。病程较长的死亡幼犬被毛粗乱，病变主要集中在小肠。轻型病例，肠管轻度扩张，肠壁变薄，肠内容物中等量、呈黄绿色。严重病例，小肠黏膜脱落、坏死，有的肠段弥漫性出血，肠内容物中混有黏液和血液。其他脏器不见异常。

3. 实验室诊断

本病急性腹泻相当普遍，发病急，传播迅速，因此，及时准确地作出诊断，对控制本病的流行和临床治疗都具有重要意义。取腹泻开始后24h以内的粪便或小肠内容物为样品，做以下实验室检查。

（1）免疫荧光染色法　刮取小肠上皮或将腹泻粪便适当稀释后制成涂片，干燥、固定，用荧光素标记的特异性抗体染色，在荧光显微镜下检查，观察到阳性荧光细胞可作出诊断。或先用兔抗轮状病毒抗体染色后，再用荧光素标记的抗兔IgG进行间接染色。

（2）ELISA法　试验操作与常规方法相同，采用夹心法或双夹心法检查样品中轮状病毒抗原，可测出1ng轮状病毒抗原。敏感性高，但要求使用高纯度的免疫血清才能保证有强的特异性。

（3）反向间接血凝法　本试验只需在96孔V型微量反应板上进行。应用轮状病毒1ng，致敏经双醛一次固定的绵羊红细胞，直接检查样品中轮状病毒抗原。方法简便，特异性良好。

【防治处理】

1. 治疗原则及方法

本病无特效治疗方法。发现腹泻幼犬应及时隔离，停止哺乳，静脉注射葡萄糖盐水和碳酸氢钠溶液或1∶2溶液，防止脱水和酸中毒。给予抗菌药物，以预防和治疗继发性细菌感染。对病犬可用成犬免疫血清治疗，可收到较好效果。

2. 防治措施

目前尚无疫苗可用。预防应加强饲养管理，提高犬体的抗病能力，认真执行综合性防疫措施，彻底消毒，消除病原。

单元八　犬疱疹病毒感染

犬疱疹病毒感染主要是由疱疹病毒引起的仔犬的一种急性、高度接触性、败血性传染病。其特征是幼犬呈现呼吸困难及全身性的出血和坏死病变，而成犬呈隐性感染或出现上呼吸道和生殖道疾病。

【诊断处理】

1. 流行病学特点

传染源为病犬或带毒犬。病毒可通过口腔、鼻腔、生殖道的分泌物和尿液排出，污染环境，仔犬主要经呼吸道和产道感染，也可经胎盘垂直传播。此外幼犬间还能通过口、咽相互传染。母源抗体水平对仔犬的发病程度有着重要影响，抗体阳性母犬哺育的幼犬感染后症状不明显，而抗体阴性母犬所产的仔犬可发生致死性感染。康复犬可长期带毒。

严重病例仅见于1～2周龄的仔犬，1周龄内仔犬的病死率可达80%。本病传播迅速，仔犬群几乎同群发病，但流行过程不长。

2. 症状及病理变化

自然感染潜伏期5～14天，1周龄幼犬潜伏期为3～8天。新生仔犬感染本病后，初期为精神抑郁、虚弱无力，停止吮乳，呕吐、排出软的黄绿色稀粪便，腹痛，鸣叫，体温无明显变化。病犬呼吸道感染时，流出浆液性、黏液性、化脓性或血性鼻汁，鼻黏膜表面广泛性斑点状出血，并可出现呼吸困难。胸腹部压迫有痛感，皮肤病变以红色丘疹为特征，主要见于腹股沟、母犬的阴门和阴道以及公犬的包皮和口腔。3周龄以内的幼犬感染本病出现症状后短时间内死亡，病程一般在24～72h，康复犬常表现永久性神经症状，出现共济失调、转圈运动或四肢做游泳样运动等，并伴有失明；稍大的幼犬和成年犬感染后，出现流鼻涕、打喷嚏、干咳等上呼吸道症状，持续2周左右症状减轻，如发生混合感染，可引起致死性肺炎。

妊娠母犬可能发生胎盘感染，症状随孕期不同而不同，可引起阴道炎或流产、或死产、或产弱胎、或屡配不孕。母犬本身常无明显症状。仔犬若继发或并发犬瘟热或细菌感染时，有可能发生致死性肺炎。

公犬可见阴茎和包皮病变，分泌物增多。

临床病理可见新生幼犬感染死亡后，肾、肝、肺有散在的灰白色坏死灶和小出血点，肺充血水肿，脾充血肿胀，肾脏表面呈条纹状，淋巴结发炎，肠黏膜有点状出血，耐过犬常有非化脓性脑膜炎。呼吸道如鼻、气管、支气管有卡他性炎症。

3. 实验室诊断

本病无特征性临床症状，仅凭临床表现不能确诊。对新生幼犬感染病毒后出现上述症状突然死亡的，可疑似本病。确诊需实验室诊断。

(1) 病毒分离鉴定 采症状明显幼龄犬肾、脾、肝和肾上腺，无菌处理后接种犬肾单层细胞，逐日观察有无CPE，可确切诊断。

(2) 荧光抗体检查 采症状明显幼龄犬的肾、脾、肝和肾上腺，或用棉拭子蘸取成年犬或康复犬口腔、上呼吸道和阴道黏膜，制成切片或组织涂片，用荧光抗体染色检测是否存在CaHV特异抗原。本法准确快速。

(3) 血清学试验 如血清中和试验和蚀斑减数试验，用于检测本病血清抗体。

【防治处理】

1. 治疗原则及方法

对新生幼犬的发病很难有有效的治疗措施。可采用对症治疗和支持治疗，选用广谱抗生素防止继发细菌感染。可试用抗病毒类药物，吗啉胍按每千克体重0.5～1ml，口服，每日1次。当发现有病犬时立即隔离。同时，皮下或腹腔注射发病仔犬的母犬血清或犬γ-球蛋白制剂2ml，可减少死亡。

2. 防治措施

犬疱疹病毒的免疫原性较差，疫苗研制进展不大，目前没有较为理想的疫苗。对本病主要采取综合性防治措施，如加强饲养管理、定期消毒、防止与外来病犬接触，不要从经常发生呼吸器官疾病的犬群中买入；发现病犬及时隔离，应用广谱抗生素，以防继发感染等。

单元九 猫泛白细胞减少症

猫泛白细胞减少症又名猫传染性肠炎或猫瘟热、猫瘟,是由猫细小病毒引起的猫的一种急性、高度接触性、致死性传染病。主要发生于1岁以内的幼猫,临诊表现为突然发热、呕吐、腹泻、高度脱水和明显的白细胞数减少,是家猫最常见的传染病。

【诊断处理】
1. 流行病学特点
此病主要感染猫,但猫科其他动物(虎、豹)均可感染发病。各种年龄的猫都可感染发病,但主要发生于1岁以下的小猫,尤其是2～5月龄的幼猫最易感。

病猫和康复带病毒猫是本病主要传染源。病毒随呕吐物、唾液、粪便和尿液排出体外,污染食物、食具、猫舍以及周围环境,使易感猫接触后感染发病。感染途径主要是消化道和呼吸道。病猫康复后的几周或者1年以上还可以从粪尿中向外界排毒。在病毒血症期间,跳蚤和一些吸血昆虫亦可传播此病。孕猫感染后,还可经胎盘垂直传染给胎儿。

此病多见于冬、春季节,12月份至翌年3月份,发病率占55.8%以上,其中3月份的发病率达19.5%,病程多为3～6天。如能耐过7天,多能康复。病死率一般为60%～70%,高的可达90%以上。

2. 症状及病理变化
本病的潜伏期为2～9天,通常在4～5天。临床上表现为最急性型、急性型和亚急性型。

(1) 最急性型　病猫无明显临床症状而突然死亡,往往被误认为是中毒。

(2) 急性型　病猫病情进展迅速,在精神沉郁后24h内发生昏迷或死亡。急性型病例的死亡率为25%～90%。

(3) 亚急性型　病程一般在7天左右。第一次发热时体温40℃左右,随后体温降至正常,2～3天后体温再次升高,呈双相热型。病猫精神不振,被毛粗乱,厌食,呕吐,出血性肠炎和脱水症状明显,眼、鼻流出脓性分泌物。妊娠母猫感染后可造成流产和死胎。由于猫细小病毒对处于分裂旺盛期细胞具有亲和性,可严重侵害胎猫脑组织。因此,病猫所生胎儿可能小脑发育不全。

本病病理变化以出血性肠炎为特征。表现为胃肠道空虚,整个胃肠道的黏膜面均有不同程度的充血、出血、水肿及纤维素性渗出物覆盖,其中空肠和回肠的病变尤为突出,肠壁严重充血、出血及水肿,致肠壁增厚似乳胶管样,肠腔内有灰红色或黄绿色的纤维素性坏死性假膜或纤维素条索。肠系膜淋巴结肿大,切面湿润,呈红、灰、白相间的大理石样花纹或呈一致的鲜红色或暗红色;肝脏肿大,呈红褐色;胆囊充盈,胆汁黏稠;脾脏出血;肺脏充血、出血和水肿;长骨骨髓变成液状,完全失去正常硬度。

3. 实验室诊断
猫泛白细胞减少症的临床表现特征非常明显,根据流行病学、临床双相热型、骨髓多脂状、胶冻样及小肠黏膜上皮内的病毒包含体等病理变化及血液白细胞大量减少即可作出初步诊断。确诊需做病毒的细胞培养和病毒分离。

(1) 白细胞检查　取病猫血液做白细胞检查,当每微升血液中白细胞总数减少到8000左右时,判断为疑似;白细胞总数在5000以下时,表示严重发病;白细胞总数在2000以下时,为典型发病。

(2) 血凝试验及血凝抑制试验　采取猫粪便、感染细胞等都可用猪红细胞做血凝试验,以检测病毒抗原。血凝试验具有很高的特异性、敏感性,准确率达95%。

采取猫血清做血凝抑制试验检测抗体,抗体价超过24者为阳性。

【防治处理】

1. 治疗原则及方法

最主要的治疗措施是补液和维持电解质平衡,同时应用广谱抗生素防止继发感染,有利于病猫的康复。

在治疗中使用高免血清或隔天给病猫输全血1次,每次每千克体重10~20ml可明显提高疗效。同时配合对症治疗及加强护理也可降低病猫的死亡率。

2. 预防

定期接种疫苗可有效预防本病。常用的疫苗有甲醛灭活的同种组织苗、猫泛白细胞减少症病毒灭活苗、猫泛白细胞减少症弱毒苗。但应注意,弱毒疫苗不能用于孕猫,也不能用于小于4周龄的仔猫,因为这可能导致脑性共济失调。

目前认为最合理的免疫程序如下。

(1)弱毒苗 在接种后3~5天即可产生较好的免疫力;第1次注射在9~10周龄进行,2~6周后做第2次免疫,肌内注射或滴鼻均可,但对妊娠猫和4周龄内的猫不适用。

(2)灭活苗 在断奶后进行第1次注射,间隔3~4周后做第2次接种,皮下或肌内注射均可。成年猫的免疫程序也是间隔3~4周免疫接种2次。

单元十 猫传染性腹膜炎

猫传染性腹膜炎是猫科动物的一种慢性进行性高度致死性的病毒性传染病,主要表现有渗漏型和非渗漏型两型。以腹膜炎、大量腹水或各种脏器出现肉芽肿为主要特征。

【诊断处理】

1. 流行病学特点

猫传染性腹膜炎病毒(FIPV)为冠状病毒科,冠状病毒属成员。病毒核酸成分为单链RNA。

本病对不同性别、品种和年龄的猫均易感染,以1~2岁的猫及老龄猫(大于11岁)发病最多。不同性别、品种的猫对本病的易感性无明显差异,但纯种猫发病率高于一般家猫。本病可经消化道感染或经昆虫传播,猫的粪尿可排出病毒,也可经胎盘垂直传播。

该病呈地方性流行,首次发病的猫群发病率可达25%,但从整体看发病率低。

2. 症状及病理变化

临床上分为渗出型和非渗出型两种。发病初期症状常不明显或不具有特征性,表现为病猫体重逐渐减轻,食欲减退或间歇性厌食,身体衰弱,休克或死亡。病程一般为2~12周或更长。

(1)渗出型 病初表现为体温升高(39.7~41.1℃),血液中白细胞数量增多,体重减轻,体虚,经6~7天后腹部膨大,腹水增多,腹部触诊有疼痛反应,有波动感,按压后留有压痕。有些病猫可出现温和的上呼吸道症状,持续7~42天后,病猫腹水积聚,可见腹部膨胀。母猫发病时,常被误认为是妊娠。腹部触诊一般无痛感,但已有积液。病猫逐渐衰弱,呼吸困难,并可出现贫血症状,病程数天至数周,严重病猫很快死亡。约20%的病猫还可见胸水及心包液增多,从而导致部分病猫呼吸困难。某些病例(尤其在疾病晚期)可发生黄疸。

(2)非渗出型 主要侵害眼、腹腔、中枢神经、肾脏和肝脏等组织器官,几乎不伴有腹水。眼部感染可见角膜上有沉淀物，虹膜睫状体发炎，眼房液变红，眼前房内有纤维蛋白凝块，患病初期多见有火焰状网膜出血。中枢神经受损时表现为后躯运动障碍，行动失调，痉挛，背部感觉过敏；肝脏受侵害的病例可发生黄疸；肾脏受侵害时，常能在腹壁触诊到肾脏肿大，病猫出现进行性肾功能衰竭等症状。

渗出型病例表现为腹腔中大量积液，呈无色透明、淡黄色液体，接触空气即发生凝固。腹腔混浊，覆有纤维蛋白样渗出物，肝脏、肾脏、脾脏等器官表面也有纤维蛋白附着。对于侵害眼、中枢神经系统等的病例，几乎见不到腹水增加的变化。剖检可见脑水肿；肾脏表面凹凸不平，有肉芽肿样变化；肝脏也有坏死灶。

3. 实验室诊断

通常根据流行病学、临诊表现及剖检变化，可作出初步诊断。确诊则必须依靠血清学检验和病毒分离。

（1）**病毒分离** 采取病猫鼻腔分泌物或病变组织接种于猫组织细胞培养，依据产生的病变，并经中和试验或荧光抗体试验检测病毒抗原。

（2）**动物接种** 将组织培养毒经口或鼻接种幼猫，极易复制本病，但也有症状表现较轻的感染猫。

（3）**血清学检查** 补体结合试验、琼脂扩散试验、中和试验等均可用于检测血清抗体效价的升高。

【防治处理】

1. 治疗原则及方法

尚无有效的特异性治疗药物。出现临床症状的病猫一般预后不良，在疾病早期试用免疫抑制剂（如皮质类固醇药物）进行治疗，可能有一定的成效。

2. 预防

目前对此病无疫苗可供应用。

预防应注重猫舍环境卫生，消灭猫舍的吸血昆虫。对周围环境用0.2%甲醛、0.5%洗必泰或其他消毒液进行彻底消毒。应消灭吸血昆虫（如虱、蚊、蝇等）及老鼠，防止病毒传播。病猫和带毒猫是本病的主要传染源，健康猫应力避与之接触。一旦发生本病，应立即将病猫隔离，对污染的环境应立即消毒。

单元十一 猫白血病

猫白血病是猫常见的非创伤性致死性疾病。主要分为两种，一种表现为淋巴瘤、红细胞性或成髓细胞性白血病；另一种是免疫缺陷性疾病，此种与前一种细胞异常增殖相反，主要以细胞损害和细胞发育障碍为主，表现胸腺萎缩、淋巴细胞减少、中性粒细胞减少、骨髓红细胞发育障碍而引起贫血。

【诊断处理】

1. 流行病学特点

猫白血病病毒（FeLV）属反录病毒科，哺乳动物C型反录病毒属成员。病毒粒子呈圆形或椭圆形，属单股RNA病毒。

本病仅发生于猫，不同年龄和品种的猫均易感染，幼猫较成年猫较易感染，处于潜伏期的猫可通过唾液排出高效价的病毒。病毒在猫群中以水平传播方式为主，主要通过呼吸道和消化道传播，但在自然条件下，消化道传播比呼吸道传播更易进行。也可垂直传播，妊娠母猫可经子宫感染胎儿。

本病病程较短，致病率高，约有半数的病猫在发病后28天内死亡。

2. 症状及病理变化

本病的潜伏期一般较长，症状多种多样。与猫白血病病毒相关的肿瘤性疾病有以下几种。

（1）消化道淋巴瘤　主要以肠道淋巴组织或肠系膜淋巴结出现B细胞性淋巴瘤为特征，临床上表现食欲减退，黏膜苍白，贫血，有时出现呕吐或腹泻等症状。此型较多见，约占全部病例的30%。

（2）多发性淋巴肿瘤　临床上表现为消瘦、精神沉郁等一般症状，全身多处淋巴结肿大，身体浅表的病变淋巴结常可用手触摸到。瘤细胞具有T细胞特征，此型病例约占20%。

（3）胸腺淋巴瘤　瘤细胞常具有T细胞特征，严重者整个胸腺组织被肿瘤组织代替。由于肿瘤形成和胸水增多，引起呼吸困难和吞咽困难，常使病猫发生虚脱，该型常发生于青年猫。

（4）淋巴白血病　这种类型常具有典型症状，表现为初期骨髓细胞的异常增生。由于白细胞引起脾脏红髓扩张，会导致恶性病变细胞的扩散及脾脏肿大、肝脏肿大、淋巴结轻度至中度肿胀。临床上病猫出现间歇热，食欲下降，机体消瘦，黏膜苍白，黏膜和皮肤上出现出血点，血液学检验可见白细胞总数增多。

本病病理变化比较复杂。淋巴结发生肿瘤时，常可在病理切片中看到正常淋巴组织被大量含有核仁的淋巴细胞代替。病变波及脊髓、外周血液时，也可看到大量淋巴细胞浸润。胸腺淋巴瘤时，剖检可见胸腔大量积液，涂片检查，可见到大量未成熟淋巴细胞。

3. 实验室诊断

通常根据流行特点、临诊症状和剖检变化可以作出初步诊断。由于不同病型的症状不同，使诊断非常困难，必须借助实验室诊断，包括病理学、病毒学和血清学等方法，其中最常用的是血清学检查。

（1）间接荧光抗体试验（IFA）　这种检测方法对病毒抗原敏感、特异，但检测出的IFA阳性仅能表明被检猫感染了病毒，不能证明是否发病。

（2）酶联免疫吸附试验（ELISA）　此法应用较为广泛，且比IFA方便，其阴性结果的符合率较高，为86.7%，但阳性结果的符合率较低，仅有40.8%。因此用ELISA检测出的结果须经IFA验证。

【防治处理】

1. 治疗原则及方法

目前尚无特效药物进行治疗。临床治疗价值不大，加上治疗不易彻底，且患猫在治疗期及表面症状消失后具有散毒危险。因此，应该进行淘汰处理。对可疑病猫应在隔离条件下进行反复的检查，尽量做到早确诊。

国外多用血清学疗法。大剂量输注正常猫的全血浆和血清，或小剂量输注含高效价FO-CMA（猫肿瘤病毒相关细胞膜抗原）抗体血清可使病猫淋巴肉瘤完全消退。但有学者不赞成治疗，因病猫可带毒和散毒，建议施行安乐死。

2. 预防

目前已研制出FeLV活疫苗，该疫苗可诱导产生高效价的中和抗体以及FOCMA抗体，但个别猫不能抵抗野毒感染和强毒攻击。

本病尚无彻底的治疗方法，也无有效的疫苗可以应用，最有效的预防措施就是建立无猫白血病病毒群，并且对新引进的猫加强检疫，淘汰病死猫。

单元十二 猫病毒性鼻气管炎

猫病毒性鼻气管炎又称为传染性鼻气管炎，是由病毒引起的猫的一种急性、高度接触性、经呼吸道感染的传染病。以角膜结膜炎、发热、频频打喷嚏、鼻和眼流出分泌物以及流产为特征。本病主要侵害仔猫，发病率可达100%，死亡率可达50%，成年猫不发生死亡。

【诊断处理】

1. 流行病学特点

本病病毒属于疱疹病毒科。病毒在猫鼻、眼、咽、气管、结膜、舌的上皮细胞内增殖，易感猫通过鼻与鼻直接接触及吸入含病毒粒子的飞沫经呼吸道感染，引起急性上呼吸道炎症。自然康复或人工接种的耐过猫，能长期带毒和排毒，成为危险的传染源。

本病主要侵害仔猫，发病率可达100%，死亡率约50%，患病仔猫死亡率较高，成年猫死亡率较低，但易带毒。

2. 症状及病理变化

潜伏期为2～6天，仔猫较成年猫易感且症状严重。病初患猫呈现鼻炎、结膜炎、支气管炎、溃疡性口炎等，体温升高，上呼吸道感染症状明显，表现为突然发作，中性粒细胞减少，阵发性喷嚏或咳嗽，流泪，结膜炎，鼻腔分泌物增多，食欲减退，体重下降，精神沉郁。鼻液和泪液初期透明，随后变为黏脓性。

有的病例可引起全身性皮肤溃疡、肺炎、肺肝坏死及阴道炎。急性病例症状通常持续10～14天，成年猫死亡率较低，约半数患病仔猫发生死亡，合并细菌感染时死亡率更高，仔猫死亡率30%～50%。

病理变化主要为上呼吸道病变。病初鼻腔和鼻甲骨黏膜呈弥漫性充血，喉头和气管也可出现类似变化。较严重病例，鼻腔和鼻甲骨黏膜坏死，眼结膜、扁桃体、会厌软骨、喉头、气管、支气管甚至细支气管的部分黏膜上皮出现局部性坏死灶，坏死区上皮细胞可见典型的嗜酸性核内包含体，具有一定的诊断价值。

3. 实验室诊断

根据临床症状可作出初步诊断，也可做血凝抑制试验和中和试验。

【防治处理】

1. 治疗原则及方法

目前尚无特效药治疗本病。

幼猫患病时全身症状较为严重，一般表现为严重的脱水、发热、饮食废绝、结膜炎和鼻气管炎。控制继发感染、输液支持疗法是极为重要的。不但要补充足够的水分、离子，还要补充能量和营养。

幼猫患病后病程较长，一般要1个月左右的时间康复。对于结膜炎的治疗，若角膜无溃疡则选用含激素类的抗生素眼药水效果会很明显。对于结膜水肿严重的病例，可向眼内滴高渗性葡萄糖水来消肿。症状基本改善后，要继续用药2周左右，否则很容易使病情加重。

2. 预防

可用猫三联疫苗进行预防。建立良好的通风环境和消毒措施，注意环境卫生，降低饲养密度，发现病猫应及时隔离，对周围环境和猫舍进行严格彻底的消毒，防止接触传播。

细胞培养灭活苗和弱毒苗可预防接种，肌内注射或滴鼻，3～7周龄接种，隔3～4周再注射1次。以后每年都应免疫接种1～2次。

单元十三　猫杯状病毒感染

猫杯状病毒感染是猫的一种病毒性上呼吸道传染病。主要表现为上呼吸道症状，即精神沉郁，流浆液性或黏液性鼻汁，结膜炎、口腔炎、支气管炎或肺炎，伴有双相热。杯状病毒感染是猫的一种多发病，发病率较高，但死亡率低。

【诊断处理】

1. 流行病学特点

猫杯状病毒（FCV）属嵌杯病毒科、嵌杯病毒属成员。核酸型为单股 RNA。

自然条件下，仅猫科动物对此病毒易感，常发生于 8～12 周龄的幼猫。主要传染源为病猫和带毒猫。患猫在急性期可随鼻分泌物、粪便和尿液排出大量病毒，污染环境，主要通过飞沫、尘埃经呼吸道传染易感猫。康复猫和隐性感染猫也能长期持续排毒，是最危险的传染源。宠物商店、动物医院、后备种群、实验猫群等密集居住处，更利于本病的传播。

2. 症状及病理变化

潜伏期为 1～7 天。初期发热，体温 39.5～40.5℃。口腔溃疡是最显著的特征，口腔溃疡以舌和硬腭、腭中裂周围明显，溃疡处稍凹陷，发红，边缘不整齐。患猫精神欠佳、打喷嚏，口腔及鼻腔分泌物增多，流涎，病猫不停地用舌头舔口腔。眼、鼻分泌物开始为浆液性，4～5 天后为脓性。角膜发炎、畏光。有的病猫出现鼻镜干燥、龟裂。病毒毒力较强时，可发生肺炎，常出现呼吸急促，甚至呼吸困难，精神极度沉郁，食欲废绝，肺部听诊有干性或湿性啰音。仅患上呼吸道感染的幼猫病死率约 30%，出现肺炎病型的病死率更高。FCV 感染如不继发其他病毒性（如传染性鼻气管炎病毒）、细菌性感染，大多数能耐过，但往往成为带毒者。病程 7～10 天。

病变表现为上呼吸道症状的猫，可见结膜炎、鼻炎、舌炎及气管炎。舌、腭初期出现水疱，后期水疱破溃形成溃疡。溃疡的边缘及基底有大量中性粒细胞浸润。肺部可见纤维素性肺炎（仅表现肺炎症状的病猫）及间质性肺炎，后者可见肺泡内蛋白性渗出物及肺泡巨噬细胞聚积，肺泡及其间隔可见单核细胞浸润。

支气管及细支气管内常有大量蛋白性渗出物、单核细胞及脱落的上皮细胞。若继发细菌感染，则可呈现典型的化脓性支气管肺炎的变化。表现全身症状的仔猫，其大脑和小脑的石蜡切片可见中等程度的局灶性神经胶质细胞增生及血管周围套出现。

3. 实验室诊断

临诊上主要以舌、腭部的溃疡判断。开始形成水疱，水疱破后成为溃疡，以及根据结膜炎、角膜炎、肺炎进行综合诊断。

由于多种病原均可引起猫的呼吸道疾病，且症状非常相似，因此，确切诊断较为困难。在本病的急性期，可取眼结膜刮取物、鼻腔分泌物和咽部及溃疡部组织，用猫源细胞进行病原分离。病毒的鉴定可用补体结合试验、免疫扩散试验及免疫荧光试验进行。

【防治处理】

1. 治疗原则及方法

目前尚无治疗本病的特异性疗法，可试用利巴韦林、胸腺素、吗啉胍等。口腔溃疡严重时，可用冰硼散吹患部，或用 0.1% 高锰酸钾溶液冲洗口腔，也可用棉签涂搽碘甘油或甲紫。鼻炎症状明显时，可用麻黄素、氢化可的松和庆大霉素混合滴鼻。出现结膜炎的病猫，可用 5% 的硼酸溶液洗眼后，再用吗啉胍眼药水和氯霉素眼药水交替滴眼。防止继发感染可使用头孢唑啉、环丙沙星等。

中药治疗时可用金银花15g，连翘15g，黄连10g，千里光10g，射干15g，山豆根12g，板蓝根20g，穿心莲20g，大青叶12g，甘草6g水煎。用小型金属注射器从口角灌服，每日3次。

2. 预防

主要通过猫杯状病毒、猫细小病毒、猫病毒性鼻气管炎三联苗免疫接种。

本病康复猫带毒可达35天之久，故对病猫应严格隔离，防止病毒扩散、交叉感染。

实践活动四　犬瘟热的实验室诊断

【知识目标】

1. 了解犬瘟热的症状及流行病学特点。
2. 掌握犬瘟热的诊断要点。

【技能目标】

会正确操作犬瘟热病毒病的实验室常用的诊断技术。

【实践内容】

1. 临床诊断要点。
2. 实验室诊断。
3. CDV诊断试剂盒诊断法。

【材料准备】

显微镜、血细胞计数器、CDV诊断试剂盒。

【方法步骤】

1. 临床诊断要点

（1）传染性强，患犬年龄多在3月龄到1岁，3～6月龄幼犬最易感。

（2）呈双相热型，体温40℃以上，结膜炎，眼与鼻有浆液性、黏性或脓性分泌物，有咳嗽、呼吸急促等支气管肺炎症状。

（3）发病后期出现神经症状。

（4）病程长的患犬足垫角化、增厚。

2. 实验室诊断

病毒感染期白细胞数量减少，（4～10）$\times 10^6$/L。如有继发感染时，淋巴细胞减少，单核细胞和中性粒细胞数量增多，在外周循环血液中的白细胞特别是淋巴细胞中可见包含体。在疾病早期，抽取抗凝血离心后，用白细胞层做涂片，常规染色检查包含体有较高的价值。

3. CDV诊断试剂盒诊断法

用棉签采集犬眼、鼻分泌物，在专用的诊断稀释液中充分挤压洗涤，然后用小吸管将稀释后的病料滴加到诊断试剂盒的检测孔中，任其自然扩散，3～5min后判定结果。若C、T两条线均呈红色，则判为阳性；若T线颜色较淡，则判为弱阳性或可疑；若C线呈红色而T线为无色，则判为阴性；若C、T两条线均无颜色，则应重做。应注意的是用此法诊断有时可能出现假阳性，所以还应结合患犬临床表现及其他诊断方法，如中和试验、荧光抗体试验等进行确诊。

【实践报告】

根据实验室诊断内容及方法写出实践报告。

实践活动五 犬细小病毒病的实验室诊断

【知识目标】
1. 了解犬细小病毒病的症状及流行病学特点。
2. 掌握犬细小病毒病的诊断要点。

【技能目标】
能用实验室常用的诊断技术诊断犬细小病毒病。

【实践内容】
1. HA、HI 试验诊断法。
2. CPV 诊断试剂盒诊断法。

【材料准备】
恒温培养箱、微量振荡器、离心机、离心管、微量加样器、96 孔 V 型反应板、注射器（1ml、5ml）、针头、试管、吸管、pH 值 7.2 磷酸盐缓冲液（PBS）、0.5%猪红细胞悬液、灭菌生理盐水、青霉素、链霉素、CP 标准阳性血清、CPV 诊断试剂盒等。

【方法步骤】

1. HA、HI 试验诊断法

（1）病毒的分离 取患犬粪便 2g 加入 4 倍量 PBS，摇匀后 3000r/min 离心 20min，取上清液作为待检抗原备用。

（2）犬细小病毒血凝试验及血凝抑制试验 本法检查犬细小病毒有两种情况，一是检查病原，二是检查抗体。检查病原时，取分离到的疑似病料进行血凝试验检测其血凝性，如凝集再用 CP 标准阳性血清进行血凝抑制试验可确检。检查抗体时，需采取疑似犬细小病毒急性期和康复后期的双份血清，即间隔 10 天的双份血清，用血凝抑制试验，证实抗体效价增高即可确检。

① 试验准备

a. pH 值 7.0～7.2 磷酸盐缓冲液制备：氯化钠 170.0g，磷酸二氢钾 13.6g，氢氧化钠 3.0g，蒸馏水 1000ml。高压灭菌，4℃保存，使用时做 20 倍稀释。

b. 0.5%猪红细胞悬液制备：从健康猪耳静脉采血，加入含有抗凝剂（3.8%柠檬酸钠）的试管内，用 20 倍的磷酸盐缓冲液洗涤 3～4 次，每次以 2000r/min 离心 3～4min，最后一次 5min。直至上清液完全透明。弃去上清液，并彻底洗去血浆和白细胞，最后取红细胞泥用磷酸盐缓冲液配成 0.5%猪红细胞悬液。

c. 被检血清：采取被检犬新鲜血液，分离血清。分离的血清要透明、微黄色，混浊、溶血或有异味的不可用。

d. 标准 96 孔 V 型反应板的准备：应注意将每个孔穴刷净，置 2%盐酸中浸泡 14min，流水漂洗数小时，然后再用蒸馏水冲洗 5～8 次，放 30℃温箱中干燥（切勿放烘干箱内干烤）。

② 操作方法 参照"实践活动十 鸟新城疫的实验室诊断"。

2. CPV 诊断试剂盒诊断法

用棉签采集犬排泄物，在专用的诊断稀释液中充分挤压洗涤，然后用小吸管将稀释后的病料滴加到诊断试剂盒的检测孔中任其自然扩散，3～5min 后若 C、T 两条线均呈红色，则判为阳性；若 T 线颜色较淡，则判为弱阳性或可疑；若 C 线呈红色而 T 线为无色，则判为阴性；若 C、T 两条线均无颜色，则应重做。应注意的是用此法诊断有时可能出现假阳性。故还应结合其他诊断方法进行确诊。

【实践报告】
根据实训内容及方法写出实践报告。

【项目小结】

  本项目主要介绍了犬、猫常见病毒性传染病及部分非常见重大传染病，各传染病主要由诊断处理及防治处理两部分组成，内容侧重于实验室诊断、临床治疗措施等。对一些临床上常见的传染病如犬瘟热、犬细小病毒感染等传染病做了详细、实际的介绍，特别是诊疗所需的实用方法、最新技术以及诊治时的注意事项也做了较为详细的描述。

【复习思考题】

1. 犬瘟热的鉴别诊断及综合治疗方法有哪些？
2. 犬细小病毒感染的症状有哪些？如何进行综合治疗？
3. 如何防治犬传染性肝炎？
4. 狂犬病在临诊上有何特点？人被疑似狂犬病动物咬伤后如何进行伤口处理？
5. 猫传染性腹膜炎如何进行诊断及治疗？

项目五 犬、猫细菌性传染病的诊断与防治

【知识目标】
1. 了解犬、猫常见细菌性传染病的类型。
2. 了解犬、猫常见细菌性传染病的诊断方法。
3. 了解犬、猫结核病、链球菌病等的综合防治措施。

【技能目标】
1. 结合实际,能够对犬、猫常见细菌性传染病的临床症状进行判断。
2. 对重要细菌性传染病会正确对其进行微生物学诊断。
3. 能够针对不同疾病特点制订有效的防治措施。

单元一 布氏杆菌病

布氏杆菌病为由布氏杆菌引起的人畜共患传染病,犬大多数呈隐性感染,母犬感染后常引起流产,也可引起脑膜脑炎、骨髓炎、椎间盘炎和眼色素层炎及各种组织的局部病灶等。

【诊断处理】

1. 流行病学特点

本病的病原主要为犬布氏杆菌,但流产布氏杆菌、马耳他布氏杆菌、猪布氏杆菌均可引起。布氏杆菌为革兰阴性小球杆菌或短杆菌,无鞭毛,无荚膜,无芽孢。

犬是布氏杆菌的主要宿主,患病及隐性带菌犬、猫是本病主要的传染源。尤其是受感染的妊娠母犬,在分娩或流产时,大量的布氏杆菌随着胎儿、胎水和胎衣排出体外。另外,母犬流产后的阴道分泌物仍含有大量的布氏杆菌,排菌可达6周以上。其乳汁中也含有布氏杆菌,其排菌时间可持续1年半以上。患病和感染的公犬、猫,可通过精液和尿液排菌,特别在发情季节,导致广泛传播布氏杆菌。

本病没有明显的季节性,城市和农村散养犬、猫多呈散发,而养犬、猫场及断奶幼犬、猫发生率较高,可达75%,呈爆发流行。本病主要通过消化道进行传播。易感犬、猫舔食被污染的饲料、饮水或母犬、猫的流产物、分泌物即可感染。还可通过破损的皮肤、黏膜感染。

2. 症状与病理变化

本病的潜伏期一般为15~180天。多数感染犬、猫呈隐性感染仅表现为淋巴结炎,少数出现全身症状。怀孕母犬、猫主要表现为繁殖障碍,常常在怀孕30~50天时发生流产,流产前1~6周,病犬、猫体温不升高,其阴唇和阴道黏膜潮红、肿胀,阴道内流出淡褐色或灰绿色分泌物。流产胎儿常发生部分组织自溶、皮下水肿、淤血和腹部皮下出血。而在怀孕早期(妊娠后10~20天)胚胎死亡可被母体吸收。流产母犬可能发生子宫炎,造成屡配不孕。有的则发生反复流产。公犬、猫感染后有的不出现明显症状,有的发生单侧或双侧睾丸炎、睾丸萎缩、附睾炎、阴囊肿大及阴囊皮炎、前列腺炎和精子异常等,导致不育。慢性感染时,则出现睾丸萎缩、精液异常等。患病犬和猫除发生生殖系统症状外,还可能发生关节

炎、腱鞘炎，出现跛行。部分感染犬并发眼色素层炎、眼前房出血、角膜炎等。

一般隐性感染病犬、猫未见明显的病理变化，有的只见淋巴结炎。出现明显临床症状的患犬、猫，剖检时可见关节炎、腱鞘炎、骨髓炎、乳腺炎、睾丸炎、淋巴结炎等变化。流产的母犬、猫和孕犬、猫常见阴道炎、胎盘和胎儿部分溶解，同时伴有脓性、纤维素性渗出物和坏死灶。发病的公犬、公猫可见包皮炎性变化和睾丸、附睾炎性肿胀等病灶。布氏杆菌除了感染生殖道组织和器官外，还可进入血液循环系统，并随血流到达其他组织器官而引起相应的病变，如随血流达脊椎椎间盘而引起椎间盘炎；有时出现眼前房炎、脑脊髓炎的变化等。

3. 实验室诊断

根据流行病学及临床诊断，如犬、猫群中出现大批怀孕母犬、母猫流产及屡配不孕，公犬、公猫发生睾丸炎、附睾炎、包皮炎及配种能力降低时，应怀疑为本病。但仅根据流行病学和临床症状很难作出诊断，只有通过细菌学和血清学检查，进行综合分析，才能最后确诊。

（1）细菌学检查

① 直接镜检 无菌采集流产胎儿的胃肠内容物、流产胎盘和羊水、患病犬、猫的肺、肝、脾和淋巴结等。也可采用患病犬、猫的血液、乳汁、尿液、阴道分泌物、精液以及其他病变组织器官直接涂片，分别用革兰染色法、改良的柯氏染色法或改良的耐酸染色法染色镜检，染色镜检结果为革兰阴性、改良的柯氏染色法或改良的耐酸染色为红色的球状或短小杆菌就可确诊。

② 分离培养 犬感染犬布氏杆菌导致的菌血症可持续几个月到几年，因此，常取血液进行细菌培养。无菌采取新鲜血液接种于营养肉汤，在有氧条件下培养3～5天，然后取样接种到肝汤琼脂斜面、血液琼脂斜面或3%甘油加0.5%葡萄糖肝汤琼脂斜面培养基上进行鉴定。

③ 动物实验 当病料污染或含菌量极少的时候，可用生理盐水制备成5～10倍的乳剂，以0.1～0.3ml 腹腔注射于豚鼠。当病料腐败时，可接种于豚鼠腹腔内的皮下。接种后经4～8周扑杀豚鼠，取其肝脏的病变部分离布氏杆菌。也可在接种后的10～21天，心脏采血做凝集反应，如血清效价达1:5以上，可证明豚鼠已感染布氏杆菌，即可确诊。

（2）血清学检查

① 凝集反应 试管凝集反应是用0.5%碳酸生理盐水，将被检血清稀释成4个稀释度，即1:25，1:50，1:100，1:200，然后用每毫升含100亿菌的布氏杆菌抗原反应。当血清凝集效价在1:25达"++"时，判为疑似反应，在1:50达"++"时判为阳性反应，疑似反应的犬，经3～4周后再检测一次。

② 虎红平板凝集试验 取被检血清和虎红平板抗原各0.3ml，滴加于玻板上，混匀，在4～10min 内出现任何程度凝集者即为阳性反应。

【防治处理】

1. 治疗原则及方法

由于布氏杆菌进入机体后，在单核吞噬细胞内持续存在，因此临床治疗很难完全杀灭本菌。

目前，本病尚无有效的治疗方法，发病早期可用氟苯尼考、阿米卡星、庆大霉素、卡那霉素等，同时饲喂维生素C、B族维生素等。

2. 预防

本病应坚持预防为主，每年进行1～2次检疫，淘汰阳性犬、猫，仅以检测阴性者留为种用。坚持自繁自养，如有条件最好采取封闭式的自繁自养方式。引进的种犬、猫，应先隔离观察一个月，经检疫确认健康后方可混群；种公犬、猫在配种前要进行检疫，确认健康后方可配种；发现病犬、猫，应采取与健康犬、猫隔离或扑杀，同时对病犬、猫的排泄物、分泌物、污染的用具要进行彻底消毒。对流产胎儿、胎衣、羊水等要严格消毒及深埋。严格执行消毒措施，犬、猫舍及运动场应经常消毒，被污染的犬舍、产房要用10%石灰乳或5%热火碱彻底消毒。流产物污染的场地、栏舍及其他器具均应彻底消毒。清净场（群）和在检疫处理后的污染场（群）可用布氏杆菌羊型5号弱毒苗免疫，皮下注射3亿～3.5亿活菌，每年1次。

对犬群定期进行血清学检查，每年1～2次，检出阳性犬，进行淘汰处理。新购入的犬，应先隔离饲养、观察30天，经检疫确认健康后方可混群。同时有关的人员也必须严守防护制度（即穿着防护服装，做好消毒工作），尤其在产仔季节，更要特别注意。必要时可用疫苗（如Ba-19苗）划痕接种，接种前应进行变态反应试验，阴性反应者才能接种。

单元二　大肠杆菌病

大肠杆菌病为犬、猫的一种肠道传染病。主要以腹泻为特点，其病原为大肠杆菌，该菌为革兰阴性短杆菌。

【诊断处理】
1. 流行病学特点

本病一年四季发生，雨季为多。该病主要发生在幼犬，发病率高，死亡率也较高。哺乳仔犬常见全窝或大部分仔犬发病。成年犬发病少，而且病情轻，未见发生死亡病例，多呈散发。而小猫比大猫易感，宠物猫比家猫易感。产仔季节的新生仔犬发病多，新引进的仔幼犬、猫和初产仔最为严重。

病犬、猫和带菌犬、猫是本病的主要传染源，其排出的粪便中含有大量的大肠杆菌，常常污染环境、饲料、饮水和垫料，导致其他健康犬、猫发病，且多成窝发。本病主要经消化道和呼吸道传染。另外由于饲养管理差、喂养不当、饲料变换、气温剧变、犬舍卫生不良等因素，也常引发本病。此外，本病南方的发病率和死亡率均高于北方。

2. 症状及病理变化

幼犬的潜伏期为3～4天。病犬表现精神沉郁，食欲减退或废绝，体质衰弱，排绿色、黄绿色或黄白色黏稠稀粪，腥臭难闻，常混有未消化的凝乳块和气泡，肛门、后肢及周围及尾部常被粪便污染。疾病后期病犬体质虚弱，出现脱水症状，可视黏膜发绀，四肢无力，行走摇晃，皮肤缺乏弹性。死前体温降至正常体温以下，倒地抽搐、咬牙、肌肉震颤。病死率较高。有的在临死前出现神经症状。

小猫精神沉郁、食欲下降，鼻镜干燥，粪便稀，呈黄色或白色粥样。随后脱水，粪便腥味，眼、鼻有分泌物，口流黏液，呕吐物为黄色或白色泡沫。死前体温降至常温以下，部分呈现神经症状。

成年猫发病后呼吸、心率加速，精神沉郁，体温40℃左右，粪便稀，后呈现水样腹泻，粪便带有黏液或血液，间歇出现神经症状。死亡幼犬进行剖检，可见胃肠黏膜水肿、充血、出血，肠腔充气；肠系膜淋巴结水肿，切面多汁；脾稍肿胀，呈暗红色；肝肿胀有出血点，胆囊肿大且胆汁充盈；心内膜有针尖大出血点。

病理变化可见病死幼犬形体消瘦，脾脏肿大、出血；肝脏充血、肿大，有的有出血点；特征性病变是胃肠道卡他性炎症和出血性肠炎变化，尤以大肠段为重，肠管菲薄，膨满似红肠，肠内容物混有血液呈血水样，肠黏膜脱落，肠系膜淋巴结出血、肿胀。心包积液。

病死猫胃无内容物，胃黏膜有点状出血。十二指肠变厚，充血、出血，呈卡他性炎症。小肠充血、出血，肠内容物为黏液。肠系膜淋巴结肿大、充血、出血。大肠黏膜脱落，充满大量气体，有的混有血液。肾小叶充血，膀胱有针尖大的出血点，肝无明显变化，脑膜充血，肝、脾严重坏死。

3. 实验室诊断

可根据流行病学特点、临床症状和剖检变化作出初步诊断，确诊必须进行实验室诊断。

（1）直接涂片镜检　无菌取病死犬、猫的肝、脾、心血、肠系膜淋巴结及肠内容物，涂片、干燥、固定，革兰染色后镜检，可见红色中等大小的杆菌。

（2）分离培养　无菌采取病料，划线接种于麦康凯琼脂、普通肉汤和普通琼脂，37℃培养后可见到在麦康凯琼脂上呈红色菌落、在普通琼脂上呈半透明、露珠状菌落和在普通肉汤中呈均匀混浊生长。

（3）生化试验　常用微量生化管进行，本菌能发酵葡萄糖、乳糖、麦芽糖、鼠李糖，产酸产气；不分解蔗糖，不液化明胶，不产生硫化氢，V-P试验阴性，MR试验阳性，柠檬酸盐阴性。

（4）动物接种　取37℃培养24h的纯培养物接种小鼠、家兔，可发病死亡，并可做进一步的涂片镜检以判定分离菌株的致病性。

【防治处理】

1. 治疗

由于大肠杆菌极易形成耐药性，因此，确诊本病后，一定要进行分离菌株的药敏试验，选择最敏感药物进行治疗。但必须做到早发现、早治疗。采取抗菌、止泻、补液、调肠胃等综合治疗措施：肌内注射或皮下注射丁胺卡那霉素、硫酸庆大霉素、盐酸甲氧氯普胺、硫酸阿托品、复方维生素类等。静脉或皮下注入5%～10%葡萄糖生理盐水和碳酸氢钠溶液，并保证足够的清洁饮用水，预防脱水。皮下注射或静注维生素B_1、维生素B_6、维生素B_{12}等，也可口服食母生、乳酸菌等益生菌。

2. 综合防治措施

加强饲养管理，搞好环境卫生。尤其是母犬、猫临产前，产房应彻底清扫消毒，母犬、猫的乳房被粪便污染时，要及时清洗。尽早使新生仔全部吃到初乳。在常发地区，用多价灭活疫苗做预防注射，发病时，可用异源动物抗病血清进行被动免疫。

如有犬、猫发病，及时将病犬、猫隔离饲养，注意保温，对母犬、猫乳房用高锰酸钾溶液进行彻底消毒。犬、猫舍及其周围用水冲洗后，再用2% NaOH溶液或3%来苏儿喷洒消毒或百毒杀等喷雾消毒。

单元三　沙门菌病

沙门菌病是由沙门菌属细菌引起的一种人畜共患病。犬、猫沙门菌病主要是由鼠伤寒沙门菌引起的，其次由猪霍乱沙门菌、肠炎沙门菌和亚利桑那沙门菌引起。

【诊断处理】

1. 流行病学特点

本病无明显的季节性，与营养、气候、卫生状况、潮湿、饥饿、长途运输、免疫抑制性药物及菌群失调等因素密切相关。仔幼犬、猫易感性高，多呈急性爆发；成年犬、猫也可感染，多呈隐性感染，少数可发病。

由于鼠伤寒沙门菌在自然界中广泛存在，常引起多种动物感染。患病动物和带菌动物的排泄物、分泌物可污染饲料、饮水、用具、地面等。易感犬、猫主要通过消化道而感染，偶尔可通过含有沙门菌的灰尘经呼吸道途径感染。同窝新生仔犬、猫的感染源则多是带菌母犬、猫。圈养犬、猫常常因采食未彻底煮熟或生肉品（尤其是肝脏、脾脏、肠等内脏器官）而感染，散养犬、猫常由于采食了患病动物尸体、蛋、乳或粪便而被感染。

2. 症状及病理变化

本病可引起少部分的患病犬、猫死亡，死亡率为10%左右，大部分3～4周后康复。康复和无临床症状的宠物可排菌6周以上。其临床表现有以下几种。

（1）胃肠炎　患病犬、猫发病初期体温升高（40～41℃）、精神委靡、食欲下降，随后出现呕吐、腹痛和剧烈腹泻。刚开始水样腹泻，后转为黏液性腹泻，严重的还出现血便。患病猫还可见流涎。数天后，明显消瘦、黏膜苍白、虚弱、严重脱水、休克、黄疸，可发生死亡。有的可表现为后肢瘫痪、失明、抽搐、应激过旺等神经症状。有的病例出现咳嗽、呼吸困难和鼻腔出血。体质较好的犬、猫常仅出现1～2天的腹泻，其后很快恢复正常。怀孕的病犬、猫还可引起流产、死产或产弱仔。

（2）菌血症和内毒素血症　常见于幼犬、幼猫以及各种原因引起免疫力低下的成年犬、猫，在胃肠炎过程常发生暂时的菌血症和内毒素血症。患病动物表现为极度沉郁、虚弱、体温降低、毛细血管充盈不良。还可出现休克和机体应激性增强、后肢瘫痪、失明、抽搐等中枢神经系统症状，甚至死亡。大部分病犬和猫随后出现胃肠炎症状。

（3）亚临床感染　犬、猫机体抵抗力强或感染少量沙门菌，则可出现一过性感染或无任何临床症状。受感染的妊娠犬、猫，则可引起流产、死产或产弱仔。

（4）无症状的持续性感染　有些沙门菌可在某些受损部位存活多年，常常不出现临床症状。一旦应激因素或机体抵抗力下降，沙门菌可迅速增殖，出现典型的临床症状。母犬、猫子宫内感染，也可引起流产、死产或产弱仔。

病理变化主要见于急性病例。尸僵不全，尸体消瘦，可视黏膜苍白或呈蓝紫色。胃黏膜水肿、淤血，胃肠内容物呈焦油状；脾脏肿大，被膜紧张，质脆，呈黑红色或暗褐色，被膜下出血，切面多汁呈红色。肠黏膜严重出血、坏死，大面积脱落；肠内容物含有黏液，脱落的肠黏膜呈稀薄状。肝脏出血，呈黑红色或淡黄色，随着病程的延长可发生脂肪变性，后期出现肝硬化，胆囊肿大。

亚急性型和慢性型可见肝脏呈不均匀的土黄色，胆囊肿大。肠系膜淋巴结肿大2～3倍，柔软，呈灰色或灰红色，切面多汁。肾脏稍肿大，被膜下常见点状出血。脑实质水肿，侧脑室积液。

3. 实验室诊断

当犬、猫患有急性或慢性胃肠病可怀疑为沙门菌感染。根据流行特点、临床症状与剖检变化只能作出初步诊断，确诊须进行细菌学和血清学检查。本病常被误诊为细小病毒或冠状病毒感染，应注意鉴别。

（1）细菌分离与鉴定　细菌的分离鉴定是诊断本病最可靠的方法。采集患病犬、猫急性期分泌物、血、尿、滑液、脑脊液及骨髓，或采集无污染的肝、脾、肺、肠系膜淋巴结等，接种于普通培养基或麦康凯培养基上，37℃时培养24h。对于污染的被检材料（饮水、粪便、饲料、肠内容物和已腐败组织），需接种于增菌培养基（四硫黄酸盐煌绿增菌液、亚硒酸盐增菌液、四硫黄酸钠胆盐亮绿肉汤等）中进行增菌后，再接种在选择性培养基（如SS琼脂、麦康凯琼脂等）中培养，染色镜检后，进行纯培养物移植，获得纯培养后，再进一步鉴定。

(2) 生化鉴定　取分离培养的纯培养物进行生化特性鉴定。鼠伤寒沙门菌能发酵葡萄糖、甘露醇、麦芽糖、卫矛醇，不发酵乳糖、蔗糖，不利用尿素，不液化明胶，赖氨酸脱羧酶反应阳性，β-半乳糖苷酶反应阴性，酒石酸盐反应阳性。

(3) 血清学检测　可用凝集试验、荧光抗体反应和ELISA等诊断本病。但用于亚临床感染及处于带菌状态的宠物，其特异性较低。

(4) 粪便细胞学检查　沙门菌可引起肠炎肠黏膜大面积损伤和脱落，导致白细胞在损伤的部位大量聚集，因此可以通过检验粪便中白细胞数量的多少来判断肠道病变情况。

【防治处理】

1. 治疗原则及方法

对本病的治疗主要采取抗菌和对症治疗。有条件的可以进行药敏试验，选择敏感的药物。

常用的药物有：氟苯尼考20mg/kg，肌内注射，每日1次，连用3～5天。恩诺沙星5～10mg/kg，每日2次，口服，连用3～5天。也可用磺胺甲基异噁唑或磺胺二甲嘧啶50mg/kg加甲氧苄氨嘧啶12.40mg/kg，混匀后分2次口服，连用1周。复方新诺明15mg/kg，口服，每日2次。阿莫西林15mg/kg，口服，每日2～3次；氯霉素25mg/kg，口服，每日3次；连用4～6天，肌内注射量减半。呋喃唑酮10mg/kg，口服，每日2次，连用5～7天；小诺米星2～4mg/kg，肌内注射，每日2次，连用5～7天。大蒜也有治疗作用，将大蒜5～25g捣成蒜泥口服，或制成大蒜酊口服，每天3次，连服3～4天。严重脱水可用林格液和5%的葡萄糖注射液以1:2的混合液静脉滴注，也可加入地塞米松等激素类药物。心脏功能衰竭者，肌内注射安钠咖1～2ml（幼犬减半）。清肠止酵，保护肠黏膜，可用0.1%高锰酸钾溶液或活性炭与次硝酸铋混悬溶液做深部灌肠。

对症治疗主要采用强心、补液、防止酸中毒、补充维生素A和B族维生素等。有肠道出血症者，可口服安络血或维生素K。卡巴克络（安络血）1～2ml，肌内注射，每日2次；或2.5～5mg，口服，每日2次。

同时应加强管理，在治疗期间应有专人护理，给予易消化的流质饲料。

2. 综合防治措施

由于慢性亚临床感染及潜伏感染的存在，预防犬和猫沙门菌病较为困难。应采取综合性防治措施。平时加强饲养管理，保持犬、猫舍的环境卫生，定期消毒、灭蝇、灭鼠。禁止饲喂不干净的肉、蛋、乳类等食品、饲料或食物，尤其是动物性饲料应煮熟后饲喂。发现发病或疑似发病犬、猫及时隔离和治疗，并对其使用过的食槽、用具及环境用5%氨水、20%石灰乳或2%～3%烧碱液进行消毒，以防止病原扩散。严禁耐过犬、猫或其他可疑带菌畜、禽与健康犬、猫接触。患病宠物住院或治疗期间，应专人护理，防止病原人为扩散。病死尸体要深埋或烧掉，严禁食用。

单元四　结　核　病

结核病是由结核分枝杆菌引起的一种人畜共患慢性传染病。以在机体多种组织器官形成肉芽肿和干酪样或钙化病灶为主要特点。主要临床特征为发热、咳嗽、咯血、呼吸困难，肺区听到干性和湿性啰音。

【诊断处理】

1. 流行病学特点

本病广泛分布于世界各地。犬、猫也感染发病。老龄犬多发，公犬比母犬一般多发。

由于本病为人畜共患病,人和多种动物(约有50种哺乳动物和25种禽类)均能感染,因此,患病的人、哺乳动物、禽类是该病的传染源。患结核病的人、牛、犬、猫等通过痰液排出大量结核杆菌,污染尘埃、空气、饲料和水等,健康犬、猫通过舔食污染的痰液、剩余食物及吸入含有结核分枝杆菌的空气而被感染。咳嗽形成的气溶胶或被这种痰液污染的尘埃成为主要的传播媒介。另外交配犬、猫也能感染。此外,如犬接触病牛、病猫等也可感染,同时,病犬又可感染人类及家畜。

2. 症状与病理变化

犬、猫结核病多为亚临床感染。有时则在病原侵入部位引起原发性病灶。

犬潜伏期长短不一,从十几天到数年不等。犬发病初期无明显的全身症状,只表现食欲无常,易疲劳,虚弱,随后低热、嗜睡、无力、食欲减退、进行性消瘦。可在肺及气管、胸膜、淋巴结见到原发性结核结节,常出现啰音、慢性干咳或不同程度的咯血、呼吸困难、发绀和右心衰竭。肺部叩诊可发现浊音区,听诊可听到干性和湿性啰音。如发生肺空洞,则能听到拍水音或空瓮呼吸音,此时呼出的气体恶臭难闻。如空洞突破于胸腔中,则会发生气胸或脓气胸。此外,肺结核还可继发胸膜炎以及心包炎。X射线检查可发现肿大的淋巴结和肺空洞。

消化器官结核可引起呕吐、腹泻等及贫血。肠系膜淋巴结常肿大。某些病例腹腔渗出液增多。皮肤结核主要表现为边缘不整齐、基底部由无感觉的肉芽组织构成的溃疡,多发生于喉头部和颈部。犬的继发性病灶一般较猫常见,多分布于胸膜、心包膜、肝、心肌、肠壁和中枢神经系统。在犬结核中还曾见到杵状趾的现象,尤以足端的骨骼两侧对称性增大为特征。

子宫结核可见腹围扩大,从子宫可以采集到有血丝的微黄色屑粒渗出物。雄犬也有患睾丸和前列腺结核的。

猫结核病以皮肤结核为多,眼睑、鼻梁、颊部出现结节和溃疡;食欲时好时坏,还伴有贫血、进行性消瘦。肺结核出现呼吸急促、困难,肠结核伴发下痢。常在回肠、盲肠淋巴结及肠系膜淋巴腺见到原发性病灶。猫的继发性病灶则常见于肠系膜淋巴结、脾脏和皮肤。一般来说,继发性结核结节较小,但在许多器官亦可见到较大的融合性病灶。

病理变化分原发型和继发型两种。原发型形成的结核结节针尖大、圆形、灰白色、透明或半透明。继发型是以增生性炎症为主,既有结核结节,又有弥漫性、炎性变化。剖检患病动物发现在许多器官出现多发性的灰白色至黄色有包囊的结节。新鲜的结节四周有红晕;陈旧的多钙化,四周有白色的结缔组织。这种结节多发于肺脏(彩图5-1)。其典型结节在显微镜下的结构有三层:中心为干酪样坏死或钙盐沉着,中间层为上皮样细胞和多核巨细胞构成的特异性肉芽组织,外层是由纤维细胞和淋巴细胞构成的非特异性肉芽组织。当机体抵抗力减弱时,病变则以渗出性炎症为主。其典型病变为干酪性肺炎,初期呈小叶性支气管肺炎的形态,并伴有特异性细胞渗出液。以后变为干酪样,进而互相融合形成较大的病变,切面呈干酪样灰白黄色,或与灰白红色互相交错,形成斑纹状。有的干酪区变为脓样或钙化;有的坏死溶解组织排出后形成空洞。支气管和气管的黏膜上有时可见结核性小结节和绒毛状生长物。胸腔淋巴结肿大,切面呈灰白色。在胸膜上见有小结节和乳头状生长物,有时为珍珠状结节。咽、十二指肠、回肠和盲肠黏膜上偶见干酪样小

图5-1 肺部坏死和结节(见彩图)
(引自:王春璈. 简明宠物疾病诊断与防治. 北京:化学工业出版社,2009)

结节和溃疡。在肝、肾、脾脏也可见到本病病变。在子宫、睾丸、前列腺等也可见结核病变。

3. 实验室诊断

当犬、猫发生不明原因的渐进性消瘦、咳嗽、肺部听诊、叩诊异常、顽固的下痢、体表淋巴结肿大等，可怀疑本病，但确诊应进行微生物学检验、血清学检测及结核菌素试验等，进行综合判断。

(1) 染色镜检　可直接取病料，如痰液、尿液、乳汁、淋巴结及结核病灶做成触片或涂片，抗酸染色后镜检。也可采集患病犬、猫的病灶结节制成乳剂，或无菌采集尿、粪便及其他分泌物 2~4ml，放于离心管中，加入等量的 4%氢氧化钠溶液（或 6%硫酸或 3%盐酸），振荡 5~10min，3000r/min 离心 15~30min，去上清液，加一滴酚红指示剂于沉渣中，用 2mol/L 盐酸（或 2mol/L 氢氧化钠溶液）中和，至变红色为止。取沉渣抹片，或直接用病变组织抹片，做抗酸染色，最后在显微镜下检查。结核菌被染成红色，其他菌为蓝色。

(2) 细菌培养　无菌勾取上述离心物的沉渣滴于、罗氏培养基、青霉素血琼脂等斜面固体培养基上（最好用 2 种以上），接种后用橡皮塞把试管封好，斜放于 37℃条件下培养约 7 天。每 3~5 天拔塞换气一次。每周检查 1~2 次，培养 2~6 周后，人型结核菌、牛型结核菌为干燥、皱缩、灰白色或灰黄色菌落，培养物在水中不易悬浮。禽型菌落较光滑、湿润，培养物在水中均匀悬浮。

(3) 动物试验　选择健康豚鼠 2~3 只，剪去腹部毛 3m^2，皮内注射 0.1ml 稀释的结核菌素（用灭菌蒸馏水稀释 10 倍或 20 倍），24h、48h、72h 各观察 1 次，如局部无红肿反应可以应用。然后将被检材料于后肢腹股沟皮下注射 1~2ml，3~4 周后用三型结核菌素分别皮内注射。如豚鼠感染人型结核菌或牛型结核菌，注射部位红肿，72h 仍不消退；禽型反应轻微，24~48h 消失。接种后 4~6 周如不死，则剖杀 1 只，如感染人型结核菌或牛型结核菌，肝、脾和局部淋巴结出现结核病灶。在病的后期可见肺感染，肾则无变化；如感染禽型结核菌，注射部位形成脓肿，附近淋巴结出现病灶。

(4) 变态反应试验　将犬的大腿内侧或肩胛部去毛、消毒，皮内注射结核菌素 0.1ml，在 72~96h 观察，如注射部位有特征性的肿胀为阳性反应。然而有的病犬不发生变化，有时出现假阴性。由于猫对结核菌素反应微弱，故此法一般不用于猫。

(5) X 射线透视　对患病犬、猫进行 X 射线透视检查，可见气管、支气管淋巴结炎和间质性肺炎的变化。疾病后期亦可见肺硬化和结节形成及肺钙化灶。继发性结核则可见肝、脾、肠系膜淋巴结及骨器官组织的相似病变。

(6) 血清学检验　可以用间接红细胞凝集试验及补体结合反应（CF），它们常作为皮肤试验的补充，也可用荧光抗体法检验病料中的结核杆菌。

【防治处理】

1. 治疗

对名贵品种的犬、猫病例可以进行治疗。治疗时可选用下列药物：异烟肼 4~8mg/kg，内服，每日 2~3 次；利福平 10~20mg/kg，内服，每日 2~3 次；链霉素 10mg/kg，每 8h 肌内注射 1 次（猫对链霉素较敏感，故不宜采用）。应该提及的是，化学药物治疗结核病在于促进病灶愈合，停止向体外排菌，防止复发，而不能真正杀死体内的结核杆菌。

对症治疗如补液、防止继发感染、呼吸困难时可吸氧等；在治疗期间及治愈后 2 个月内注意做好消毒工作，防止病犬、猫向环境中排放结核杆菌。

2. 综合性防治措施

防止本病需采取综合性防疫措施。平时对犬、猫要定期检疫，将检出的阳性病例和可疑病例立即进行隔离或做扑杀处理,并对污染场地、工具等物进行彻底消毒。对开放性结核病犬、猫,无治疗价值者尽早扑杀,尸体焚烧或深埋。结核病家庭不宜饲养犬、猫,特别不能亲吻犬、猫,不得随地吐痰。人或牛发生结核病时,与其经常接触的犬、猫应及时检疫。未消毒牛奶及生杂碎不饲喂犬、猫。此外,应加强饲养管理,给宠物以营养丰富的食物,增强机体自身的抗病能力。冬季应注意保暖。

单元五 链球菌病

链球菌病是一种人畜共患病,人和多种动物均能发病。犬、猫也不例外。本病主要侵害幼犬、猫,成年犬、猫少发,多呈局部病变。其病原主要为马链球菌兽疫亚种和肺炎链球菌。

【诊断处理】

1. 流行病学特点

本病流行没有明显的季节性,一年四季均可发生。不同年龄、品种、性别的犬、猫均易感染,但仔犬、猫的易感性最高,发病率和死亡率高。而且品种犬、猫较土种犬、猫严重。另外本病发生常与饲养管理不善、环境卫生差、饲养密度过大等诸多诱因密切相关。当犬、猫发情时易于发生外伤而感染发病。

病犬、猫和带菌犬、猫是最主要的传染源,可导致成窝仔犬、猫发病。它们排出的病菌可以污染空气、用具、饲料等,健康犬、猫通过损伤的皮肤和呼吸道、消化道黏膜感染,仔犬、猫也常经脐带感染和吮乳感染。

2. 症状及病理变化

主要症状以肺炎、脓胸、心内膜炎为特点。仔犬发病初期体温升高,精神沉郁,吮乳无力或废绝,可视黏膜苍白、微黄染,呼吸急促,腹部膨胀、腹泻,后期体温下降,四肢无力,便秘、血便、共济失调,最终衰竭而死亡。临死前多数犬有转圈、撞墙、嗜睡等神经症状。成犬多发生皮炎、淋巴结炎、乳房炎和肺炎,母犬出现流产。

病猫以四肢皮下出现散在性结节肿胀,破溃后流脓,颈部淋巴结、股浅淋巴结先肿胀后化脓破溃,并流出灰白色或棕红色脓液为特征。脓汁排出后,伤口自行愈合,但又在身体其他部位重新出现新的结节肿胀。

病犬、猫感染不同血清群和毒力的链球菌,其病理变化存在一定程度的差异。临床症状较轻的病犬、猫淋巴结和脾肿大,肝肿胀、质脆,肾肿大有出血点;严重者气管、支气管内有大量气泡分泌物,心包积液,心内膜有出血点,腹腔积液,肝脏有化脓性坏死灶,肾大面积出血,呈花斑状,胸腔积液有纤维素性沉着。脑膜和脑实质充血、出血。

3. 实验室诊断

根据流行病学特点、临床症状、剖检变化等可作出初步诊断,确诊可进行实验室诊断。

(1)涂片镜检 无菌采取母犬乳汁、死亡犬实质内脏或胸腹腔积液做涂片,革兰染色,镜检可见革兰阳性、单个、成对或呈短链的球菌。亚甲蓝染色镜检可见单个、成双或呈短链状排列的球菌。

(2)分离培养 无菌取病死犬的心血、脾和淋巴结等病料,划线接种于血琼脂平板,37℃培养24h,可见到灰白色、透明、湿润黏稠、露珠状菌落,并有α-溶血环或β-溶血环。

(3)生化鉴定 将纯培养物进行生化特性的鉴定,本菌能发酵葡萄糖、乳糖、麦芽糖、山梨醇产酸不产气,不发酵甘露醇、菊糖、棉籽糖、海藻糖,不产生靛基质,MR试验和V-P试验阴性,不液化明胶,不还原硝酸盐。

(4)动物实验 将病料悬液或分离培养物皮下或腹腔接种小鼠或家兔,经3~4天发病死亡，取病料做涂片镜检和分离培养可获得阳性结果。

【防治处理】

1. 治疗

对患病犬、猫的治疗分为局部治疗与全身治疗两种。局部治疗针对局部皮肤结节脓肿应进行手术处理，即切开脓肿排除脓汁，再用5％碘酊消毒。全身治疗则使用敏感的抗菌药进行治疗。常用的敏感药物有丁胺卡那霉素、青霉素、林可霉素、土霉素和磺胺类药物等。如每只犬肌内注射丁胺卡那霉素1ml，每日2次，连用3天；对症状明显的病犬腹腔注射丁胺卡那霉素1ml、维生素C 1ml、地塞米松0.5ml和50g/L葡萄糖溶液10～20ml，每日1～2次，也可静脉注射50g/L葡萄糖溶液50～100ml、维生素C 1ml、氨苄青霉素0.5g和地塞米松0.5ml。肌内注射青霉素20万～40万国际单位；林可霉素10mg/kg，肌内注射或皮下注射，每天2次。同时口服磺胺类药物，每天2次，连服1周，均有良好的效果。或用磺胺-6-甲氧嘧啶80mg/kg一次喂服，每日1次，连用4天。同时做好保温护理工作。严重病犬可同时配合强心、补液措施。

2. 综合防治措施

为了防止本病发生，平时要加强犬、猫的饲养管理和卫生防疫，保持犬、猫舍清洁、干燥、通风，定期更换褥垫。减少应激因素（热、冷、注射等应激），增强犬、猫自身的抵抗力。母犬、猫分娩前后，尤其要注意保持母体卫生，清理阴户，擦洗乳房，并保证犬、猫舍及周围环境卫生，切断传染源。发现病犬、猫要及时隔离，消毒。

单元六　葡萄球菌病

葡萄球菌病是由葡萄球菌引起的人和动物多种疾病的总称。犬、猫感染后以局部化脓性炎症为主要特点，有时出现菌血症和败血症等。其病原菌葡萄球菌为革兰阳性球菌，无鞭毛、不形成芽孢，多数无荚膜，成簇、成对或呈短链排列。葡萄球菌有三种类型：金黄色葡萄球菌、表皮葡萄球菌和腐生葡萄球菌，金黄色葡萄球菌致病性强，主要引起化脓性病变。

【诊断处理】

1. 流行病学特点

葡萄球菌广泛分布于自然界，如空气、土壤、水、饲料和物品上。并且是犬、猫皮肤、呼吸道、消化道和黏膜上的常在菌群，当犬、猫皮肤和黏膜破损，抵抗力降低时，可通过损伤的皮肤、黏膜、呼吸道和消化道发生感染。主要为内源性感染。本病发生无明显的季节性，但夏秋季节显著高于冬春季节，进口良种犬比国产犬发病率高。犬、猫体表不洁、乳房受伤、营养失调、寄生虫病、垫草污染、卫生条件不佳、长途运输等诱发本病。本病易发生于猫刚出生时，从脐孔和幼猫的皮肤伤口以及幼猫吸入患乳房炎母猫的乳汁而感染。有时会导致中毒。

2. 症状及病理变化

病犬的临床表现主要是毛囊炎、疖病、脓皮病或蜂窝织炎及眼和尿道的感染。浅表性脓皮病主要形成脓疱和滤泡性丘疹，深层脓皮病常局限于犬的脸部、四肢和指（趾）间，也可呈全身感染，病变部位有脓性分泌物。12周龄以内的幼犬易发生蜂窝织炎，主要表现为淋巴结肿大，口腔、耳和眼周围肿胀，形成脓肿和脱毛等，并常继发于其他疾病。当犬感染本病时，病犬表现精神沉郁，不愿走动，时卧时立，鼻镜干燥，眼睑明显水肿，小便次数频繁且发黄，大便腥臭带血，里急后重。病犬此时也有呕吐现象，体温升高，呼吸明显加快，被毛松乱，机体消瘦，有明显的腹痛姿势。当内脏器官发生葡萄球菌感染时，可引起相应器官脓肿，如肺脓肿、肾脓肿、体温升高、白细胞总数增加，精神沉郁、排尿异常。

皮肤表皮可见浅在的脓疱或化脓性滤泡性丘疹，从米粒到麦粒大小，初期局部发红，成熟后变为白色小脓疱，破溃后排出脓汁。皮下形成大小不一的局限性脓肿，成熟后破溃排脓。内脏器官感染后可形成脓肿，常见有肺脓肿和肾脓肿（彩图5-2）。猫感染后，剖检肉眼可见肠系膜水肿，腹腔积液，呈黄色胶冻状，肝、脾、肾呈黄色，部分有大小不等的坏死脓肿。

图 5-2　肾脏脓肿（见彩图）
（引自：王春璈. 简明宠物疾病诊断与防治. 北京：化学工业出版社，2009）

3. 实验室诊断

根据临床症状和局部病变可初步诊断，确诊需进行微生物学检查。

（1）直接涂片镜检　无菌采集脓汁、血液、肝、脾、肾和粪便等，直接涂片，革兰染色镜检，可见大量成簇、成对或短链排列的革兰阳性球菌。

（2）分离培养　将上述采集的病料分别接种于普通琼脂平板和血琼脂平板上，37℃培养18~24h，普通琼脂平板上长出湿润光滑隆起的圆形菌落，初灰白色，后为金黄色，血琼脂平板上可见菌落周围出现明显溶血环，非致病菌则无此现象。挑取典型菌落做革兰染色，可见大量葡萄串珠状排列的革兰阳性球菌。将其纯培养物进一步进行生化试验，大多数菌株能分解葡萄糖、麦芽糖、乳糖、蔗糖产酸不产气。金黄色葡萄球菌在厌氧条件下分解甘露醇产酸，非致病菌则无此现象。凝固酶试验和耐热核酸酶试验均为阳性。

（3）动物实验　将24h培养物家兔皮下注射1ml，可引起局部皮肤溃疡坏死。或静脉接种0.1~0.5ml，于24~48h死亡。剖检可见浆膜出血，肾、心肌及其他脏器出现大小不等的脓肿。染色镜检可见革兰阳性球菌。

【防治处理】

1. 治疗

对于发病犬、猫要进行治疗，包括局部治疗和全身治疗。由于葡萄球菌的抗药性比较严重，故选择抗菌药时最好要进行药敏试验，以筛选出敏感药物进行治疗。

（1）局部治疗　患部用双氧水处理后，用75%乙醇消毒，涂以红汞复合搽剂，每天1次，连用5~7天，多数可痊愈。

溃疡病灶，局部应排脓，用高锰酸钾溶液冲洗，或3%过氧化氢溶液冲洗，然后涂3%碘酊，再涂磺胺软膏。

（2）全身疗法　应选用异噁唑青霉素10~15mg/kg肌内注射，乙氧萘青霉素钠10~15mg/kg肌内注射，羧苄青霉素5mg/kg肌内注射等。严重的病犬可合用庆大霉素1~2mg/kg，肌内注射；或卡那霉素10~5mg/kg，肌内注射，也可选用林可霉素、氯洁霉素、麦迪霉素、丁胺卡那霉素、头孢霉素（先锋霉素）等。

2. 综合防治措施

防治本病的原则是加强营养，特别应补充B族维生素，提高犬的抗病力；注意环境卫生，保持犬舍及用具的清洁，并定期消毒；防止皮肤和黏膜损伤。发现外伤应及时进行外科处理，对孕犬加强产前产后的防护，防止乳房感染和发炎。发病后要及时隔离并进行治疗。

单元七 坏死杆菌病

犬、猫坏死杆菌病是由坏死杆菌引起的一种慢性传染病。主要特征是在受损伤的皮肤、皮下组织、消化道黏膜发生坏死性炎症。

【诊断处理】

1. 流行病学特点

本病呈散发或地方流行性，在犬、猫多发生于炎热、多雨及发情季节，争斗、活动、损伤频繁，极易发生。长途运输、营养不良、维生素和矿物质缺乏均可诱发本病。本病传染源主要为患病宠物或隐性带菌宠物，其分泌物、排泄物及坏死组织污染土壤、场地、饲料、垫料、圈舍和尘埃，易感犬、猫经损伤的皮肤和黏膜而感染，新生幼仔有时经脐带感染。

2. 症状及病理变化

感染的部分犬、猫表现为瘭疽，可使整个足趾截然分离而死亡；部分表现为全身各部皮下组织的脓肿并伴有瘘管形成。一般体温升高，可达39～40.5℃，精神沉郁，食欲减退，便秘、尿黄，体表皮肤及皮下发生坏死和溃烂，开始为突起的小丘疹，局部发痒，结节表面覆有干痂，触之硬固、肿胀，进而痂下组织迅速坏死，灶内组织腐烂，积有大量灰黄色或灰棕色恶臭味液体，最后皮肤也发生溃烂。

新生幼犬感染初期无明显症状，随后出现弓腰排尿、精神委靡、脐部肿硬，并流出恶臭的脓汁。有的病犬由于四肢关节损伤感染而发生关节炎，出现局部肿胀、跛行。如局部转移至内脏器官如肺、肝，则可发生败血症而死亡。

成年犬病例多表现为坏死性皮炎和坏死性肠炎。坏死性皮炎以猎犬为多，主要经四肢损伤感染，病初出现瘙痒、肿胀、热痛、跛行。当脓肿破溃后流出脓汁，可能会发痒。若及时治疗则可在3～5天后治愈。坏死性肠炎则由于肠黏膜损伤感染所致，出现腹泻、消瘦。

剖检可见大、小肠黏膜充血、出血、坏死，有溃疡灶，坏死部有假膜，膜下可见有溃疡；肝脏有豆粒大坏死灶，表面有点状出血。肺部有局部充血、出血。腹股沟淋巴结、腋下淋巴结、颌下淋巴结均充血、出血、肿大。

3. 实验室诊断

根据临床症状和剖检变化可作出初步诊断，确诊须进行实验室诊断。

（1）染色镜检 采集坏死病灶的病健交界处病料制备涂片，用等量乙醇、乙醚混合液固定5～10min，用碱性复红亚甲蓝、稀释石炭酸复红或碱性亚甲蓝染色镜检，可见着色不均匀的串珠状或长丝状菌体。

（2）动物接种 取选择培养物1ml加入生理盐水4ml，做1∶5倍稀释后，家兔皮下注射0.5～1ml。待死亡后，取病料镜检，并进一步做生化实验鉴定。

将病料制成悬液，皮下接种兔耳外侧0.5～1ml，或于小鼠尾根部皮下接种0.2～0.4ml，观察7～12天，可见接种局部坏死、脓肿，接种动物消瘦，最后死亡。剖检可见内脏有转移性坏死，肝脏有出血点，肠系膜充血，接种部位化脓、坏死。采取其肝、脾、肺等病灶、病料涂片镜检或分离培养，可做出正确诊断。

【防治处理】

1. 治疗

一般采用局部治疗及全身治疗。

（1）局部治疗 症状较轻者，先用1％高锰酸钾溶液或3％煤酚皂溶液（来苏儿）对局部组织进行消毒,再涂搽 5%～10%甲紫,撒布高锰酸钾、炭末混合剂或高锰酸钾、磺胺粉混合剂,或用 1%甲醛乙醇绷带包扎。脓肿未破时,应先切开排脓,清除坏死组织后,再按上述方法处理,隔 2 天 1 次,一般 2～3 天治愈。如仍未愈合,可改涂磺胺软膏等。无条件清洗时,也可直接涂搽 10%甲紫溶液或 10%甲醛乙醇溶液,侵害深部组织或形成瘘管者,可将 20%食盐水(加入高锰酸钾,使溶液含 1%高锰酸钾)放入水桶内,使患部在混合液中浸泡 1h,连续 3 天后,改用 10%～20%碘酊涂搽或向瘘管内灌注,直至脓汁消失,渗出物减少,再按轻症处理。

(2) 全身治疗 在局部治疗的同时,要根据病情进行全身治疗,肌内注射或静脉注射抗菌药物,控制病情发展和继发感染。常用磺胺类药物或其他抗生素进行治疗,如磺胺二甲基嘧啶、螺旋霉素、四环素、金霉素等均有效。口服复方新诺明 15mg/kg,每日 2 次,连用 5～7 天;肌内注射螺旋霉素 10～25mg/kg,每日 1 次,连用 5 天;口服或肌内注射氟苯尼考 20～22mg/kg,每日 2 次,5～6 天;口服四环素 10～22mg/kg,每日 2～3 次,4～5 天。

除此之外,还应配合强心、解毒、补液等对症疗法,以提高治愈率。

2. 综合防治措施

防止本病的发生要采取综合性措施,平时加强饲养管理,保持圈舍清洁、干燥,粪便常清除干净,垫料干燥、场地平整,不积水、不泥泞,定期消毒;防止互相咬斗、踢打,不喂粗硬饲料及避免外伤发生。发生外伤时及时处理。一旦本病发生,及时隔离治疗,对污染场地、圈舍、用具进行彻底消毒。另外可以用坏死杆菌 A 型强毒菌株制备的灭活菌苗进行免疫预防。

单元八 肺炎球菌病

肺炎球菌病是由肺炎球菌引起的一种急性、高度致死性传染病。本病以肺炎为主要特点。其病原为肺炎双球菌。

【诊断处理】

1. 流行病学特点

本病发生无明显季节性,但以秋末冬初或初春发病率较高,病死率也较高。肺炎双球菌是犬上呼吸道内的正常细菌,当抵抗力下降的时候,可发生内源性感染。本病还可通过消化道、呼吸道或胎盘传染。其传播途径为病犬与健康犬直接接触。幼犬和青年犬发病率高。

2. 症状及病理变化

本病临床类型主要有以下两种。

(1) 最急性型 病犬以呼吸困难为特征,多于 1～2 日内死亡或呈败血症经过突然死亡。

(2) 急性型 本型多见于 1 岁以上的成年犬。病初,病犬打呛,精神沉郁,食欲减退,体温升高,可达 39.5～40.5℃,咳嗽。鼻内流黏性鼻液,流泪,眼屎增多。有的鼻端发干。随着病程发展,病犬呼吸困难,四肢趴开,体伸直,头抬起,状似木马,呈胸腹式呼吸,犬体随呼吸运动前后摇晃,发喘息音,数米之外可闻,呼吸频率每分钟 30～40 次,心音减弱,心率加快。病犬行走无力,后肢摇摆,喜卧,畏寒。常于 3～7 天内死亡。影响母犬发情。

患病犬、猫的病理变化主要在呼吸道。特征病变为肺部呈大理石样变,有的有出血斑,脾脏肿大较正常脾脏大 1～2 倍。

3. 实验室诊断

根据临床症状和剖检变化可作出初步诊断，确诊需进行实验室检查。

（1）直接涂片镜检　无菌采集病变的肺组织涂片、革兰染色、镜检，可见成双排列、呈矛头形、矛头向外、钝面相对的革兰阳性菌，菌体周围有透明环。

（2）分离培养　将病料接种于普通琼脂培养基，经37℃培养24h，可见圆形、隆起、表面光滑、湿润的菌落。菌落隆起呈穹隆形，培养至48h，菌落中央下陷呈脐状，挑取培养物划线接种于血琼脂培养基，37℃培养24h，可形成直径约1mm、圆形、光滑、边缘整齐的菌落，周围有草绿色的α-溶血环，菌落涂片经革兰染色镜检，所见菌体形态与组织涂片相同。

（3）生化特性的鉴定　将纯培养物进行生化特性的鉴定。该细菌可发酵乳糖、蔗糖、葡萄糖、山梨醇、果糖、菊糖和麦芽糖，能水解水杨苷、七叶苷，V-P反应阳性，不能水解马尿酸，不能发酵甘露醇、蜜糖、卫矛醇、棉籽糖，接触酶阴性。

【防治处理】

1. 治疗

对于全群动物，可用头孢氨苄20～30mg/kg拌料饲喂，每日2～3次，连用5～7天。还可用环丙沙星、诺氟沙星等拌料饲喂。发病动物用头孢氨苄15～20mg/kg肌内注射，每日2次，连用4～5天。还可肌内注射链霉素（2～3）×10^4IU，每日2次，连用4天。

2. 综合防治措施

应加强饲养管理，提高犬、猫自身的抵抗力，搞好环境卫生和消毒工作，发现发病的犬、猫要及时隔离，并对污染的周围环境进行彻底消毒。

实践活动六　布氏杆菌病的实验室诊断

【知识目标】

1. 了解布氏杆菌病的临床诊断要点。
2. 了解布氏杆菌病实验室诊断内容及目的、意义。

【技能目标】

1. 学会布氏杆菌病的细菌学检查方法。
2. 学会布氏杆菌病的血清学诊断方法

【实践内容】

1. 布氏杆菌病的细菌学检查。
2. 布氏杆菌病的血清学诊断。

【材料准备】

（1）病料　胎儿、胎衣、绒毛叶、阴道分泌物或胃液。

（2）抗原及血清　布氏杆菌试管凝集抗原、布氏杆菌虎红平板凝集抗原、布氏杆菌阳性血清、待检血清。

（3）染色液及培养基　石炭酸复红染液、科兹罗夫斯基法染色液、亚甲蓝、血琼脂、0.5%葡萄糖肝汤琼脂。

（4）实验动物　豚鼠。

（5）其他实验材料　生理盐水、甲紫、石炭酸、硫酸。

（6）仪器、设备　接种环、酒精灯、注射器、研钵、试管、玻片、恒温箱、显微镜等。

【方法步骤】

（一）细菌学检查

1. 染色镜检

采集新鲜病料制备涂片，用以下鉴别染色法进行染色镜检。

（1）改良 Ziehl-Neelsen 法　步骤如下。

① 抹片晾干，火焰固定。

② 用 Ziehl-Neelsen 石炭酸复红原液的 1∶10 稀释液染 10～15min（原液为碱性复红 1g，溶于 10ml 无水乙醇中，加入 5% 石炭酸溶液 90ml）。

③ 水洗，用 0.5% 乙酸脱色 15～30s。

④ 水洗，用 1% 的亚甲蓝复染 20～60s。

⑤ 水洗、干燥、镜检。

结果：布氏杆菌呈红色，背景为蓝色。

（2）改良 Koster 法

① 抹片干燥，火焰固定。

② 用新配制的番红和氢氧化钾混合液（番红饱和水溶液 2 份与 1mol 氢氧化钾 5 份混合）染 1min。

③ 水洗，用 0.1% 硫酸脱色 10s。

④ 水洗，用 1% 甲亚蓝复染 3s。

⑤ 水洗、干燥、镜检。

结果：布氏杆菌呈橘红色，背景为蓝色。

2. 分离培养

将未经污染的材料直接接种于血琼脂或 0.5% 葡萄糖肝汤琼脂平板进行培养。如为污染病料，则在培养基中加入 5% 的甲紫，将平板置于 5%～10% CO_2 培养箱中培养 7～10 天，用改良 Ziehl-Neelsen 法或改良 Koster 法染色镜检，发现有红色杆菌时，可作出初步判断。

3. 动物实验

将新鲜病料用生理盐水制备成 1∶50 的悬液，取上清液经腹腔接种豚鼠，0.1～0.3ml/只，陈旧病料可接种于豚鼠的股内侧皮下。如为乳汁，则先离心，将沉淀物和乳皮层混合，腹腔接种豚鼠，每只接种 0.5ml/只。接种后经 4～8 周扑杀，取肝脏、脾脏的病变部位分离细菌。也可在接种 10～20 天后，采集心血分离血清，做凝集试验，效价达 1∶5 时则证明豚鼠已患布氏杆菌病。

（二）血清学诊断

应用血清学方法检出血清中有抗体存在，则说明被检犬、猫为布氏杆菌病患畜。布氏杆菌病检疫应用血清学诊断方法主要是凝集试验、补体结合试验及变态反应试验。

1. 试管凝集反应

（1）操作步骤　取洁净试管 7 支（其中 4 支为试验管，3 支为对照管），并标明血清号和试管号；用吸管吸取 2.3ml 0.5% 石炭酸生理盐水加入第 1 支小试管内，2～5 号试管内各加入 0.5ml；取被检血清 0.2ml 加入第 1 管混匀，弃去 1.5ml，再吸取 0.5ml 于第 2 管混匀，再从第 2 管吸取 0.5ml 于第 3 管，如此类推，到第 4 管混匀后弃去 0.5ml，第 6 管加 0.5ml 1∶25 阳性血清，第 7 管加 0.5ml 1∶25 阴性血清。然后每管加入抗原（1∶20 石炭酸生理盐水稀释）0.5ml 摇匀；如此，被检血清稀释倍数从第 1 管至第 4 管依次为

1∶25、1∶50、1∶100、1∶200（表5-1）。

各成分加完后充分混合，置37℃培养22～24h后观察结果并记录。与此同时，每批凝集试验应有阳性血清（1∶800）、阴性血清（1∶25）对照。

表5-1　布氏杆菌试管凝集反应表　　　　　　　　　　　　单位：ml

管号	1	2	3	4	5	6	7
稀释倍数	1∶25	1∶50	1∶100	1∶200	抗原对照	阳性血清（1∶800）	阴性血清（1∶25）
生理盐水	2.3	0.5	0.5	0.5	0.5	—	—
被检血清	0.2 弃1.5	0.5	0.5	0.5 弃0.5	—	0.5	0.5
1∶20抗原	0.5	0.5	0.5	0.5	0.5	0.5	0.5

"＋＋＋＋"：抗原完全凝集而沉淀，液体完全透明，管底有极显著的伞状沉淀物。
"＋＋＋"：75%的抗原被凝集而沉淀，液体稍混浊。
"＋＋"：50%的抗原被凝集而沉淀，液体半透明。
"＋"：25%的抗原被凝集而沉淀，液体不透明，沉淀不明显或仅有沉淀痕迹。
"—"：抗原完全不凝集。

（2）结果判定　犬、猫在1∶50血清稀释管出现"＋＋"以上者，判为阳性。1∶25出现"＋＋"者判为可疑。可疑反应的犬、猫经半个月后重检，重检时仍为可疑，如犬、猫群中有阳性犬、猫，则该可疑犬、猫判为阳性。如无阳性犬、猫，则判为阴性。

检疫后应将结果通知畜主，通知单样式如下。

布氏杆菌试管凝集反应通知单

登记号码		采血日期：	年 月 日		畜主姓名	
通知号码		收到日期：	年 月 日		住址	
		检验日期：	年 月 日			
畜别	畜号	血清凝集效价				判定	备注
		1∶25　　1∶50　　1∶100　　1∶200　　1∶400					

检疫机关：　　　　　　　　　　　　　　　检验人：　　　　　年　月　日

2. 平板凝集反应

（1）操作步骤　最好用平板凝集反应箱。无此设备可用清洁玻璃板，划成4cm^{2}方格。横排5格，纵排可以数列，每一排第一格写血清号码，用0.2ml吸管将血清以0.08ml、0.04ml、0.02ml、0.01ml分别依次加于每排4小方格内，然后以抗原滴管垂直于每格血清上滴加1滴平板抗原（1滴等于0.03ml，如为自制滴管，须事先测定准确），或用0.2ml吸管每格加0.03ml。用牙签或金属棒将血清抗原混合均匀。一份血清用一根牙签，以0.01ml、0.02ml、0.04ml、0.08ml的顺序混合。混合完毕后将玻板均匀加温至30℃左右（无凝集反应箱可使用灯泡或酒精火焰），5～8min按下列标准记录反应结果，每批次平板凝集试验须以阴、阳性血清作对照。

"＋＋＋＋"：出现大凝集片或小粒状物，液体完全透明，即100%凝集。
"＋＋＋"：有明显凝集片和颗粒，液体几乎完全透明，即75%凝集。
"＋＋"：有可见凝集片和颗粒，液体不甚透明，即50%凝集。

"＋"：仅仅可以看见颗粒，液体混浊，即25％凝集。
"－"：液体均匀混浊，无凝集现象。

(2) 结果判定 平板凝集反应的血清量0.08ml、0.04ml、0.02ml和0.01ml加入抗原后，其效价相当于试管凝集效价的1∶25、1∶50、1∶100和1∶200。判定标准与试管凝集反应相同。

3. 虎红平板凝聚试验

为快速玻片凝集反应。抗原是布氏杆菌加虎红制成。对区别菌苗接种与动物感染有帮助。

(1) 操作步骤 被检血清和布氏杆菌虎红平板凝集抗原各0.3ml滴于玻璃板的方格内，每份血清各用一根火柴棒混合均匀。在室温（20℃）4～10min内记录反应结果。同时以阳、阴性血清作对照。

(2) 结果判定 在阳性血清及阴性血清试验结果正常的对照下，被检血清出现任何程度的凝集反应均判为阳性，完全不凝集的判为阴性，无可疑反应。

【实践报告】

根据布氏杆菌病的实验室诊断内容写出实践报告。

实践活动七 大肠杆菌病的实验室诊断

【知识目标】
1. 了解大肠杆菌的形态特征及致病性。
2. 了解大肠杆菌病的临床诊断要点。

【技能目标】
1. 学会犬、猫大肠杆菌病的细菌学诊断技术。
2. 学会犬、猫大肠杆菌病的血清学诊断技术。

【实践内容】
1. 大肠杆菌病的微生物学诊断技术。
2. 大肠杆菌病的血清学诊断技术。

【材料准备】
(1) 病料 肝、脾、心血、肠系膜淋巴结、肠内容物等。
(2) 培养基 麦康凯琼脂培养基、伊红-亚甲蓝琼脂培养基、远藤琼脂培养基。
(3) 染液 革兰染色液。
(4) 抗原与抗体 大肠杆菌琼扩抗原、标准阳性血清、标准阴性血清。
(5) 其他材料 1％硫柳汞溶液、PBS溶液（pH6.4）、生理盐水。
(6) 仪器、设备 酒精灯、打孔器、培养箱等。

【方法步骤】
1. 微生物学诊断

(1) 直接涂片镜检 采集急性病例的肝、脾、心血、肠系膜淋巴结、肠内容物等，做涂片；血液、尿液可直接取一滴滴于载玻片上。自然干燥，加热固定，革兰染色镜检。可看到两端钝圆的红色短小球杆菌，从形态上很难与巴氏杆菌和沙门菌区分开。

(2) 分离培养 大肠杆菌为兼性厌氧菌，在普通培养基上即可良好生产。但为了与沙门菌或巴氏菌相区别，可用鉴别培养基。取上述病料分别接种于麦康凯琼脂、伊红-亚甲蓝琼脂、远藤琼脂培养基上，37℃培养 18~24h，如在麦康凯琼脂平板上可见红色菌落，在伊红-亚甲蓝琼脂平板上见黑色带金属光泽的菌落，在远藤培养基上形成深红色带金属光泽的菌落，则可初步判断为大肠杆菌。

（3）生化试验　大肠杆菌能分解葡萄糖、乳糖、麦芽糖、甘露醇、木糖、阿拉伯糖等，均产酸产气，以此可与巴氏杆菌和沙门菌区分开。

（4）动物接种试验　取 37℃培养 24h 的纯培养物接种小鼠、家兔，可发病死亡，并可做进一步的涂片镜检以判定分离菌株的致病性。

2. 血清学诊断

产肠毒素大肠杆菌肠毒素的测定常用琼脂扩散试验进行检测。

（1）制板　取优质琼脂 1g 加入 100ml 生理盐水，煮沸使其完全融化，再加入 1ml 1%硫柳汞溶液，混匀，冷至 45~50℃后注入平皿中，琼脂凝胶厚度 2~3mm（如直径 90mm 的平皿需 15ml，直径 75mm 平皿需 8~10ml），冷凝后备用。

（2）打孔　在琼脂凝胶板上打梅花孔，中央孔径 4mm，外周孔径 3mm，中央孔与外周孔间距 3mm，用针头将孔内的琼脂挑出。

（3）封底　将打好孔的平皿，在酒精灯火焰上通过数次，使孔底的琼脂熔化封底，防止侧漏。

（4）加样　用微量加样器吸取用灭菌生理盐水稀释过的抗原滴入中央孔，周围六孔的 1、4 孔加入标准阳性血清和标准阴性血清，其余孔加入待检血清。每孔加满不溢，每加一个样品应换一个吸头。

（5）反应　加完样品后，静置 5~10min，将凝胶平板置湿盒中，放置 37℃恒温箱反应 24~48h，观察结果。

（6）结果判定　将平皿置于暗背景下观察，标准阳性血清与抗原孔之间出现明显的白色沉淀线，标准阴性血清抗原孔之间不出现白色沉淀线，则可判断待检血清。

① 如被检血清孔与中间抗原孔之间出现白色沉淀线，并与相邻的阳性血清孔与中间抗原孔之间的沉淀线融合，判为阳性。

② 如待检血清孔与中间抗原孔之间不出现白色沉淀线，但阳性血清孔与中间抗原孔之间的沉淀线一端在被检血清孔向抗原孔方向弯曲，在此孔的被检血清判为弱阳性。应重复试验，如仍为可疑，则判为阳性。

③ 如待检血清孔与中间抗原孔之间不出现白色沉淀线，阳性血清孔与中间抗原孔之间的沉淀线指向被检血清孔，则被检血清判为阴性。

④ 如待检血清孔与中间抗原孔之间的沉淀线粗而混浊，和阳性血清孔与中间抗原孔之间的沉淀线交叉并直伸，待检血清孔位非特异性反应，应重复试验，如仍出现非特异性反应则判为阴性。

【实践报告】

根据大肠杆菌病的实验室诊断内容写出实践报告。

实践活动八　沙门菌病的实验室诊断

【知识目标】

1. 了解沙门菌的形态特征。

2. 了解沙门菌病的临床诊断要点。
【技能目标】
能正确利用微生物学方法和血清学方法诊断犬、猫沙门菌病。
【实践内容】
1. 犬、猫沙门菌病的微生物学诊断。
2. 犬、猫沙门菌病的血清学诊断。
【材料准备】
（1）病料　肝、脾、肺、肠系膜淋巴结等组织或分泌物、血液、尿液等。
（2）培养基　麦康凯琼脂培养基、SS琼脂培养基、四硫黄酸盐增菌液、三糖铁琼脂培养基。
（3）染液　革兰染色液、草酸铵结晶紫溶液、石炭酸复红。
（4）抗原和抗体　标准阳性血清、沙门菌悬液。
（5）其他材料　强度0.05巴比妥缓冲液、优质琼脂。
（6）仪器、设备　无菌平皿、玻板、打孔器、电泳仪等。
【方法步骤】
（一）微生物学诊断
1. 染色镜检
采集上述病料制备成涂片，自然干燥、火焰固定，进行革兰染色。
① 初染：在抹片上滴加草酸铵结晶紫溶液染色1～2min，水洗。
② 媒染：加革兰碘溶液媒染1～3min，水洗。
③ 脱色：加95%乙醇于抹片上，脱色45s，水洗。
④ 复染：加石炭酸复红，复染30s，水洗。
⑤ 镜检：吸干，镜检。
结果：沙门菌革兰染色镜检为红色短杆菌或球杆菌。
2. 分离培养
无污染的病料（肝、脾和心血）直接接种于麦康凯琼脂培养基、SS琼脂培养基中，35～37℃培养18～24h。污染的病料或粪便接种于四硫黄酸盐增菌液内，混匀或乳化，35～37℃培养18～24h，增菌后的培养物再接种于麦康凯琼脂培养基、SS琼脂培养基中，35～37℃再培养18～24h后可见无色、透明、光滑的菌落。如为产H_2S的细菌，则在SS琼脂平板上形成的菌落中央常呈灰黑色。

挑取上述两种培养基上的4个疑似菌落，分别接种于三糖铁琼脂斜面上，37℃培养24h观察。TSL呈红色斜面/黄色底层，产气或不产气，产生或不产生H_2S。
3. 生化特性鉴定
将分离培养的纯培养物进行生化试验，感染犬、猫的沙门菌能分解葡萄糖、麦芽糖、甘露醇和蔗糖，产酸产气，不发酵，MR阳性、V-P试验阴性。靛基质试验阴性，不分解尿素。

（二）血清学诊断方法
沙门菌病的血清学诊断方法有很多种，如协同凝集试验、对流免疫电泳、ELISA、荧光抗体试验、快速平板凝集试验等。可检测抗原（分离培养的细菌），也可检测抗体（血清），根据实际条件选择不同的血清学诊断方法，现介绍快速平板凝集试验。

1. 检测抗原

（1）操作方法　取洁净玻片一张，用记号笔划分为3格。在第一、二格内各加一环鼠伤寒沙门菌/猪霍乱沙门菌阳性诊断血清，第三格内加一环生理盐水。用接种环自斜面挑取疑似沙门菌纯培养物于第一格内混匀，随即再取一环于第三格内混匀，第二格加鼠伤寒沙门菌/猪霍乱沙门菌内，混匀。静置2～3min后观察结果。

（2）结果：第二格出现颗粒状凝集物，第三格不出现颗粒状凝集物，如第一格出现颗粒状凝集物，则判为阳性，如没出现颗粒状凝集物，则判为阴性。

2. 检测抗体

（1）多价抗原的制备　用鼠伤寒沙门菌/猪霍乱沙门菌培养物加甲醛溶液灭活，加入0.1%结晶紫（每毫升含菌100亿）。静置时呈紫色液体，瓶底有沉淀物，振荡后呈混浊的悬浮液。

（2）待检血清的制备　采集患病犬、猫血液，37℃放置2h，1000r/min离心3～5min，吸取上清液备用。

（3）操作方法　取洁净玻片一张，用记号笔划分为3格。每格内各加一滴多价抗原。在第一格加一滴阳性血清、第二格加一滴待检血清，第三格加一滴生理盐水，用牙签或塑料管头将抗原与血清充分混合。

（4）结果　观察30～60s，第一格凝集，第三格不凝集，如第二格凝集，则判为阳性，否则为阴性。

【实践报告】

根据沙门菌病实验室诊断内容写出实践报告。

【项目小结】

本项目主要介绍了犬、猫常见细菌性传染病，各种细菌病包括两大部分，一是诊断处理，其主要包括流行病学特点、临床症状、病理变化及诊断；二是防治处理，由综合防制措施和治疗组成。本项目内容侧重于微生物学诊断及防制措施。对临床上常见的细菌病如大肠杆菌病、链球菌病等传染病进行了详细的描述，尤其详尽地叙述了诊疗所需的最新方法和技术。

【复习思考题】

1. 简述犬链球菌病实验室诊断的步骤和方法。
2. 如何防治犬布氏杆菌病？
3. 如何对犬、猫的结核病进行综合防治？
4. 结合实际，怎样制订犬链球菌病的防治措施？
5. 葡萄球菌病有何临床症状？如何防治？
6. 怎样诊断和治疗犬肺炎球菌病？

项目六 犬、猫真菌性疾病的诊断与防治

【知识目标】
1. 了解犬、猫常见真菌病的种类。
2. 熟悉真菌病的感染与流行过程。
3. 掌握真菌病的诊断原则和要点。
4. 熟悉常见真菌病的综合预防及治疗措施。

【技能目标】
1. 能对重要真菌病诊断病料进行采集、检验等操作。
2. 结合实际病例,能对犬、猫常见真菌病进行综合诊断。
3. 能运用实验室诊断确诊真菌病。
4. 根据不同真菌病特点能实施有针对性的防疫措施。

真菌感染引起的疾病称为真菌性疾病。20世纪80年代以来,人类对真菌性疾病的认识越来越深入。犬、猫的真菌病包括皮肤真菌病、浅在真菌病和深部真菌病三类。主要的皮肤真菌病有感染皮肤的犬、猫皮肤癣菌病;感染犬、猫支气管、淋巴结、肺、脾、肾、胃的犬、猫球孢子菌病;感染犬、猫皮肤、消化道和中枢神经的隐球菌病;感染犬、猫皮肤、肺、胃的犬、猫芽生菌病。

真菌的抵抗力很强,在干燥环境中可生存5~7年,煮沸1h才能被杀死,2%~5%氢氧化钠溶液、3%甲醛液可用于消毒,一般消毒药不能将其杀死。石膏样小孢子菌不但能在土壤中长期存活,还能繁殖。因而动物和人,尤其是幼龄犬、猫和儿童易被感染发病。

单元一 皮肤癣菌病

皮肤癣菌病是由皮肤癣菌感染皮肤、被毛和爪甲后,并在其中寄生,引起皮肤出现圆形或不规则形的脱毛、红斑、渗出、鳞屑、结痂和瘙痒等的皮肤真菌性疾病。世界各国均有发生,为多种动物共患的皮肤传染病,人医称为"癣"。

【诊断处理】
1. 流行病学特点

临床上,犬皮肤癣菌病约有70%是由犬小孢子菌引起的,20%是石膏样小孢子菌引起,10%是须毛癣菌引起。猫的钱癣98%是由犬小孢子菌所致,石膏样小孢子菌及须毛癣菌仅各占猫病例的1%左右(表6-1)。

传染源为被感染的猫、犬和人,特别是亚临床的猫。犬、猫是犬小孢子菌的主要携带者。

感染途径为直接接触,如捕捉、嬉戏,或接触被污染的刷子、剪刀、梳子、铺垫物品等媒介传染给其他健康的犬、猫、其他动物和人。虱、蚤、蝇和螨等体外寄生虫也是本病的重要传播媒介。感染猫90%不呈现临诊症状,但成为重要传染源。

表 6-1 在动物体上引起皮肤真菌病的主要病原、宿主及其生态

病原	种　属	宿　主	生　态
小孢子菌	犬小孢子菌	猫、犬、马、啮齿动物、人	亲动物性
	石膏样小孢子菌	犬、猫、马、人	亲土性
	马小孢子菌	马、猫、犬	亲动物性
	猪小孢子菌	猪、人、犬、猫、啮齿动物	亲动物性
毛癣菌	马毛癣菌	马、犬、猫、刺猬、人	亲动物性
	疣状毛癣菌	牛、羊、人	亲动物性
	须毛癣菌	猫、犬、啮齿动物、人	亲动物性

易感动物为犬、猫。年老、弱小及营养差的犬、猫比成年、体强及营养好的动物易受感染。犬小孢子菌能使猫全年感染发病。人和动物之间（包括犬、猫）可互相感染。石膏样小孢子在土壤中生存繁殖，畜舍附近的表土中常有该菌，人和动物尤其儿童往往因接触该处土壤而感染本病。

潮湿、温暖的气候，拥挤、不洁的环境以及缺乏阳光照射等因素均可诱发本病。小犬比成年犬易感，营养不良或瘦弱体质易于发病。

皮肤癣菌病愈后的动物，对同种和他种病原性真菌再感染具有抵抗力，通常维持几个月到一年半不再被感染。皮肤癣菌病又是一种自限性疾病，轻病动物在 1～3 个月内，由于自身因素可不加医治而自行减轻，直到自愈。

2. 症状及病理变化

可观察到患病犬、猫的面部、耳朵、四肢、趾爪和躯干等部位皮肤常有被毛脱落，呈圆形、椭圆形、无规则的地图形或弥漫状迅速向四周扩展直径（1～4cm），起鳞屑、形成脓疱、丘疹和皮肤渗出、结痂等，瘙痒程度不一。

典型的病理变化为脱毛圆斑（俗称钱癣）。但也有些病灶周缘不规则。石膏样小孢子菌感染可引起毛囊破裂、疖病以及脓性肉芽肿性炎症反应，形成圆形、隆起的结节性病变，又称为脓癣。须毛癣菌引起犬患部多在鼻部，位置对称。猫的甲癣主要表现为指（趾）甲干燥、开裂、质脆并常发生变形等，在甲床和甲褶处易并发细菌感染。

通常急性感染病程为 2～4 周，若不及时治疗转为慢性，往往可持续数月甚至数年。

3. 实验室诊断

根据流行病学、临诊症状、病理变化等可做出初步诊断。确诊需进行实验室检查。

（1）伍德灯检查（又称滤过性紫外线检查）　用伍德灯在暗室照射病变区、被毛或皮屑。犬小孢子菌感染的毛发可发出黄绿色荧光，而石膏样小孢子菌和须毛癣菌感染的毛发无荧光或荧光颜色不同。应注意皮肤鳞屑、药膏、乳油及细菌性毛囊炎在紫外线的照射下也会发出荧光，但其颜色与犬小孢子菌感染毛干的荧光有所不同。伍德灯检查只能作为筛选手段，不能确诊。另外，在检查前 1 周应停止使用外用药膏或者检查前洗净局部药物。

（2）病原菌检验　从患病皮肤边缘采集被毛或皮屑，剪毛要宽些，将皮肤挤皱后，用刀片刮到真皮，渗血后，将刮取物放在载玻片上，滴加几滴 10%～20% 氢氧化钾溶液，在弱火焰上微热，待其软化透明后，覆以盖玻片，用低倍（10 倍物镜）或高倍镜（20～40 倍物镜）观察。犬小孢子菌感染，可见到许多呈棱状、厚壁、带刺、含有 6 个分隔的大分生孢子。石膏样小孢子菌感染，可看到多呈椭圆形、带刺、多分隔的大分生孢子。须毛癣菌感染可看到毛干外呈链状的分生孢子。亲动物型的须毛癣菌产生圆形小分生孢子，它们沿菌丝排

列成串珠状;而大分生孢子呈棒状,壁薄,光滑。有的品系产生螺旋菌丝。

(3) 真菌培养　培养皮肤癣菌的培养基为皮肤癣菌试验培养基（DTM），也可选用沙氏葡萄糖琼脂培养基。将毛发等病料接种于培养基上，于25℃培养，皮肤癣菌的生长可使DTM变红，犬小孢子菌在沙氏葡萄糖琼脂培养基上生长快，菌落呈白色棉花样至羊绒样，反面呈橘黄色。镜检可见大量纺锤状、壁厚带刺、有6~15个分隔的大分生孢子，大小为(40~150)μm×(8~20)μm，一端呈树节状。石膏样小孢子菌在沙氏葡萄糖琼脂培养基上生长快，开始为白色菌丝，后成为黄色粉末状菌落，凝结成片。菌落中心有隆起，外围有少数极短的沟纹，边缘不整齐，背面红棕色。镜检可见多量的纺锤形、厚壁带刺、有4~6个分隔的大分生孢子，大小为(30~50)μm×(8~12)μm。须毛癣菌菌落有两种形态，颗粒状（大多来源于动物）和长绒毛状。前者表面呈奶酪色至浅黄色，背面为浅褐色至棕黄色；后者为白色，较陈旧的菌落变为浅褐色，背面呈白色、黄色，甚至红棕色。颗粒状菌落镜检可见有较多的雪茄样、薄壁、有3~7个分隔的大分生孢子，大小为(4~8)μm×(20~50)μm。

(4) 动物接种　选择兔、猫、犬等易感动物，先剃掉接种处被毛、洗净，用细砂纸轻擦皮肤至轻微出血。再取病料或培养菌落搽皮肤使之感染。一般阳性者7~8天就出现发炎、脱毛和结痂等病变。

(5) 病理组织学检查　皮肤组织病理学可见不同程度的毛囊周围炎、毛囊炎、疖病、浅表性血管周围性或间质性皮炎、表皮和毛囊角化正常或角化不全，间或有化脓性皮炎。如果不做特殊的真菌染色，表皮层或毛干的菌丝和孢子难以发现。

(6) 毛发检查法　将深色犬、猫病变部被毛拔下，用氯仿处理，若有真菌感染，毛发则变成粉白色，无真菌感染则不变色。

【防治处理】

1. 治疗原则及方法

(1) 外用药物

① 局限性病灶，将患部及周边的毛剪除，皮屑或结痂等洗净，局部使用抗真菌药，每12h一次，直至病变消退。局部表面治疗的有效药物包括：制霉菌素软膏，1%甲紫，1%洗必泰软膏，10%克霉唑乳膏、洗剂或溶液，2%恩康唑乳剂，2%酮康唑乳剂，1%~2%咪康唑乳剂、喷剂或洗剂，4%噻苯达唑溶液，1%特比萘芬乳剂。

② 有多灶性或全身性病变的犬、猫，若被毛长度中等或为长毛，则剪除全身被毛，局部使用抗真菌药或每周两次（至少4~6周）药浴全身，直至真菌培养阴性。患全身性皮肤真菌病的犬、猫，除局部用药外，需要同时进行全身治疗。局部应用的抗真菌溶液包括：0.05%洗必泰溶液，0.2%恩康唑溶液，2%石硫合剂，0.4%聚维酮碘溶液。

③ 如果局部用药疗效不佳，则可用抗真菌药物进行全身治疗：对患全身性皮肤真菌病的犬、猫以及局部治疗疗效不佳的犬、猫，应在局部治疗的基础上，全身长期（至少4~6周）应用抗真菌药物治疗，真菌培养阴性后再坚持治疗3~4周。

(2) 口服药物

① 灰黄霉素，每天40~120mg/kg，猫20~50mg/kg，将药碾碎，1次或分几次拌食饲喂（禁空腹服药，易引起呕吐），连用几周，直到治愈。服药期间增饲脂肪性食物，可促进药物的吸收。灰黄霉素会引起胎儿畸形，妊娠动物禁忌用。

② 酮康唑，每天10~30mg/kg，分3次口服，连用2~8周。此药在酸性环境较易吸收，故用药期间不宜喝牛奶和饲喂碱性食物。其主要不良反应是厌食、消瘦、呕吐、腹泻和妊娠动物死胎等。

③ 伊曲康唑，10mg/kg，口服，混于食物中，每24h一次（胶囊），或空腹给予（悬液）。
④ 特比萘芬，10～20mg/kg，口服，每24h一次。
⑤ 对慢性和重剧的皮肤癣菌病，必须口服药物治疗或口服和外用药物同时治疗。

（3）静脉注射 对感染严重者，可按0.5mg/kg静脉注射两性霉素B，每天1～2次，连用7～10天。使用时要注意观察病犬、猫的肾谨慎用药。也可口服制霉菌素，剂量5×10^4IU/kg，每天3次，连用10天或10天以上。

（4）治疗隐性感染 查清并治疗无症状的带菌犬、猫。

（5）药浴清洗 对未感染但受到威胁的犬、猫进行预防性治疗，用抗真菌药物局部或全身药浴清洗，每周一次。

（6）清洁环境 用真空吸尘器或消毒剂彻底清洁消毒环境。皮肤癣菌孢子在外界环境中可存活5～7年。应采取措施保证犬、猫治愈后不再发病，或家庭成员和其他宠物不被感染。用吸尘器清除地板、地毯及家具表面的毛发；对耐消毒剂的地面、物体表面、毛发梳理器械等用10%的漂白粉进行消毒；接触感染动物后将手洗干净。

对皮肤癣菌病，无论是外用或口服药物治疗，应持续2～4周或更长，直到临床痊愈或分离培养结果阴性。

2. 预防

（1）加强管理 饲喂全价平衡商品性犬、猫食品，增强动物机体的抵抗力。做好皮肤的清洁卫生工作，经常给犬、猫洗澡、梳毛，改善卫生条件。防止健康犬、猫与患病犬、猫接触。避免长期使用广谱抗生素和皮质激素类药物，及时治疗各种原发病。

（2）隔离消毒 发现犬、猫患有皮肤真菌病，应将其进行隔离治疗，防止群养动物发生交叉感染或疾病散播。对用具和圈舍应用洗必泰、次氯酸钠等溶液进行清洗消毒，待感染痊愈后放回饲养。注意不要与感染动物同用梳毛器械。

（3）定期检疫 凡是阳性者，应隔离治疗。新引进的动物隔离观察30天，确认为阴性，方能混群饲养。

（4）兽医卫生 兽医院平时应注意卫生，预防器械、用具污染，控制病原性真菌的传染。

（5）公共卫生 兽医确诊犬、猫患皮肤癣菌病后，要让主人了解此病对公共卫生的危害性和采取相应的防止传播措施。皮肤癣菌病可传染给主人，在治疗期间应减少直接接触机会，特别是儿童。主人不能怀抱患病犬、猫，接触后立即用硫黄皂或其他含有抗真菌成分的香波洗手，同时应对环境进行消毒。接触患病动物的人，要特别注意防护。患有皮肤癣菌病的人，应及时治疗，以免传染给犬、猫等动物。

（6）免疫接种 3月龄以内的犬，在50日龄用二联苗首次免疫，并进行药物驱虫，隔3～4周用六联苗二次免疫，再间隔3～4周，用六联苗及狂犬疫苗三次免疫。大于3月龄的犬，进行2次六联苗、1次狂犬疫苗免疫即可，间隔时间相同，成犬每年加强免疫1次。

单元二 念珠菌病

念珠菌病俗称"鹅口疮"或"假丝酵母病"，是由酵母样真菌引起的人畜共患的真菌性传染病。主要特征是口腔、咽喉等局部黏膜溃疡，表面有灰白色的假膜样物质覆盖，或全身多处脏器出现小脓肿。临床上主要表现为慢性腹泻。其病原为念珠菌，最常见的是白色念珠菌。本菌可侵害皮肤、黏膜和角质，也可侵害内脏并经血液播散。不同的动物感染的菌种不同，幼龄动物发病多。念珠菌病是由于机体免疫抑制或菌群失调导致寄生于消化道、泌尿生殖道或上呼吸道的念珠菌过度繁殖而引起的局部或全身性感染。本病广泛分布于世界各地。

【诊断处理】

1. 流行病学特点

白色念珠菌分布极广，通常呈无害状态寄生于动物和人的皮肤、黏膜、消化道、呼吸道、肛门、阴道等处。一般情况下，体内的白色念珠菌和正常的微生物区系处于平衡状态，虽有很高的带菌率，但并不引起发病。当饲养管理不良、维生素缺乏、长期使用广谱抗生素或免疫抑制剂、皮质类固醇、受到应激因素的影响以及长期患慢性消耗性疾病和营养不良等情况下，而致机体抵抗力降低时，则可经内源性感染而发病。也可因吸入带有本菌尘埃或食入被污染的食物而感染，有时也由患病动物直接或间接传染给健康动物。幼龄动物和体弱动物的易感性和发病率更高。多为继发感染或合并感染。

2. 症状及病理变化

主要表现为犬、猫的上部消化道，在口腔、食道黏膜形成一个或多个隆起的软斑，并覆有灰白色假膜，故俗称为"鹅口疮"。严重者整个食道被灰白色假膜所覆盖，剥离假膜则露出溃疡面，表现疼痛不安，流涎。有的发展到胃肠黏膜，同样出现溃疡，引发呕吐和腹泻等症状。也有的通过血液途径扩散到呼吸道、肺脏、肾脏和心脏，则出现全身性症状，转归多不良。犬扩散性念珠菌病的典型病变为体温升高、精神不振。皮肤病变的特质为不愈合、急性隆起性红斑、潮湿、糜烂、有渗出物和皮肤结痂或甲床处出现病变，常因肌炎和骨髓炎而有疼痛表现。其他脏器感染时可表现出相应的症状。猫扩散性感染很少出现皮肤病变。当播散到犬、猫支气管和肺脏时，可出现咳嗽、胸痛等。

3. 实验室诊断

由于犬、猫念珠菌病在临床上缺乏特异性症状，病性确诊必须根据病原真菌学检验、参考病史、临床表现等，进行综合诊断。白色念珠菌为条件性致病真菌，动物的分泌物和排泄物中常分离出此类真菌，所以，必须由病料涂片直接镜检，检验出白色念珠菌等为依据。如镜检到大量假菌丝和成群芽生孢子，表示此类真菌处于致病状态，故而有诊断价值。为了鉴定念珠菌属中各种病原性菌种，将病料接种于吐温80-玉米琼脂培养基上培养，根据其培养特性和生长形态特点来鉴定。

（1）病料采取　采取患病动物黏膜病灶组织（溃疡物、渗出物和假膜）和器官病灶组织（刮取物、渗出物及溃疡组织）及血清作为检查病料。

（2）直接镜检　采取病变组织如口腔病灶假膜、皮屑、甲屑等置于载玻片上，滴加10%的氢氧化钾溶液在微火上加温使其变软后制成压片，在油镜下观察。当看到许多芽生孢子互相连接而成的特征性假菌丝时，可为确诊提供根据。

（3）涂片镜检　取病料分离培养物做涂（触）片，革兰染色或瑞氏染色镜检，可见到密集的芽生酵母样细胞和假丝菌。

（4）分离培养　取病料接种于沙氏琼脂培养基，在室温或37℃培养，挑取典型菌落做涂片镜检后，再将初步分离的酵母样菌接种于含有1%吐温80的大（玉）米粉琼脂，25℃培养24~48h后涂片，镜检可见菌丝顶端长出圆形厚壁孢子；也可接种于0.5%羊血清中，于37℃培养4h后镜检，可见到芽生孢子和芽管形成。

（5）动物接种　取1%培养菌悬液1ml，耳静脉注射家兔，在4~5天发病死亡，剖检可见到肾脏高度肿胀，肾皮质有播散状粟粒样小脓肿。由此而确定菌的致病性。

（6）血清学检查　取血清做乳胶凝集试验、琼脂扩散试验和间接免疫荧光试验，对全身性念珠菌感染诊断有一定价值。特别是采用荧光抗体染色检查，1h可报告结果，灵敏性、特异性、阳性率比真菌检查提高18%以上。

【防治处理】

1. 治疗原则及方法

查清潜在念珠菌病原，消除发病原因。治疗可分为局部治疗和全身治疗，中西医结合治疗也可收到满意效果。

（1）局部治疗　对局限性皮肤或黏膜皮肤交界处的病变，剃毛、清洁和用表面收敛剂处理局部，使其干燥。然后应用抗真菌药物直至病灶痊愈（1~4周）。有效的局部治疗包括：含制霉菌素100000U/g的乳剂或软膏，每8~12h一次；3%两性霉素B乳剂、洗剂或软膏，每6~8h一次；1%~2%咪康唑乳剂、喷剂或洗剂，每12~24h一次；1%克霉唑乳剂、洗剂或溶液，每6~8h一次；2%酮康唑乳剂，每12h一次；复合维生素B每次30mg，每天2次，连用2周。

（2）全身治疗　对口腔或全身病变，口腔内假膜用镊子轻轻夹除后，用碘甘油涂搽，再涂抹制霉菌素软膏，每天2~3次，连用3~5天。也可用锡类丹或西瓜霜适量撒布患处；全身应用抗真菌药（最少4周）。临床康复后至少再用药1周。有效疗法包括：酮康唑，5~10mg/kg，口服，混于食物中，每12~24h一次；伊曲康唑，5~10mg/kg，口服，混于食物中，每12~24h一次；严重病例及深部念珠菌病，应用氟康唑，5mg/kg，口服或静脉注射，每12h一次。两性霉素B做静脉注射。如果病犬出现明显不良反应，可改为口服：每天口服0.2~0.4g/kg。此外，还可用念珠菌素、古曲霉素、制霉菌素等抗真菌药。

（3）中西医结合治疗　全身扩散时可配合中药双黄连静脉注射，口服黄连解毒汤或五味消毒饮；肺部感染则口服千金苇茎汤；胃肠感染可口服白头翁汤；皮肤脓肿可口服五味消毒饮，如脓肿未溃，可外敷如意金黄散；如已破溃用九一丹、七三丹引流；溃后腐肉已取可涂康复新，以助愈合；黏膜破溃也可用康复新。

2. 注意事项

避免长期使用抗生素、皮质激素和免疫抑制剂，若必须长时间应用这些药，必须经常注意观察，并应安排间歇时间。

3. 预防

（1）加强饲养管理，搞好卫生防疫工作　注意经常添加多种维生素，尤其是B族维生素，以提高机体抵抗力，可减少或杜绝该病的发生。

（2）增强免疫能力　目前尚无良好疫苗，可用胸腺素、转移因子等以增强犬、猫抗病能力。

单元三　隐球菌病

隐球菌病是由鼻腔、鼻旁窦组织或肺脏中的新型隐球菌真菌扩散到皮肤、眼睛、中枢神经系统或其他器官引起的条件性真菌感染。可感染多种哺乳动物，最常见于犬、猫，以慢性或亚急性经过，年轻的成年犬、猫发病率最高。是多种动物共患传染病，世界各国均有发生，我国各地也有人发病的报道。

【诊断处理】

1. 流行病学特点

此菌广泛存在于自然界，在土壤、污水、腐烂果菜、植物、鸽粪、牛奶中均存在，并可从正常动物的皮肤、黏膜、肠道中分离到。鸽子是本菌的重要传播媒介，鸽粪含有高浓度的肌酐酸和尿酸可抑制多种细菌的生长，而隐球菌可利用肌酐酸和尿酸在鸽粪中富集，在鸽的排泄物中可存活1年以上。鸽子窝周围的碎屑和排泄物中含有大量的病菌，动物往往因吸入环境中的病菌而感染。

本病主要通过污染的空气、饲料、饮水和用具经呼吸道、消化道和皮肤等途径侵入动物机体引起感染并损害肺、消化道、神经系统和皮肤等而发病。主要通过吸入隐球菌引起感染，多数病原菌可能因个体较大不能进入肺脏内部而停留于鼻腔或咽喉部，引起病理损伤或成为无症状携带者，但干燥小隐球菌可进入小支气管和肺泡中引起肺脏疾病。吸入鼻腔、鼻旁窦和肺脏后刺激机体的细胞免疫反应导致肉芽肿形成。病菌可直接或经血液扩散，通过筛骨板经鼻腔扩散到中枢神经系统或鼻窦的软组织及皮肤组织等。皮肤和黏膜是次要的侵入途径。但无论从何处入侵，最终大部分病例都扩展到中枢神经系统，少数病例只到肺部。发病往往与机体抵抗力低下、体况不佳及各种应激因素的作用直接有关，此外，由此也可引起内源性发病，因为健康动物的皮肤、咽喉、胃肠道往往带菌，一旦抵抗力下降，或大剂量、长时期使用抗生素和肾上腺皮质激素，或者合并其他疾病和继发感染即可发病。夏季炎热潮湿环境中，孢子易繁殖传播。

2. 症状及病理变化

猫的感染比犬多见，但无品种、性别和年龄差异。其临床表现一般与上呼吸道、鼻咽部、皮肤、眼及中枢神经系统感染有关。约60%病例有与鼻腔感染有关的上呼吸道症状，表现为打喷嚏、咳嗽甚至呼吸困难，高热，有鼻塞声，单侧或双侧鼻腔有黏液脓性分泌物，并可能带血。鼻腔内或鼻梁上可见增生性软组织团块或溃疡，偶尔可见口腔溃疡或咽喉病变。约40%的病例皮肤或皮下组织受侵害，表现为皮肤丘疹、脓疱、结节，并可能出现溃疡或炎性渗出和坏死，局部淋巴结发炎。从呼吸系统经血液传播也可能引起骨髓炎导致跛行，或肾脏感染引起肾衰竭，甚至全身性淋巴结炎。

感染中枢神经系统的病例主要表现为精神沉郁、肌肉痉挛、摇头、共济失调、转圈运动、行为异常、抽搐、角弓反张、跛行、呕吐、流脓涕、眼眵、失明、麻痹、嗅觉丧失甚至发生意识障碍等神经症状。并发白血病或免疫缺陷综合征的猫容易发生中枢神经系统和眼部症状。犬比猫较易发生严重的扩散性感染。多数病例中枢神经系统和眼受侵害，中枢神经系统损害主要为脑组织，但脊髓也可能同时被感染，表现为脑膜脑炎、视神经炎、脉络膜视网膜炎的症状。

该病的主要病变为胶冻样团块或肉芽肿，主要是荚膜菌和巨噬细胞、巨细胞及少量的浆细胞等炎性反应细胞在结缔组织中的聚集。约50%的病例有呼吸道、肺脏、肾脏、淋巴结、脾、肝、甲状腺、肾上腺、胰腺、骨骼、胃肠道、肌肉、心肌、前列腺、心瓣膜和扁桃体发生率依次递减的肉芽肿。

3. 实验室诊断

（1）直接镜检 取鼻腔或皮肤渗出液、脑脊髓液、尿、脓汁、粪、血或胸水、皮肤或鼻部结节压片进行细胞学检查，操作如下：痰或脓汁等可用生理盐水适当稀释后制片，脑脊髓液先经离心，取沉淀物制片。然后加一滴印度墨汁或苯胺黑染色，覆以盖玻片后直接镜检，可见隐球菌的圆形、椭圆形菌体，周围有比菌体宽1~2倍的空白圈（荚膜），子孢子内有一较大的反光颗粒，部分菌体表面有出芽现象。凭隐球菌这种特征的形态即可确诊。穿刺样本的组织切片进行PAS-苏木精染色，菌体细胞着染，荚膜不被染色而在细胞周边呈环形空白带。黏蛋白卡红染色时酵母细胞壁和荚膜呈红色。

（2）分离培养 采集较大体积的样本，进行病原菌的分离培养。隐球菌在血液琼脂平板和沙堡葡萄糖琼脂上生长良好。应用巧克力琼脂，在5% CO_2 条件下可促进荚膜的形成，而大多数腐生性隐球菌在37℃时不能生长。

(3) 血清学检测　对可疑病例采用血清学方法检测血清、尿液或脑脊髓液中的荚膜抗原。另外，抗原效价测定还可以用于评价治疗效果。可采用检测抗原的商品化乳胶凝集试验试剂盒或ELISA试验检测隐球菌荚膜抗原。

(4) 免疫学检查　可以用其培养物制成抗原，应用荧光抗体补体结合试验、乳胶凝集试验等方法进行免疫学检测。

(5) 组织病理学检查　皮肤结节之弥散的化脓性肉芽肿性皮炎和脂膜炎，有多量酵母样菌或由于菌多而没有炎症，致使真皮和皮下组织成空泡状。

(6) 分子生物学检测　应用DNA探针法和聚合酶链式反应（PCR）探针等方法，具有高度的特异性。不仅可以特异性地检测隐球菌，不受治疗的影响，而且可以区别变种。可以用于感染早期的诊断。特别是PCR方法敏感性更高，可用于痰液、支气管、肺泡灌洗液及经支气管吸出物的检测。

【防治处理】

1. 治疗原则及方法

(1) 手术治疗　按外科手术治疗要求，切除皮肤病变组织。

(2) 全身抗真菌治疗　临床治愈后继续巩固治疗1个月。比较理想的是治疗延续到隐球菌抗原滴度呈阴性。

① 两性霉素B，0.5~0.8mg/kg（加入0.45%盐水/2.5%葡萄糖溶液中，猫400ml，小于20kg的犬500ml，大于20kg的犬1000ml）皮下注射，每周3次，用药总量不得超过8~10mg/kg，否则会导致肾功能衰竭。

② 5-氟胞嘧啶效果好，不良反应小，其渗透血-脑屏障作用优于两性霉素B，故临床常联合使用，两性霉素B首次用量0.25mg/kg，加于5%葡萄糖溶液中静脉滴注，如无不良反应，以后隔日一次，剂量0.5mg/kg，其累积量不得超过4mg/kg；同时口服5-氟胞嘧啶150mg/kg，每天分4次口服。

③ 克林霉素，口服，剂量为60~90mg/kg，每天分3次服用。皮肤感染时，同时做局部治疗。

④ 伊曲康唑，11~27mg/kg，口服，混于食物中，每12~24h一次；或5~15mg/kg，口服，每12~24h一次。

⑤ 酮康唑（猫），10~20mg/kg，口服，混于食物中，每12~24h一次。

(3) 中西医结合治疗　全身扩散时可配合中药双黄连静脉注射，口服黄连解毒汤或五味消毒饮；肺部感染则口服千金苇茎汤；胃肠感染可口服白头翁汤；皮肤脓肿可口服五味消毒饮，如脓肿未溃，可外敷如意金黄散；如已破溃用九一丹、七三丹引流；溃后腐肉取出可涂康复新，以助愈合；黏膜破溃也可用康复新。

2. 预防

(1) 目前尚无可靠的疫苗，加强饲养管理、搞好卫生防疫和隔离消毒工作，提高动物机体抗病力，减少条件性病原菌的发病率，乃是预防工作的重点。

(2) 病死尸体必须做无害化处理，防止污染土壤。

(3) 除非累及中枢神经系统，猫和犬的预后一般良好。累及中枢神经系统的猫和犬预后不良。该菌有嗜神经特性，动物常表现各种不同神经症状，预后不良。

单元四 球孢子菌病

球孢子菌病是由粗球孢子菌引起的多种动物和人感染的深部真菌性多种动物共患传染病，主要是经呼吸道传播，感染动物的支气管、肺、膈、淋巴结、胃、脾、肾等器官组织。主要病变特征为肺、淋巴结等器官形成化脓性肉芽肿，呈慢性经过。病犬呈现体温升高，呼吸困难，咳嗽，腹泻和消瘦，食欲不振。侵害关节的时候，即呈现跛行以及肌肉萎缩。本菌分布于世界许多地区，我国也有此病存在。

【诊断处理】

1. 流行病学特点

球孢子菌病易发生于4岁以下户外活动较多的大、中型雄犬，随年龄的增加其感染率减少。猫的感染性无品种、性别、年龄差异。人与动物之间及动物与动物之间不能直接传染。

粗球孢子菌是一种双相性真菌。该菌在组织中形成小球体，也称孢子囊，在自然界中及培养基中则形成丝状分隔菌丝体，产生链状关节孢子，传染性及抵抗力很强。粗球孢子菌主要存在于夏季温度高、冬季温度适当的低海拔半干旱地区的碱性沙土中，为土壤腐生菌。在适宜的温、湿度等条件下大量增殖，产生许多孢子。实验室接种关节孢子可引起局部皮肤感染。在该病流行地区，雨季过后干旱引发沙尘暴以及其他条件造成土壤中大量关节孢子进入空气导致球孢子菌病爆发。

在高温少雨季节，菌丝体潜藏于土壤表层之下。雨季过后，菌体回到土壤表面并形成孢子。释放出大量的关节孢子在旱季随风扩散，吸入不足10个孢子即可感染发病。

关节孢子被吸入后，从支气管周围组织扩散到胸膜下，发育成球囊并产生内孢子，随之形成大量的球囊和内孢子，引起严重的炎症反应，从而表现出呼吸道症状。组织胞浆菌可随血液和淋巴循环扩散至骨髓、关节、脾、肝、肾、心脏、生殖系统、眼、脑及脊髓等器官，但与其他真菌感染相比，扩散性组织胞浆菌病较少见。猫皮肤感染多见。

2. 症状及病理变化

犬感染本病的潜伏期为1~3周不等。临床表现的严重程度与机体的免疫反应有关，大部分感染犬、猫在产生有效的免疫反应之前可能有轻微的呼吸道症状或不表现任何症状，然后自然康复，也有少数动物不产生有效的免疫反应，表现明显的呼吸道症状。原发性病例主要侵害肺脏和皮肤。

从呼吸道吸入的孢子侵入肺组织内，在肺脏以及支气管或者是纵隔淋巴结发生肉芽肿，X射线透视检查可见急性进行性病变区和结核样浸润变化，然后弥散至胸腔、肝脏、肾脏等全身多种组织。患畜体温升高，食欲不振，咳嗽，呼吸困难，消瘦，由于骨骼肿胀、疼痛而跛行，也可发生眼病、呕吐、慢性腹泻、消化不良、虚脱及外周淋巴结肿胀化脓。侵害关节的时候，偶见关节炎、跛行以及肌肉萎缩。皮肤丘疹、结节、脓肿、溃疡、皮肤瘘和局部淋巴结肿大。内脏感染还可引起黄疸、肾衰、左心室或右心室充血性心脏病、心包积液等。中枢神经系统感染则表现为抽搐、行为异常、昏厥等。

3. 实验室诊断

血细胞计数、血清生化指标分析、X射线检查等可反映出相应组织器官的病理损伤，确诊则需进行相应的病原学检验。

（1）直接检查 由于球囊较少，直接检查有一定的难度。皮肤渗出液或胸腔渗出液含菌量相对较多，方法是取皮肤病灶渗出物、痰液或脓汁少许置于载玻片上，滴加20%氢氧化钾溶液做透明处理后，覆以盖玻片后直接镜检，当发现直径20~200μm内含许多内生性孢子的圆形厚壁的小球状球囊时,即可确诊。

(2) 组织学检查　病理组织 HE 染色球囊双壁染成蓝色。PAS 染色时,球囊壁为深红色或紫色,内孢子为鲜红色。因此,怀疑球孢子菌病时,应在多个脏器穿刺采样做组织学检查,以提高诊断率。

(3) 真菌培养　粗球孢子菌可在多种琼脂培养基上生长,形成白色绒状真菌菌落,随菌龄增加变为褐色或棕色。

(4) 动物接种　将分离菌接种动物,如接种于小白鼠腹腔,10 天内可在腹膜、肝、脾、肺等器官内发现典型的球囊和内孢子。另外,也可做双相型真菌鉴定,并在显微镜下观察其菌丝和关节孢子。

(5) 皮内试验　用未稀释的球孢子菌素 0.1ml 对家兔皮内注射,24～48h 后,如出现直径达 5mm 以上的水肿或红斑硬结灶,判为阳性。这种阳性反应在病愈后还能持续数年。

【防治处理】

1. 治疗原则及方法

根据患犬、猫的临床症状,采取外科治疗和对症疗法。适用药物及用法如下。

① 酮康唑　犬,5～15mg/kg,口服,混于食物中,每天 2 次。猫,5mg/kg,口服,混于食物中,每天 2 次,或 10mg/kg,口服,混于食物中,每天 1 次。至少持续 2 个月甚至 12 个月,直到康复。此药有一定的不良反应。

② 伊曲康唑 10mg/kg,口服,每天 1 次,其疗程比前者稍短。

③ 两性霉素 B 2mg/kg,口服,每天 2 次,口服不良反应小,但效果不如注射明显。0.5mg/kg 配成 0.1% 溶液静脉注射,如无明显的不良反应,大剂量至 1mg/kg 隔天一次。但最大累积量不能超过 8mg/kg。用量过大会造成肾衰竭。

④ 氟康唑 5mg/kg,口服,混于食物中,每天 2 次。

⑤ 氯芬奴隆 10mg/kg,口服,每 24h 一次,连用 16 周,可有效控制犬的临床症状,但血清学反应仍呈阳性。

⑥ 伊维菌素 0.05～0.1mg/kg,皮下注射,也有辅助治疗作用。

2. 注意事项

如有扩散,全身抗真菌治疗最少 1 年,临床完全康复、X 射线检查病变消除后再继续治疗至少 2 个月。比较理想的是治疗一直延续到粗球孢子菌的抗体效价呈阴性。此病预后不确定,常有复发。如果复发,再给予治疗,直到病变消退,为了缓解病情,需要继续用低剂量治疗。

粗球孢子菌虽然不能发生动物与动物或动物与人之间的直接传播,但在皮肤引流性伤口、更换敷料时应注意适当防护,因为敷料表面渗出液中的真菌球囊可转变为真菌相并产生感染性关节孢子。

3. 预防

真菌能在土壤中生长,且在自然界中抵抗力较强,加强环境卫生管理可起到预防效果。另外,实验室工作人员在进行真菌培养时应注意避免被感染。

单元五　孢子丝菌病

孢子丝菌病是由孢子丝菌属中的申克孢子丝菌引起的人畜共患的慢性真菌性传染病。其临床特征是病菌主要侵害皮肤组织,形成皮肤慢性肉芽肿结节状病灶、溃疡和有红褐色分泌物及周围淋巴结肿大。也可扩散到其他脏器引起系统性感染。据国外资料介绍,犬和马最易感。在我国有人发病的报道。

【诊断处理】

1. 流行病学特点

申克孢子丝菌广泛存在于土壤、腐木和植物上。犬、猫一般经伤口感染具有传染性的分生孢子梗而发生皮肤组织或系统性感染。皮肤病变中的酵母具有感染性，是人的伤口、抓伤或咬伤感染的潜在传染源。

申克孢子丝菌是一种双相型真菌，在动物体内和在37℃培养基上生长成酵母样形态，在30℃以下温度培养时则长成菌丝形成分生孢子。组织中的申克菌呈椭圆形或雪茄烟状，为3~5μm，以芽生的方式繁殖，革兰染色阳性。本菌很容易培养，在马铃薯葡萄糖琼脂培养基上30℃培养时，第二天可长出白色丝状小菌落，随后逐渐变黑，最后变成全黑。

2. 症状及病理变化

本菌的潜伏期为3~12周。孢子丝菌病主要有3种表现形式：皮肤型、皮肤淋巴型和扩散型。犬一般表现为皮肤型或皮肤淋巴型，扩散型极少，而且一般继发于免疫抑制性疾病。青年猎犬更容易被感染。猫以皮肤淋巴型常见，而且50%以上的病例发生扩散性感染。多数感染猫在4岁以下，而且雄猫感染数大约是雌猫的2倍左右。

孢子丝菌病皮肤型病例可见多处皮下或真皮结节，结节溃疡、流脓和结痂，以头、颈、躯干和四肢远端多见。肢体远端的病变常引起淋巴腺炎，表现为线性溃疡和局部淋巴结病。猫通常伴有广泛性坏死，也可能发生扩散性感染，表现为亚临床型或严重的系统性疾病，体内淋巴结、脾、肝、肺、眼、骨骼、肌肉、中枢神经系统等均可被感染，临床上表现一些非特异性症状或与感染器官有关的特异性症状，引起低热、消瘦、乏力、局部疼痛、贫血等症状。甚至继发骨髓炎、关节炎或腹膜炎等一系列病理变化。

3. 实验室诊断

如果皮肤有创伤史，皮下形成结节，破溃后流出红褐色液体可疑为本病。然后进行以下实验室检查确诊。

（1）直接镜检　最常用的诊断方法是对皮肤病变进行细胞学检查。感染猫的病变样本中可见大量病原菌，比较容易诊断，而犬的病变组织中病菌数量少。可取未破溃结节中的脓液或痂皮，滴加含墨汁的10%氢氧化钾溶液，或做革兰染色，直接镜检，如见到革兰阳性的雪茄状小菌体，可作出初步诊断。

（2）真菌培养　可取穿刺组织或感染组织深部的渗出液进行病原菌的分离培养，但实验人员应注意安全防护。也可取病灶脓汁、痂皮或组织片接种于萨氏培养基上，在24℃下培养一周，若见有白色小菌落，逐渐变成黄褐色，到细小分支的有隔菌丝，并有成群的梨形小分生孢子，确诊为本病。

（3）病变组织切片检查　猫的病变组织用HE染色即可见大量的菌体。组织切片用PAS染色或荧光抗体染色有助于检查犬、猫病变组织中的菌体，镜检见有肉芽肿性炎症和游离的真菌孢子，可确诊为本病。

【防治处理】

1. 治疗原则及方法

全身长期（数周至数月）进行抗真菌治疗，临床治愈后至少再继续治疗1个月。常用药物及用法如下。

① 两性霉素B按0.5mg/kg加5%葡萄糖溶液10倍稀释后静脉注射。连用数日。

② 碘化钾（传统治疗方法是用过饱和的碘化钾），犬，40mg/kg，口服，混于食物中，每8h一次。猫，5~10mg/kg，口服，混于食物中，每12~24h一次。戴一次性手套，处理

完可能被污染的动物后要清洗手臂。5%碘化钾溶液按0.5mg/kg缓慢静脉注射，连用2~6周剂量逐渐增加，如有不良反应，应减量。

③ 酮康唑，犬，5~15mg/kg，口服，混于食物中，每12h一次；猫，5~10mg/kg，口服，混于食物中，每12h一次。

④ 伊曲康唑，犬，5~10mg/kg，口服，混于食物中，每12~24h一次；猫，5~10mg/kg，口服，混于食物中，每12~24h一次。

2. 注意事项

预后一般至良好，但可复发。没有犬将此病传染给人的报道，但感染的猫具有高度传染性。孢子丝菌可以感染人，与患病动物接触，要注意人的自身防护。

3. 预防

保持环境清洁、干燥，病犬、猫的分泌物与排泄物应彻底消毒。患病动物早隔离，淘汰的动物宜焚烧而不宜坑埋。发现疾病，及时送医院诊治，配合医生做好各方面的防护工作。

单元六　组织胞浆菌病

组织胞浆菌病又名达林病、网状内皮细胞真菌病，是由荚膜组织胞浆菌感染引起的网状内皮系统的真菌病。本病属细胞内感染，是人和多种动物深部真菌性疾病，病原菌从肺或胃肠道扩散到皮肤、淋巴结、肝、脾、骨髓、眼、肾脏和神经等组织器官及其他脏器而引起全身性感染。各种年龄动物均可感染。其中犬、猫最为易感，年轻的成年动物发病率最高。临床上以咳嗽、肺炎、胃肠黏膜溃疡为特征。

荚膜组织胞浆菌分布于温带和亚热带的大多数地区。患病动物以慢性消瘦和虚弱、消化系统紊乱、淋巴结肿胀、肺炎、肝和脾肿大以及皮肤结节溃疡为特征。本菌属双相型，在组织内为酵母型，在室温下为菌丝型。它是一种土壤常在菌，但只能在含有某些有机质的地区增殖和引起疾病。其酵母型菌体以芽生方式繁殖，可被姬姆萨、苏木紫和伊红染色法着染。虽然对外界因素有一定抵抗力，但加热及一般消毒液均能将其杀死。胞浆常浓缩于菌体中央，与胞壁间有一条空白环。在土壤成大小两种分生孢子，大分生孢子易感染胃肠道，小分生孢子易感染肺。

【诊断处理】

1. 流行病学特点

荚膜组织胞浆菌为土壤腐生菌。温暖、潮湿、富含氮特别是含有大量鸟粪的土壤非常适合其生长。该菌在温带和亚热带地区呈地方性流行。动物和人主要是从环境中吸入或摄入感染性分生孢子而发生感染。呼吸道是人、猫和犬的主要感染途径，但消化道也是重要感染途径之一。动物之间或动物与人之间一般不发生直接传染。该病主要为散发，但犬、猫和人群在接触被组织胞浆菌严重污染的环境，如鸡笼、蝙蝠巢穴或鸟窝时，可能呈爆发性发生。

分生孢子被吸入或摄入后，由菌丝相转为酵母相，被单核巨噬细胞系统细胞吞噬并成为细胞寄生菌，通过血液和淋巴循环扩散引起多系统脏器的肉芽肿性炎性反应，其中以肺、胃肠道、淋巴结、肝、骨髓和眼等器官较常见。

各种年龄的动物均可感染发病，幼龄犬、猫多呈扩散型感染发病。饲养管理不善，环境不良，各种应激因素，机体正气虚弱，抵抗力降低时，将会促进本病发生。

2. 症状及病理变化

根据临床症状分为两型。

(1) 全身型　主要表现为咳嗽、腹痛、贫血、黄疸以及舌溃疡和黏膜下出血，少数犬、猫出现腹水和后肢水肿。X 射线检查可发现肺脏中的病灶结节以及肿大的肠系膜淋巴结和支气管周围的淋巴结。腹部触诊也可摸到肿大的肠系膜淋巴结。急性病例则常在出现症状后的 2～5 周内死亡。慢性病例则发生经常性咳嗽或顽固性腹泻,可持续 3 个月至 3 年。

荚膜组织胞浆菌侵害眼睛时可引起视网膜色素异常增生、视网膜水肿、肉芽肿性脉络膜视网膜炎、前眼色素层炎、全眼球炎或眼神经炎。视网膜脱落或继发性青光眼比芽生菌病少见。侵害皮肤时可见多处皮下有小结节、溃疡等。

(2) 肠型　主要表现为难以控制的腹泻腹痛、呕吐和贫血症状,即通常所说的真菌性肠炎。疾病期多表现为大肠性腹泻,里急后重,粪便带黏液和新鲜血液。随着病程的发展,转为小肠泻,排泄增多。另外,也较常见一些非特异性的症状如发热、食欲减退、精神沉郁以及严重消瘦等。

3. 实验室诊断

根据流行病学、临床症状、完全血细胞计数、血清生化指标分析、胸部 X 射线透视等可作出初步诊断,确诊则需进行相应的实验室诊断。

(1) 直接涂片镜检　即应用抗凝血的白细胞层、痰液、脓汁、骨髓、气管冲洗物、胸腔或腹腔渗出液,肠以及淋巴结、肝和脾的穿刺液等有明显病变的组织采样制成涂片标本,用姬姆萨或瑞氏染色后,在油镜下镜检。当大单核细胞或中性粒细胞内发现荚膜组织胞浆菌即可确诊。菌体为一端钝一端尖的卵圆形,直径 1～3μm,类似利什曼小体。一个细胞内含有几个到几十个荚膜组织胞浆菌菌体即可确诊。

(2) 病理组织学检查　从病灶部采取活检材料,用 PAS 或 HE 染色检查,结节至弥散的化脓性肉芽肿性炎症,细胞内有许多酵母相菌。

(3) 真菌培养　用沙氏葡萄糖琼脂培养基或 BHI 血琼脂培养基分离培养荚膜组织胞浆菌,但菌体的生长需 1 周以上的时间。

(4) 动物接种　用病料或培养物经腹腔或静脉接种于小白鼠,可导致其发病死亡。再取小白鼠的肝、脾、淋巴结检验是否有本病原菌。

(5) 免疫学检查　用培养滤液制成的组织胞浆菌素进行皮内反应、补体结合反应、沉淀反应、乳胶凝集试验等,检测特异性抗体。

【防治处理】

1. 治疗原则及方法

(1) 全身治疗　长期(至少 4～6 个月)全身抗真菌治疗,临床治愈后再继续治疗 2 个月。常用药物及用法如下。

① 两性霉素 B 按 0.2～0.8mg/kg 配成 0.1%溶液静脉注射后如无不良反应,可增大剂量至 1mg/kg,隔天 1 次。但最大累积剂量不能超过 8mg/kg。此药易氧化,应避光,现用现配,并于 24h 用完。注射后若出现发抖、呕吐、体温升高等现象,则改为口服,视犬、猫体重不同,每日服 0.2～1g,分 2 次服。

② 酮康唑每天 5～10mg/kg,分 2 次口服。与两性霉素 B 合用效果更好。

③ 利福平每天 10～20mg/kg,分 2 次口服。可提高两性霉素 B 疗效。

④ 伊曲康唑,猫首选按 10mg/kg 口服,混于食物中,每 12～24h 一次。至少持续 2～4 个月。伊曲康唑与两性霉素 B 合用效果更好。

⑤ 氟康唑 2.5～5.0mg/kg 口服,每 12～24h 一次。

⑥ 消化道有炎症时,应配合抗生素治疗,如氨苄青霉素 5～10mg/kg 肌内注射,每天 2 次。对有小肠疾患的可饲喂易消化的食物,而有结肠炎的病犬、猫应饲喂含纤维丰富的食物。

⑦ 丁胺卡那 5~10mg/kg，口服，每天 2 次。

（2）中西医结合治疗 全身扩散时可配合中药双黄连静脉注射，口服黄连解毒汤或五味消毒饮；肺部感染则口服千金苇茎汤；胃肠感染可口服白头翁汤；皮肤脓肿可口服五味消毒饮，如脓肿未溃，可外敷如意金黄散；如已破溃用九一丹、七三丹引流；溃后腐肉已取可涂康复新，以助愈合；黏膜破溃也可用康复新。

大多数猫预后一般至良好。病情严重且已衰竭的猫，胃肠道发病并已扩散的犬，均预后不良。患病动物（酵母型）不传染其他动物或人，但真菌培养物（菌丝型）具有高度传染性。

2. 预防

目前，对该病尚无良好的疫苗预防，重点在于做好饲养管理工作。散放犬、猫时，避免去不卫生的地方。发现患病犬、猫应及时隔离，无价值的动物应将尸体及其分泌物焚毁。犬、猫舍应定期消毒，加强环境卫生管理。

单元七 芽生菌病

本病是由于感染了皮炎芽生菌而引起的一种深部真菌性慢性传染病。本病的特征是在肺部和皮肤等各种组织器官发生化脓性肉芽肿性病变。本病分全身型和皮肤型两种。尤以全身型较为常见。其特征是精神沉郁、发热、厌食、体重减轻，随后发生慢性非排痰性干咳等症状。

【诊断处理】

1. 流行病学特点

皮炎芽生菌病主要经呼吸道吸入皮炎芽生菌的分生孢子，首先在肺部建立感染，而后向淋巴结、眼、皮肤、骨和其他器官扩散。在偶然的情况下，侵入皮肤可引起局灶性皮肤疾病。为多种动物共患传染病，主要感染犬、猫的肺脏、皮肤和消化道。年轻的雄性大型户外活动犬，特别是猎犬和竞赛犬发病率高。其中生活于水域附近的幼年犬、公犬及大型种犬更易感染。犬的发病率大约是人的 10 倍，因此曾经被用作人类该病监测的哨兵动物。

本菌属土壤、木材的腐生菌。在潮湿、酸性或含有朽木、动物粪便或富含其他有机质的土壤中常常有该菌存在。湿度对该菌的生长和传播很重要。主要通过吸入腐生真菌孢子或经皮肤伤口感染。幼犬发病多，猫发病少，公犬比母犬发病率高，纯种犬、猫比杂交种、土种发病率高，其中德国牧羊犬和泰国猫最易感染。但动物与动物间不能直接接触传染。

分生孢子梗被吸入后，被肺巨噬细胞吞噬，从菌丝体相转化为酵母相，刺激局部细胞免疫，引起明显的化脓性或脓性肉芽肿性炎症反应。部分病例细胞免疫作用使感染局灶化，而有些病例被吞噬的酵母相转移到肺间质，进入淋巴和血液循环系统，随淋巴和血流扩散而引起多系统肉芽肿性疾病。

病原真菌可扩散到全身的任何器官，犬以淋巴结、眼、皮肤、骨髓、皮下组织及前列腺等部位多见，而猫常常扩散到皮肤、皮下组织、眼、中枢神经系统及淋巴结。

在本病流行的地区，芽生菌病常常呈散发，偶尔也有人和犬、猫爆发本病的报道。流行病学调查发现，本病爆发的共同传染源往往是局部范围内感染性孢子在短时间通过气溶胶扩散。但如通过病原分离确定传染来源则相当困难，因为环境污染常为一过性，而且实验室分离也存在一定的困难。雨季、潮湿、多雾天气对分生孢子梗的释放起关键作用，另外，土地挖掘、工程建设等易形成含有孢子的气溶胶。

皮炎芽生菌病的发生与动物体况、抵抗力和应激因素有关，病程也不一，但大多是慢性经过。该菌也可通过血液、淋巴途径转移到皮肤、骨骼等部位发病。除非存在脑部或严重的肺部感染，预后良好。感染动物（酵母菌型）不传染其他动物和人，但真菌培养物（菌丝型）具有高度传染性。

2. 症状及病理变化

芽生菌病的潜伏期为5～12周，临床上公犬的感染比母犬多见，尽管各个年龄段均可感染，但以2～4岁犬发病率最高。本菌的靶器官组织主要是肺、眼、皮肤、皮下组织、淋巴结、胃、鼻腔、睾丸和脑等，被感染动物往往出现一个或多个器官受侵害，故临床表现也有所差异，通常表现为精神沉郁、厌食、呼吸困难、咳嗽，约40%病犬表现发热，患有慢性肺病的病犬极有可能转为恶病质。有的皮肤有溃疡，病灶伴有渗出物。有的眼睑肿胀、流泪，有分泌物流出，角膜混浊，严重的失明。如侵害关节、骨骼，则出现跛行。

猫芽生菌病的发病率比犬少见，其临床表现与犬相似，主要差异表现在猫出现大脑中枢神经系统感染率比犬高。

本病的发生与动物体况、抵抗力和应激因素有关，病程不一，多数呈慢性经过。病菌也可通过血液和淋巴转移至皮肤、骨髓等部位。该病按临床表现主要分为肺脏型、皮肤型和眼型。

(1) 肺脏型　病原体首先侵害肺组织，肺有局限性小结节或脓肿。常表现干性咳嗽及呼吸困难。体温升高，精神不振，食欲减少，逐渐消瘦。X射线检查可见肺有小结节及肺门淋巴结肿大。部分严重感染的病例因为低血氧而表现发绀，此类病例往往预后不良。轻度感染的病例常诊断为窝咳。肺门周围淋巴结肿大压迫支气管或肺泡的炎症等均可引起咳嗽。胸腔渗出或胸膜疼痛可引起呼吸浅促。肺芽生菌病多以呼吸困难和咳嗽为特征，支气管呼吸音粗糙。

(2) 皮肤型　由肺脏型蔓延引起，病初皮肤发生丘疹或脓疱，在数周或数月内发展为肉芽肿或化脓性病灶。溃疡面暗红或紫红色，隆起1～3mm。体表淋巴结肿大。大型犬因淋巴液回流障碍而患肢局部肿胀并出现跛行症状。感染犬有皮肤病变，猫也有类似的情况，而发病率可能更高。典型的皮肤病变表现为单个或多个疹块、结节，甚至溃疡斑，并有血清或脓性渗出物。犬的结节病变一般比较小，偶尔可发生大的脓肿，尤其是猫。皮肤病变为坚实的肉芽肿至增生性肿物、皮下脓肿、溃疡和流出血性或脓性渗出物的瘘管。病变可出现在任何部位，但常见于头部和肢体末梢。非特异性症状包括厌食、体重下降和发热。其他症状取决于受侵害的器官，包括不耐运动、咳嗽、呼吸困难、淋巴结肿大、色素层炎、视网膜脱落、青光眼、跛行以及中枢神经系统症状。

(3) 眼型　常出现眼球突出、羞明、流泪和角膜混浊，最终可导致失明。主要有脉络膜视网膜炎、视网膜脱落、视网膜下肉芽肿及玻璃体炎，约50%为双侧性。眼前部炎症常继发于眼后部，表现为结膜炎、角膜炎、虹膜睫状体炎，最终发展为前色素层和内眼炎。犬在发生眼前部炎症后出现青光眼，长期影响其视力。犬还可表现出眼球突出、羞明流泪和角膜混浊等眼病症状。

(4) 其他临床表现　此外，还可能侵害关节和骨髓，出现跛行，有时会侵害睾丸和脑等。约25%的病犬因真菌性骨髓炎或疼痛性甲沟炎而引起跛行。部分还可出现生殖道感染，表现为睾丸炎、前列腺炎或乳房炎等。感染犬表现弥散性淋巴结病，淋巴结肿大。如果不进行细胞学或组织学检查，容易误诊为淋巴肉瘤。尿生殖道感染时，可发生血尿、尿痛并伴有里急后重症状。

3. 实验室诊断

根据犬发病的慢性病史并出现皮肤结节、呼吸道症状和可结合胸部X射线摄片发现肺部出现的未钙化的结节病灶和肿大的肺门、纵隔淋巴结作出初步诊断。确诊需进行实验室检验。

(1) 直接检验　取脓汁或痰液加10%氢氧化钾，加盖玻片，放置10min左右，透明后镜检，可见有单个的或出芽的呈圆形或卵圆形、直径8~25μm、厚而有折光性双层细胞壁的芽生孢子即可确诊。

(2) 真菌培养　取脓汁或痰液接种于沙氏葡萄糖琼脂培养基上，24℃培养2周，可见菌丝型菌落。在血液琼脂培养基上37℃培养继代为酵母型菌落。再进一步分离鉴定。

(3) 免疫学检查　用培养滤液物制成芽生菌素抗原，包括琼脂免疫扩散试验、补体结合试验、皮内反应、酶联免疫吸附试验以及对流免疫电泳等，其中以琼脂免疫扩散试验最常用。该方法可检测抗真菌抗体，其灵敏度和特异性可达到90%，但在疾病的早期抗体可能为阴性，而且部分病例随着病程的发展转为阴性。

(4) 病理组织学检查　一般表现为化脓性或脓性肉芽肿性病变，而且常见有宽颈酵母型细胞，应用过高碘酸-希夫染色（PAS）、GF染色后更加明显。

【防治处理】

1. 治疗原则及方法

(1) 外科手术　局部按外科方法处理，对皮肤结节可施行手术摘除。并涂以抗真菌软膏。同时联合使用两性霉素B和酮康唑治疗可降低复发率。

(2) 全身药物治疗　给予长期（最少2~3个月）全身抗真菌治疗，临床完全治愈后继续治疗1个月。常用药物及用法如下。

① 两性霉素B 0.5mg/kg（犬）或0.25mg/kg（猫），用5%葡萄糖注射液配成浓度0.1%的溶液，缓慢静脉注射，每周3次，直至累积剂量达8~12mg/kg（犬）或4~6mg/kg（猫）；两性霉素B脂类复合物（犬），1mg/kg，静脉注射，每周3次，直至累积剂量达12mg/kg。两性霉素B对芽生菌病有很好的疗效，对于严重感染或低血氧病例，一般建议与伊曲康唑或酮康唑合用。

② 伊曲康唑，猫，5~10mg/kg，口服，混于食物中，每12h一次。犬，5mg/kg，口服，混于食物中，每12h一次，连用5天；然后5mg/kg，口服，混食物中，每24h一次。

③ 伊维菌素0.05~0.1mg/kg，皮下注射，也有很好的疗效。皮肤结节可行外科手术切除。

④ 氟康唑2.5~5.0mg/kg，口服或静脉注射，每24h一次；人的芽生菌病采用大剂量的氟康唑进行治疗，该药可分泌到尿中，并可透过血-脑屏障、血-眼屏障和血-前列腺屏障，故可考虑用于治疗尿道、前列腺和中枢神经系统感染。

⑤ 酮康唑，犬，5~15mg/kg，口服，混于食物中，每12h一次；猫，5~10mg/kg，口服，混于食物中，每12h一次。

(3) 中西医结合治疗　全身扩散时可配合中药双黄连静脉注射，口服黄连解毒汤或五味消毒饮；肺部感染则口服千金苇茎汤；胃肠感染可口服白头翁汤；皮肤脓肿可口服五味消毒饮，如脓肿未溃，可外敷如意金黄散；如已破溃用九一丹、七三丹引流；溃后腐肉已取可涂康复新，以助愈合；黏膜破溃也可用康复新。

2. 预防

该病主要是保持环境清洁、干燥，病犬、猫的分泌物与排泄物应彻底消毒。加强环境卫生管理，患病动物早隔离，淘汰的动物宜焚烧而不宜坑埋。发现疾病，及时送医院诊治，配合医生做好各方面的防护工作。

实践活动九　犬球孢子菌病的实验室诊断

【知识目标】
1. 了解犬球孢子菌的染色方法、形态特点。
2. 了解犬球孢子菌病的诊断要点。

【技能目标】
学会犬球孢子菌病的实验室诊断方法。

【实践内容】
1. 显微镜检查法。
2. 紫外光线照射检验方法。
3. 组织学检查。

【材料准备】
（1）试剂　生理盐水、乳酸酚棉蓝染色液（石炭酸 10g、甘油 20ml、乳酸 10g、棉蓝 0.025g、蒸馏水 10ml）、10％氢氧化钾（或氢氧化钠）溶液、50％甘油、60％硫代硫酸钠溶液。

（2）器材　组织分离针、白金耳、载玻片、胡特滤光板、凸刃小刀、棉签、培养皿、酒精灯、离心机、试管、盖玻片、显微镜。

【方法步骤】

1. 显微镜检查法

（1）无染色压片标本检查法

① 渗出液、痰液或脓汁　取洁净载玻片数片，各加入灭菌生理盐水 1 滴，然后以白金耳蘸取少许皮肤病灶渗出物、痰液或脓汁（渗出液、痰液或脓汁含菌量相对较多），置于载玻片上，滴加 20％氢氧化钾溶液做透明处理后，覆以盖玻片后直接镜检，当发现直径 20~200μm 内含许多内孢子的圆形厚壁的小球状球囊时，即可确诊。

② 被毛、皮屑或角质　将材料置于载玻片上，滴加 10％氢氧化钾（或氢氧化钠）溶液 1~2 滴，盖好盖玻片，静置 5~10min，再将此载玻片在酒精灯上微微加温，待轻压盖玻片能将毛发等物压扁而透明时，即可镜检。

③ 培养物　以灭菌的组织分离针将菌落的一小部分取下，移于预先滴有生理盐水的载玻片上，轻轻扩散，盖上盖玻片，即可镜检。如为小玻片培养物，直接放显微镜下观察即可。

（2）染色压片标本检查法　常法制片，于标本面上滴 1 滴乳酸酚棉蓝染色液，盖好盖玻片，放置 10~15min 后镜检。

2. 紫外光线照射检验方法

紫外光线经用胡特滤光板滤过后，照射于犬球孢子菌上显示特殊的荧光色泽，以此鉴别犬球孢子菌。

3. 组织学检查

病理组织 HE 染色，球囊壁染成蓝色。PAS 染色时，球囊壁为深红色或紫色，内孢子为鲜红色。因此，怀疑球孢子菌病时，应在多个脏器穿刺采样做组织学检查，以提高诊断率。

4. 真菌培养

粗球孢子菌可在多种琼脂培养基上生长、形成白色绒状真菌菌落，随菌龄增加变为褐色或棕色。

5. 动物接种

将分离菌接种动物，如接种于小鼠腹腔，10天内可在腹膜、肝、脾、肺等器官内发现典型的球囊和内孢子。另外，也可做双相型真菌鉴定，并在显微镜下观察其菌丝和关节孢子。

6. 皮内试验

用未稀释的球孢子菌素0.1ml家兔皮内注射，24~48h后，出现直径达5mm以上的水肿或红斑硬结灶，判为阳性。这种阳性反应在病愈后还能持续数年。

【实践报告】

根据犬球孢子菌病的实验室诊断内容写出实践报告。

【项目小结】

本项目主要介绍了犬、猫常见真菌病及部分少见重大真菌病，各真菌病主要由诊断处理及防治处理两部分组成，内容侧重于实验室诊断、临床治疗措施等。对一些临床上常见的真菌病如皮肤癣菌病、念珠菌病、球孢子菌病等做了详细、实际的介绍，特别是诊疗所需的实用方法、最新技术以及诊治时的注意事项也做了较为详细的描述。

【复习思考题】

1. 皮肤癣菌病的诊断及综合治疗方法有哪些？
2. 念珠菌病的症状有哪些？如何进行综合治疗？
3. 如何防治球孢子菌病？
4. 隐球菌病在临床诊断上有何特点？
5. 孢子丝菌病如何进行诊断及治疗？
6. 组织胞浆菌病的症状有哪些？如何进行综合防治？
7. 芽生菌病如何进行诊断及治疗？

项目七　犬、猫其他传染病的诊断与防治

【知识目标】

1. 了解犬、猫钩端螺旋体病、血巴尔通体病、诺卡菌病、犬埃利希体病及支原体感染的流行病学特点、临诊症状。
2. 掌握犬、猫钩端螺旋体病、支原体感染的综合治疗及预防措施。

【技能目标】

1. 能结合实际病例，对犬、猫钩端螺旋体病、支原体感染的症状进行初步判断。
2. 能对患病钩端螺旋体犬、猫进行实验室病原学诊断。
3. 能根据疫病流行特点实施有效的防疫措施。

单元一　诺 卡 菌 病

诺卡菌病是由诺卡菌引起的一种人兽共患的慢性传染病，以皮肤、浆膜或内脏中形成脓肿状肉芽肿为特征。

【诊断处理】

1. 流行病学特点

诺卡菌广泛分布于自然界中，尤其在土壤中。各种年龄、品种和性别的犬、猫都可发病，犬较猫更易感。免疫力低下的犬、猫更容易发病。主要通过呼吸道和皮肤创伤感染而发病。

2. 症状及病理变化

多在四肢、耳下或颈部等损伤处发生蜂窝织炎及淋巴结肿胀。脓肿中含有一种混浊、灰色或棕红色黏性脓块。脓肿局部病初有轻度疼痛，并可向周围缓慢扩散。脓肿破溃后，迅即愈合，但又在其他部位发生新的脓肿。除皮肤局部病变外，也常常继发或单独发生渗出性胸膜炎或腹膜炎，也可能发生支气管肺炎。当胸腔出现脓肿时常常表现为呼吸困难和体重下降，胸腔淋巴结肿大时，常因压迫食管而引起吞咽困难。严重时也可造成全身感染，主要表现为体温升高、精神沉郁、食欲减退、消瘦、咳嗽、呼吸困难、眼鼻分泌物增多、神经症状等。

皮肤的病变主要表现为蜂窝织炎、脓肿、结节状溃疡等。除皮肤病变外，胸腔病变较多见，胸腔中有灰红色脓性渗出物，胸膜上附有纤维素。肺呈化脓性炎症和坏死，有多量粟粒大至豌豆大的灰黄色或灰红色小结节，或有斑块状实变病灶。有时在其他脏器也可见到硬或软的小结节。

3. 实验室诊断

（1）涂片检查　将组织或渗出物等病料置于平皿内，检查硫黄样颗粒，将发现的硫黄样颗粒放在玻片上压碎，加热固定，革兰染色及抗酸染色，若革兰染色为阳性的分枝状或串珠状细丝，抗酸染色呈抗酸性或弱抗酸性，可确诊。

（2）分离培养　取病料接种鲜血营养琼脂或沙氏培养基，室温或37℃培养4～5天，形

成表面有皱褶的颗粒状菌落,不同种类的诺卡菌可产生不同的色素,星形诺卡菌和豚鼠诺卡菌菌落呈黄色或深橙色,表面无白色菌丝;巴西诺卡菌表面有白色菌丝。镜检有纤细的、宽 0.5～1μm、革兰阳性、弱抗酸性的分支菌丝,也可断裂成杆菌状或球菌状。

【防治处理】

1. 治疗原则及方法

对脓肿可以采用外科疗法,切开脓肿引流,切除坏死组织。胸腔引流以及使用抗生素或磺胺类药物进行治疗。二甲胺四环素 3mg/kg,每天 2 次,口服;磺胺嘧啶 40～50mg/kg,每天 3 次,口服;磺胺二甲氧嘧啶 25～30mg/kg,每天 3 次,口服。另外,也可将磺胺类药物与氨苄青霉素联合使用。

2. 注意事项

(1) 外科手术疗法必须去除病灶和排除体腔异物。
(2) 本病抗生素治疗至少 1 个月以上。

3. 预防

本病尚无特异的疫苗预防。主要是做好皮肤和犬舍的清洁卫生工作,防止发生外伤,发现外伤应及时涂搽甲紫或碘酊。

单元二 钩端螺旋体病

钩端螺旋体病是由一群致病性的钩端螺旋体引起的一种急性或隐性感染的犬和多种动物及人共患的传染病。主要表现为短期发热、黄疸、血红蛋白尿、母犬流产和出血性素质等。

【诊断处理】

1. 流行病学特点

犬、猫感染后大多数为隐性感染,无任何表现,只有感染黄疸出血型和犬型等致病力强的钩端螺旋体时才表现症状。犬的发病率比猫高。根据血清学调查,有些地区 20%～30% 的犬曾感染过钩端螺旋体病。

由于钩端螺旋体几乎遍布世界各地,尤其气候温暖、雨量充沛的热带、亚热带地区,而且其动物宿主的范围非常广泛,而啮齿类动物特别是鼠类为本病最重要的自然宿主。几乎所有温血动物均可感染,给该病的传播提供了条件。国外已从 170 多种动物中分离到钩端螺旋体,中国钩端螺旋体的贮存宿主的分布也十分广泛,已从 80 多种动物中分离到病原,包括哺乳类、鸟类、爬行类、两栖类及节肢动物,其中哺乳类的啮齿目、食肉目和有袋目以及家畜等带菌时间可长达数年,是本病自然疫源的主体,加之感染后发病或带菌的家畜,就构成了自然界牢固的疫源地。猪是北方钩端螺旋体病的主要传染源,也是南方洪水型钩端螺旋体病流行的重要宿主。钩端螺旋体可以在宿主肾中长期存活,经常随尿排出污染水源。

钩端螺旋体主要通过直接接触感染动物,可穿过完整的黏膜或经皮肤伤口和消化道传播。交配、咬伤、食入污染钩端螺旋体的肉类等均可感染本病,有时亦可经胎盘垂直传播。直接方式只能引起个别发病。通过被污染的水而间接感染可导致大批发病。某些吸血昆虫和其他非脊椎动物可作为传播媒介。

患病犬可以从尿液间歇地或连续性排出钩端螺旋体,污染周围环境,如饲料、饮水、圈舍和其他用具。甚至在临诊症状消失后,体内有较高效价抗体时,仍可通过尿液间歇性排菌达数月至数年,使犬成为危险的带菌者。

本病流行有明显季节性,一般夏秋季节为流行高峰,特别是发情交配季节更多发,热带地区可长年发生,雄犬发病率高于雌犬,幼犬发病率高于老年犬,症状比较严重。饲养管理好坏与本病发生有密切关系,如饲养密度过大、饥饿或其他疾病使机体衰弱时,均可使原为隐性感染的动物表现出临诊症状,甚至死亡。

2. 症状及病理变化

本病的潜伏期为 5~15 天,临诊上依据其表现可分为急性出血型、黄疸型、血尿型 3 种。

(1) 急性出血型　发病初期体温可升高到 39.5~40℃,表现为精神委顿,食欲减退或废绝,震颤和广泛性肌肉触痛,心率加快,心律不齐,呼吸困难乃至于喘息,继而出现呕血、鼻出血、便血等出血症状,精神极度委靡,体温降至正常以下,很快死亡。

(2) 黄疸型　发病初期体温可升高到 39.5~41℃,持续 2~3 天,食欲减退,间或发生呕吐。随后出现可视黏膜甚至皮肤黄疸,出现率在 25% 以上;严重者全身呈黄色或棕黄色,甚至粪便也呈棕黄色。肌肉震颤,四肢无力,有的不能站立。重病例由于肝脏、肾脏的严重机能障碍而出现尿毒症,口腔恶臭,昏迷或出现出血性、溃疡性胃肠炎,大多以死亡告终。

(3) 血尿型　有些病例主要出现肾炎症状,表现为肾脏、肝脏被入侵病原严重损伤,致使肾功能和肝功能严重障碍,从而出现呼出尿臭气体。口腔黏膜发生溃疡,舌坏死溃烂,四肢肌肉僵硬,难以站立,尤以两后肢为甚,站立时弓腰缩腹,左右摇摆。呕吐、黄疸、血便。后期腰部触压敏感,出现尿频,尿中含有大量蛋白和血红蛋白,病犬多死于极度脱水和尿毒症。

猫感染钩端螺旋体时,其体内有抗多种血清型钩端螺旋体的抗体,故临诊症状较温和,剖检仅见肾和肝的炎症。

病犬及病死犬常见黏膜呈黄疸样变化,还可见浆膜、黏膜和某些器官表面出血。舌及颊部可见局灶性溃疡,扁桃体常肿大,呼吸道黏膜水肿,肺充血、淤血及出血,胸膜常见出血斑点。腹水增多,且常混有血液。

肝肿大、色暗、质脆,胆囊充满带有血液的胆汁;肾肿大,表面有灰白色坏死灶,有时可见出血点,慢性病例可见肾萎缩及发生纤维变性;心脏呈淡红色,心肌脆弱,切面横纹消失,有时杂有灰黄色条纹;胃及肠黏膜水肿,并有出血斑点;全身淋巴结,尤其是肠系膜淋巴结肿大,呈浆液性、卡他性以至增生性炎症。肺组织学变化包括微血管出血及纤维素性坏死等。

3. 实验室诊断

(1) 直接镜检　将新鲜的血液、脊髓、尿液(4h 内)和新鲜肝肾组织悬液制成悬滴标本,在暗视野显微镜下观察,可见螺旋状运动的细菌。或将病料做姬姆萨染色或镀银染色后镜检,可见着色菌体。

(2) 分离培养　取新鲜病料接种于柯托夫培养基或切尔斯基培养基(加有 5%~20% 灭能兔血清),置于 25~30℃进行培养,每隔 5~7 天用暗视野显微镜观察一次,初代培养一般时间较长,有时可达 1~2 个月。

(3) 动物接种　取病料标本接种于体重 150~200g 的乳兔,剂量为每只 1~3ml,每天测体温、观察一次,每 2~3 天称重一次;接种后 1 周内隔日直接镜检和分离培养。通常在接种后 4~14 天出现体温升高、体重减轻、活动迟缓、黄疸、天然孔出血等症状。将病死兔剖检,可进行直接镜检和分离培养。

(4) 血清学检查　犬、猫在感染后不久,血清中即可检出特异性抗体,且水平高、持续时间长,通常用以下方法检查。

① 玻片凝集试验　采用的是染色抗原玻片凝集法,抗原有单价和多价两种,多为 10 倍浓缩抗原。使用 10 倍浓缩玻片凝集抗原,在以 1∶10 血清稀释度进行检查时与微量凝集试验符合率为 87.7%。

②显微凝溶试验 当抗原与低倍稀释血清反应时,出现以溶菌为主的凝集溶菌,而随血清稀释度的增高,则逐渐发生以凝集为主的凝集溶菌,故称为凝溶试验(也可称为显微凝集试验或微量凝集试验)。本法既可用于检疫定性,也可用于分型。抗原为每 400 倍视野含 50 条以上活菌培养物。效价判定终点以血清最高稀释度孔出现 50% 菌体凝集者为准。如果康复期血清的抗体效价比发病初期血清的效价高出 4 倍以上,则可进行确诊。

【防治处理】

1. 治疗原则及方法

对犬的急性钩端螺旋体病主要应用抗生素治疗和支持疗法。首选青霉素和四环素衍生物,如青霉素 $(4\sim 8)\times 10^4$ IU/kg,每天肌内注射 2 次,连用 2 周;阿莫西林 2mg/kg,每天 2 次,口服,连用 2 周;四环素,$5\sim 10$mg/kg,口服,每天 2 次;强力霉素首次剂量 5mg/kg,口服,随后剂量减半,每天 1 次,连用两周或更长;恩诺沙星 5mg/kg,每天 2 次,口服,环丙沙星 $10\sim 15$mg/kg,每天 2 次,口服。

2. 注意事项

(1) 青霉素无法消除带菌状态,因此在应用青霉素治疗时可附加强力霉素和红霉素,可消除带菌状态。强力霉素可用于急性病例或跟踪治疗。

(2) 对于肾病者主要采用输液疗法,也有个别病例可用血液透析。部分病犬因慢性肾衰竭或弥散性血管内凝血而死亡,严重病例可施行安乐死。

(3) 本病对公共卫生安全构成一定的威胁,接触病犬的人员应采取适当的预防措施。污染的尿液具有高度的传染性,应尽量避免接触尿液,特别是黏膜、结膜和皮肤伤口不能接触尿液。

3. 预防

(1) 消除带菌、排菌的各种动物(传染源),如通过检疫及时处理阳性动物及带菌动物,消灭犬舍中的啮齿动物等。

(2) 消毒和清理被污染的饮水、场地、用具,防止疾病传播。

(3) 预防接种目前常用的有钩端螺旋体的多联菌苗,犬型和黄疸出血型钩端螺旋体二价苗免疫后,免疫力可以维持半年至一年。犬钩端螺旋体和黄疸出血型钩端螺旋体二价菌苗以及流感伤寒钩端螺旋体和波摩那钩端螺旋体的四价菌苗,间隔 $2\sim 3$ 周进行 $3\sim 4$ 次注射,一般可保护 1 年。

单元三 犬埃利希体病

犬埃利希体病是由埃利希体属成员引起的,以呕吐、黄疸、进行性消瘦、脾肿大、眼部流出黏性脓性分泌物、畏光和后期严重贫血等为特征的疾病。幼犬病死率较成年犬高。

【诊断处理】

1. 流行病学特点

主要发生于热带和亚热带地区。除家犬外,野犬、山犬、胡狼、狐和啮齿类动物等亦可感染该病,均为本病的宿主。蜱是犬埃利希体群和嗜吞噬细胞埃利希体群成员的主要贮存宿主和传播媒介。最常见的是血红扇头蜱,其幼蜱和若蜱叮咬病犬可获得病原体,蜱感染后至少在 155 天内能传播此病,越冬的蜱在第 2 年冬天仍可感染易感犬。在犬感染后的 $2\sim 3$ 周最易发生犬-蜱传递,这是本病年复一年传播的主要原因。对犬具有感集性的埃利希体及其主要特征如表 7-1 所示。

急性期后的病犬可携带病原 29 个月,用含有埃利希体的血液进行输血治疗时,可将埃利希体病传给易感犬，这也是一条重要的传播途径。

该病主要在夏末秋初发生，夏季有蜱生活的季节较其他季节多发。多为散发，也可呈流行性发生。

表 7-1 对犬具有感染性的埃利希体及其主要特征

种名	自然感染宿主	靶细胞	主要传播媒介	地理分布
犬埃利希体	犬	单核细胞	血红扇头蜱	世界各地
查菲埃利希体	人、犬、鹿	单核细胞	美洲钝眼蜱、变异革蜱	美国、欧洲
伊氏埃利希体	犬	粒细胞	美洲钝眼蜱	美国
嗜吞噬细胞埃利希体	人、犬、食草动物	粒细胞	笼子硬蜱	欧洲
血小板埃利希体	犬	血小板	不明	美国、欧洲
马埃利希体	马、犬、人	粒细胞	太平洋硬蜱	美国、欧洲
人粒细胞埃利希体	人、马、犬、啮齿类	粒细胞	肩突硬蜱	美国、欧洲
立氏埃利希体	马、犬	单核细胞	不明	北美洲、欧洲

2. 症状及病理变化

潜伏期为 1~3 周。根据犬的年龄、品种、免疫状况及病原不同表现不同的症状。

急性阶段的临诊症状各种各样，主要表现为精神沉郁、发热、食欲下降、嗜睡、口鼻流出黏液脓性分泌物、呼吸困难、结膜炎、体重减轻、淋巴结肿大、四肢或阴囊水肿。1~2 周后恢复。通常在感染后 10~20 天出现血小板和白细胞减少。有的表现感觉过敏、肌肉抽搐、共济失调和瞳孔大小不一等症状。大部分病例，急性期症状消失后进入亚临诊阶段，病犬体重、体温恢复正常，但实验室检验仍然异常，如轻度血小板减少和高球蛋白血症。亚临诊状态可持续 40~120 天，然后进入慢性期。慢性期病犬又可出现急性症状，如消瘦、精神沉郁，或伴随骨髓形成障碍的严重血液损伤为特征，严重的血小板减少可能会导致皮肤出现出血点或出血斑，有的出现自发性出血，临诊上以鼻出血较多见。疾病发展及严重程度与感染菌株、犬的品种、年龄、免疫状态以及并发感染有关。幼犬致死率一般较成年犬高。

疾病早期可见病犬单核细胞增多，嗜酸性粒细胞几乎消失。随着病程的发展，贫血症状明显。

由伊氏埃利希体或马埃利希体引起的感染，表现为单肢或多肢跛行、肌肉僵硬、呈高抬腿姿势、不愿站立、拱背、关节肿大和疼痛、体温升高、贫血，中性粒细胞、血小板减少，单核细胞、淋巴细胞以及嗜酸性粒细胞增多。

血小板埃利希体引起的感染一般没有明显的临诊表现，个别病例可出现前眼色素层炎。在感染后 10~14 天可引起埃利希利血症和血小板减少。血小板最低限可达 2000~50000/μl，凝血能力降低。

剖检可见贫血、骨髓增生，肝、脾和淋巴结肿大，肺有淤血点（彩图 7-1）。少数病例还可见肠道出血、溃疡（彩图 7-2），胸、腹腔积水和肺水肿等。

组织学观察，可见骨髓组织受损，表现为严重的泛白细胞减少，包括巨核细胞发育不良和缺失，正常窦状隙结构消失。慢性感染的，骨髓组织一般正常。伊氏埃利希体和马埃利希体感染的主要特征为中性粒细胞炎症反应为主的多关节炎。

3. 实验室诊断

根据临诊症状、流行病学可作出初步诊断，确诊需进行血液学检验、生化试验、病原分离鉴定、血清学试验等。

非再生性贫血和血小板减少是本病重要的血液学变化，约 1/3 的患犬会出现白细胞减少症。泛白细胞减少主要发生于慢性病例中，尤其多见于德国牧羊犬。

图 7-1 肺部淤血（见彩图）

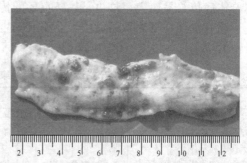
图 7-2 肠道出血（见彩图）

取离心抗凝血液白细胞层涂片，姬姆萨染色，可在胞浆见到呈蓝紫色的病原集落（彩图 7-3）。发热期进行活体检验，可在肺、肝、脾内发现犬埃利希体。

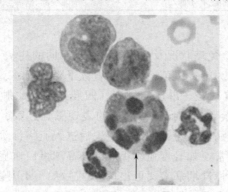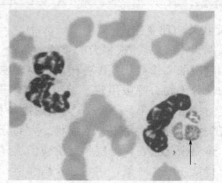
图 7-3 单核细胞（左）及中性粒细胞（右）内的蓝色埃利希体集落（姬姆萨染色，见彩图）

多数犬感染 7 天后其血清中可查出特异性抗体（有的犬在感染后 28 天才会出现血清抗菌素体），常用间接免疫荧光技术（IFA）进行诊断，IFA 效价在 1∶10 以上即可判为阳性。

目前埃利希体病原学诊断最有效的方法之一是 PCR 技术，根据埃利希体 16S rRNA 基因的特异性碱基序列设计的引物扩增其特异性片段进行诊断，可以大大提高检测的敏感性。也可用犬腹腔内巨噬细胞培养技术进行犬埃利希体病病原分离和诊断。

【防治处理】

1. 治疗原则及方法

对发病的犬及时隔离、及时治疗，常选用四环素类抗生素，22mg/kg，口服，每天 3 次；强力霉素，5～10mg/kg，口服，每天 2 次。治疗见效者，应持续 3～6 周，慢性病例要持续 8 周。此外，配合一定的支持疗法，尤其是慢性病例。

2. 注意事项

（1）如果使用四环素类药物出现呕吐，应给予静脉注射。

（2）康复动物易于再次感染，故疫区可于蜱流行季节口服四环素，6.6mg/kg，每天 1 次，可有效预防本病。

3. 预防

目前还缺乏有效的疫苗，消灭传播的贮存宿主——蜱是关键。可使用 250mg/kg 二嗪农、50～250mg/kg 巴胺磷或 250～500mg/kg 双甲醚在蜱流行季节喷洒圈舍或药浴。

病愈犬往往能抵抗犬埃利希体再次感染。对 IFA 阳性犬应进行治疗，直到检验为阴性才能混群饲养。每隔6~9个月做1次血清学检验，这样才能很好地控制本病。此外，治疗中作为供血用犬应是血清学反应阴性者。

单元四　血巴尔通体病

血巴尔通体病是由血巴尔通体引起的猫和犬以免疫介导性红细胞损伤，导致动物贫血和死亡为特征的疾病。本病可经吸血昆虫和医源性输血等途径感染。人感染血巴尔通体常称为猫抓病。

【诊断处理】

1. 流行病学特点

感染血巴尔通体的猫和犬是本病的主要传染源。将血巴尔通体经静脉、腹腔接种和口服感染性血液均可复制本病，因此本病主要通过血液传播，其传播方式主要是通过静脉接种病猫和病犬的血液或是蚤、蜱类等昆虫进行吸血传播。此外，猫、犬咬伤也可能发生传染。另外，发病的母猫所产幼猫可被感染，因此应考虑有发生子宫内感染的可能。

所有年龄段的猫、犬都可以感染本病，其易感性、症状表现与其年龄、健康状况、感染病原的种类有关。感染猫、犬常不表现明显的临诊症状，但伴发免疫介导性疾病或者逆转录病毒感染时会爆发本病。

2. 症状及病理变化

猫血巴尔通体病主要表现慢性贫血、苍白、消瘦、厌食，偶尔发生脾脏肿大或黄疸，但贫血程度和发病速度有所不同。而许多被感染猫库姆斯（Coombs）试验阳性，表明感染诱导产生了抗红细胞抗体。

急性血巴尔通体病猫，可出现持续发热2~3周，同时伴有嗜睡，对外界环境刺激无反应，四肢轻微反射消失等症状。若不进行治疗，约1/3因发生严重贫血而死亡，自然康复者可能复发立克次体血症，并在数月至数年内保持慢性感染状态。慢性感染带菌猫，外表正常，但可出现轻度再生障碍性贫血、免疫抑制，如猫白血病病毒感染、脾切除或使用皮质类固醇药物等可能加重本病的易感性和疾病的严重程度，并影响血涂片中立克次体的观察。

患犬多为亚临诊感染，一般不出现临诊症状。有的感染巴尔通体犬可出现心内膜炎、肉芽肿淋巴结炎、肉芽肿鼻炎和紫癜肝。有的大型犬感染后，在出现心内膜炎数月前，会表现间歇性跛行或无名热。有的不伴有心内膜炎的心肌炎患犬，可导致心律不齐、晕厥或突然死亡。

一般认为在血涂片中偶见犬血巴尔通体，其致病作用不强。因此，在立克次体感染犬中，应注意检查其他并发的传染性和非传染性疾病。

除出现全身贫血、脾脏和淋巴结肿大以外，无显著的变化。有的出现黄疸、血红蛋白尿、心内膜炎、肉芽肿淋巴结炎、肉芽肿鼻炎和紫癜肝等现象。

3. 实验室诊断

采外周血用光学显微镜镜检是血巴尔通体常用的检测方法，但该方法往往只适合处于急性发病的严重菌血症时期病原的检测，其他时期通常不易检测到病原。

已建立的血清学检测方法包括补体结合试验、间接血凝试验及酶联免疫吸附试验。该病原体在感染过程中通常会出现抗原变异等现象，并且温和感染的猫体内病原数量较少，产生的抗体的数量也较少，因此用血清学检测方法适合于进行流行病学调查，但不宜用于疾病的确诊。

目前的研究表明，PCR技术是诊断本病的有效方法。此外，血液的组织培养也是确诊的有效手段。

【防治处理】

1. 治疗原则及方法

本病治疗的首选药物为四环素类，强力霉素、恩诺沙星等药物也是控制本病的有效药物，疗程一般为2~4周。强力霉素5~10mg/kg，口服，每天2次；土霉素，20mg/kg，每天3次，口服。对出现严重贫血症状者，可以用输血的方式对其进行治疗，但输血前应对供体血液做本病病原体的检测，以防止该病通过血液传播。

2. 注意事项

（1）药物并不能将病原从感染动物体内完全清除。

（2）在发病过程中可能出现免疫介导性贫血，在用抗生素治疗的同时，也可以配合使用糖皮质激素（如氢化可的松等）或其他免疫抑制性药物终止免疫介导性红细胞损伤。

（3）如果使用四环素治疗引起动物发热，应改用恩诺沙星或其他药物。

3. 预防

在血巴尔通体病的防治方面，消灭吸血昆虫如蚤和蜱是控制本病传播的重要方法。蜱流行季节可使用双甲醚、二嗪农、巴胺磷等药物进行药浴或喷射圈舍。同时也可使用伊维菌素（200μg/kg，皮下注射）驱杀蚤、蜱。

单元五　支原体感染

犬、猫支原体感染是由支原体引起的，以犬表现为肺炎、猫表现为结膜炎为特征的传染病。

【诊断处理】

1. 流行病学特点

犬、猫对支原体菌易感，病犬、猫或隐性感染犬、猫是本病的传染源。支原体多通过咳嗽、打喷嚏以及喘气等方式排出，犬、猫通过呼吸道感染。本病一年四季均可发生，寒冷、多雨、潮湿或气候骤变是诱发该病的重要因素。

2. 症状及病理变化

本菌为犬、猫上呼吸道和外生殖器的正常菌，偶尔引起感染发病。潜伏期较长，可达2~3周。

犬支原体主要引起犬肺炎，剖检可见病犬呈典型的间质性支气管肺炎变化。犬尿道支原体主要引起犬生殖器官疾病，主要表现为子宫内膜炎、阴道前庭炎、精子异常等。猫支原体主要引起猫结膜充血，发生结膜炎。猫支原体主要引起猫关节炎，关节液潴留，纤维素析出，并发腱鞘炎。

3. 实验室诊断

本病诊断使用棉拭子采集喉、气管分泌物进行姬姆萨染色或瑞氏染色，油镜观察，但是由于支原体常作为犬、猫的呼吸道的常在菌，因此给病原诊断需要结合临床症状。同时也可以采用血清学方法，如酶联免疫吸附试验（ELISA）、间接血凝试验（IHA）以及补体结合试验（CET）。

【防治处理】

1. 治疗原则及方法

本病治疗可使用敏感抗生素，如林可霉素、强力霉素、红霉素等。具体药物及用药方法如下。

① 红霉素 10~20mg/kg，每天 2 次，口服，连用 3~5 天；或 5~10mg/kg，每天 2 次，静脉注射，连用 2~3 天。

② 强力霉素 5~10mg/kg，每天 1 次，口服，连用 3~5 天。

③ 林可霉素 15~25mg/kg，口服，每天 2 次；10mg/kg，肌内注射，每天 2 次，连用 3~5 天。

2. 注意事项

支原体感染后可以破坏呼吸道纤毛，为巴氏杆菌等病原感染创造条件，因此需控制继发感染。

3. 预防

支原体对热的抵抗力与细菌相似。对环境渗透压敏感，渗透压的突变可致细胞破裂。支原体对环境抵抗力不强，一般消毒药均可将其杀死。对重金属盐、石炭酸、来苏儿和一些表面活性剂较细菌敏感。因此，日常预防可使用消毒剂对犬、猫圈舍、用具等处进行定期消毒。同时由于支原体作为犬、猫呼吸道常在菌，往往由于继发感染后应激因素引起发病，因此应减少各种应激因素，加强饲养管理和营养以增强犬、猫的抵抗能力。

【项目小结】

本项目主要介绍了犬、猫非常见的犬埃利希体病、血巴尔通体病、钩端螺旋体病等疾病，内容包括流行病学和临诊及防治。由于钩端螺旋体病、犬埃利希体病不常见，因此主要侧重介绍流行病学，学习时也侧重这些病的预防。

【复习思考题】

1. 诺卡菌病的临诊症状及剖解病学改变有哪些？
2. 犬钩端螺旋体病的流行病学特点是什么？
3. 犬钩端螺旋体病有哪些临诊症状及解剖学改变？
4. 血巴尔通体病的诊断要点是什么？
5. 如何诊治支原体感染？

项目八　观赏鸟传染病的诊断与防治

【知识目标】
1. 了解观赏鸟常见病毒性传染病的种类。
2. 了解鸟流感、鸟类新城疫等常见传染病的综合治疗措施及预防措施。
3. 了解鸟类病毒性传染病的诊断方法和一般治疗方法。

【技能目标】
1. 能结合实际病例，对鸟类常见传染病的症状进行判断。
2. 能对重要传染病的诊断所需病料进行采集、检验等规范操作。
3. 能对鸟流感、新城疫等疾病进行临床诊断及实验室诊断处理。
4. 能根据不同鸟类疫病特点实施有针对性的防疫措施。

单元一　鸟　流　感

鸟流感又称禽流感，是由 A 型禽流感病毒中的任何一型引起多种家禽、鸟类的一种感染综合征。鸟流感病毒可分为高致病性和低致病性两种。受高致病性鸟流感病毒感染的鸟类，呈现羽毛明显凌乱，食欲减退，停止产蛋，鸡冠呈紫色，病征开始出现后迅速恶化，鸟感染高致病性鸟流感病毒的致死率高达 80% 以上。

【诊断处理】
1. 流行病学特点

水禽类是禽流感病毒的基因库，除水禽、候鸟外，笼鸟也可带毒，病鸟、带毒鸟是主要传染源。病毒可通过人、车辆、鸟类以空气飞沫传播。该病病毒可从呼吸道、结膜和粪便中排出，在环境中长期存活，尤其是在低温的水中。

本病多发于天气骤变的晚秋、早春及寒冷的冬季。阴雨、寒冷、潮湿、运输、拥挤、营养不良等应激因素可诱发本病。该病常呈流行性或大流行，一般发病率为 65%～100%，死亡率达 28%～100%。

2. 症状及病理变化

该病的潜伏期较短，一般为 4～5 天。因感染鸟的品种、日龄、性别、环境因素及病毒的毒力不同，病鸟呈现的症状各异，轻重不一。

① 最急性型　由高致病力流感病毒引起，病鸟不出现前驱症状，发病后急剧死亡，死亡率可达 90%～100%。最急性死亡的病鸟常无眼观变化。

② 急性型　为目前世界上常见的一种病型。病鸟表现为突然发病，体温升高，可达 42℃ 以上。病鸟精神沉郁，头肿，眼睑周围浮肿，冠和肉髯肿胀、出血甚至坏死，肉冠发紫，采食量急剧下降。病鸟呼吸困难、咳嗽、打喷嚏，张口呼吸，突然尖叫。眼肿胀、流泪，初期流浆液性带泡沫的眼泪，后期流黄白色脓性分泌物，眼睑肿胀，两眼突出。后期也有病鸟出现抽搐、头颈后扭、运动失调、瘫痪等神经症状。

急性者可见头部和额面浮肿，冠、肉髯肿大 3 倍以上。皮下有黄色胶样浸润、出血，胸、腹部脂肪有紫红色出血斑。心包积液，心外膜有点状或条纹状坏死，心肌软化。病鸟腿部肌肉出血，有出血点或出血斑。消化道变化表现为腺胃乳头水肿、出血，肌胃角质层下出血，肌胃与腺胃交界处呈带状或环状出血；十二指肠、盲肠、扁桃体、泄殖腔充血、出血。肝、脾、肾淤血、肿大，有白色小块坏死斑。呼吸道有大量炎性分泌物或黄白色干酪样坏死。胸腺萎缩，有程度不同的点状、斑状出血。法氏囊萎缩或者黄色水肿，充血、出血。雌鸟卵泡充血、出血，卵黄液变稀薄，严重者卵泡破裂，卵黄散落到腹腔中，形成卵黄性腹膜炎，腹腔中充满稀薄的卵黄。

3. 实验室诊断

由于本病的临床症状和病理变化差异较大，所以确诊必须依靠病毒的分离鉴定和血清学试验。本病与新城疫的临床症状及剖检变化非常相似，应注意鉴别。

（1）禽流感病毒分离技术　采用鸡胚和MDCK细胞分离方法，血凝试验及血凝抑制试验（HAI）的具体方法详见GB 15994—1995《流行性感冒诊断标准及处理原则》。经特异性H5RT-PCR病毒核酸检测阳性标本的病毒分离及鉴定工作必须在安全BSL-3级实验室里操作。

（2）禽流感病毒的初步鉴定　当尿囊液出现血凝素活性时，首先要排除新城疫的可能性。其方法是将健康鸡血清和新城疫阳性血清分别做1∶10稀释，在U型板上滴1滴，再滴1滴有血凝素活性的鸡胚尿囊液作用15min，滴1滴体积分数0.5%鸡红细胞，15～30min后观察结果。如果阴性血清和阳性血清均不能抑制血凝素活性，说明有可能是AIV感染，应进一步鉴定；如果新城疫阳性血清抑制了尿囊液的血凝素活性，而阴性血清仍出现血凝素活性，说明其中有新城疫病毒感染，但也不能排除AIV并发感染的可能性。此时应将尿囊液与新城疫阳性血清等量混合，37℃培育30min后，通过鸡胚尿囊腔途径再次做鸡胚接种传代，如果确有AIV感染，通过这种抗体压抑新城疫病毒的传代试验，可以使AIV繁殖到可检测水平。如果经新城疫阳性血清处理过的尿囊液经传代后血凝素活性丧失，视为新城疫阳性和AIV阴性；如果血凝素不丧失，可能是AIV感染，应进一步鉴定。

（3）血清学诊断方法　血凝抑制试验和微量中和试验作为血清禽流感抗体检测方法，急性期和恢复期血清标本平行检测是非常重要的。血清学抗体检测不作为早期诊断依据，检测及分析结果时应考虑试剂盒的质量。血清标本应包括急性期和恢复期双份血清。急性期血样应尽早采集，一般不晚于发病后7天。恢复期血样则在发病后2～4周采集。单份血清一般不能用作诊断。血液标本2000～2500r/min离心15min。收集血清，弃血凝块。血清标本在4℃下运送，置20℃下长期保存。

测定用抗原为IDN1亚型，测定方法为HI法。结果判断：凡恢复期血清抗体效价比急性期增高4倍以上为阳性结果，其余的均为阴性。

（4）神经氨酸酶抑制试验鉴定NA亚型　当琼脂凝胶免疫扩散（AGID）试验和HI试验确定AIV后，要进行NI试验鉴定NA亚型。目前尚未发现神经氨酸酶对病毒毒力起什么作用，但具有流行病学意义。

（5）分子生物学检测

① PT-PCR法　将从病料或鸡胚尿囊液中抽提出的鸟流感病毒RNA作为模板，以所设计的上游引物为引物，加入反转录酶和dNTP于适合的缓冲液和温度下合成cDNA（即反转录的过程）。再以该cDNA为模板，加入根据目的基因片段设计的上、下游引物，在DNA聚合酶作用下利用dNTP在PCR仪上合成新的DNA链，扩增过程以变性、退火和延伸为一个循环，经25个左右的循环，扩增产物用琼脂糖凝胶电泳检测出来。

此方法能特异、敏感、快速地鉴定样品的型及亚型。

② 荧光定量 PCR 法　该方法是近几年发展起来的新技术，既保持了 PCR 技术灵敏、快速的特点又克服了假阳性和不能定量的缺点。它在 PCR 反应体系中加入了荧光基团，利用荧光信号的积累实时监测整个 PCR 进程，最后通过标准曲线对未知模板进行定量分析。目前主要有 4 种方法用于 DNA 扩增产物的检测：双链 DNA 结合染料法、分子信标（molecular beacon）法、杂交探针法、TaqMan 探针法。

【防治处理】
1. 治疗原则及方法
本病无特效治疗药物，临床上常采用对症治疗、特异疗法、控制继发感染。
（1）对症治疗　使用抗病毒药物，如病毒唑或病毒灵，0.01%～0.05%，饮水，连用 5～7 天；也可用板蓝根，每只每天 2g，大青叶，每只每天 3g，粉碎后拌料，配合防治。
（2）使用抗菌药物　如环丙沙星或培福沙星等，0.005%，饮水，连用 5～7 天，以防止大肠杆菌、支原体、衣原体等继发感染和混合感染。

2. 预防及控制
（1）加强饲养管理　严格执行生物安全措施，加强禽场、鸟场的防疫管理，饲养场门口要设消毒池，谢绝参观，严禁外人进入禽舍，工作人员出入要更换消毒过的胶靴、工作服，用具、器材、车辆要定时消毒。禽舍的消毒可选用二氯异氰尿酸钠或二氧化氯以强力喷雾器做喷洒消毒。粪便、垫料及各种污物要集中做无害化处理；定期消灭场内的蝇蛆、老鼠、野鸟等各种传播媒介。建立严格的检疫制度，种蛋、雏禽、雏鸟等产品的调入要经过兽医严格检疫；新进的雏禽、雏鸟应隔离饲养一定时期，确定无病者方可入群饲养；严禁从疫区或可疑地区引进禽类、鸟类或禽制品。加强综合饲养管理，避免寒冷、长途运输、拥挤、通风不良等因素的影响，增强其抵抗力。
（2）免疫预防　鸟流感病毒的血清型多且易发生变异，给疫苗的研制带来很大困难。目前预防鸟流感还没有理想的疫苗，现有的疫苗有弱毒疫苗、灭活油乳剂疫苗和病毒载体疫苗，接种疫苗后能产生一定的保护作用，但使用弱毒疫苗具有突变为高致病性鸟流感病毒的危险，而灭活疫苗的免疫保护效果差、成本高，而且这些疫苗的应用还会影响鸟流感疫情监测，因此不推荐使用疫苗。目前尚在研制中的疫苗还有 DNA 疫苗，它是将血凝素抗原基因克隆于 DNA 表达载体上，给动物注射后，DNA 在体细胞内表达出抗原蛋白，从而产生免疫效果，这是一种安全且易长期保存的疫苗。

单元二　鸟新城疫

鸟新城疫（ND）又称鸡新城疫、亚洲鸡瘟，是由禽副流感病毒型新城疫病毒（NDV）引起的一种主要侵害鸡、火鸡、野禽及观赏鸟类的高度接触传染性、致死性疾病。鸟发病后的主要特征是呼吸困难，下痢，伴有神经症状，成鸟生产能力严重下降，黏膜和浆膜出血，感染率和致死率高，是危害养鸟业的一种主要传染病。

【诊断处理】
1. 流行病学特点
鸟类新城疫是一种烈性、高度接触性家禽传染病。在鸟类中，水鸟对本病的抵抗力最强，观赏鸟最为敏感。除进口的鹦鹉外，大多数鸟类的新城疫都是由家禽传染的。

本病分布于世界各国，现已成为危害世界养禽业最主要的疾病之一。病鸟及带毒鸟是主要传染源，经消化道和呼吸道感染。被污染的饲料、饮水、笼具及污染的空气、尘埃均可传播本病。病毒也可经过眼结膜、泄殖腔和皮肤侵入鸟体内。

本病四季均可发生，但以春秋两季多发。大多数笼养鸟都能感染新城疫，一旦感染，病鸟就会突然死亡。自然感染的潜伏期为2～15天。

2. 症状及病理变化

症状根据临诊表现和病程的长短，可分为最急性型、急性型、慢性型3种类型。

（1）最急性型　突然发病，病鸟未出现任何症状而迅速死亡，多见于疾病流行的初期和雏鸟。

（2）急性型　主要表现为精神委靡，不上栖架，长蹲伏在一角。病初体温升高，食欲减退或废绝，垂头扭颈，羽毛松散，翅膀下垂，闭眼昏睡。羽毛粗乱，无光泽，尾羽常粘有粪便。咳嗽，呼吸困难，有黏液性鼻漏，常伸颈张口呼吸，呼吸时常发出"咯咯"声，口角流出多量黏液。腹泻，排黄绿色或黄白色小样粪便。病程1～4周，死亡率极高，达90%以上。多数病鸟属于这种类型。

（3）慢性型　主要表现为呼吸系统和神经系统障碍。初期症状与急性型相似，不久后逐渐减轻，病鸟兴奋、麻痹、痉挛、跛行，同时出现神经症状，站立不稳，头颈向一侧扭转，动作失调，反复发作，最终瘫痪。死亡率一般为50%。耐过鸟常留下后遗症，失去观赏价值。

剖检可见心包炎、气囊炎，气囊结缔组织增生和水肿，气囊增厚。喉头水肿并有出血点，气管充血，口腔、气管内有多量黏液。各脏器点状出血及肠道出血性坏死性肠炎。组织学检查可见坏死性变化和非化脓性脑炎，肝脏网状细胞增生。

3. 实验室诊断

根据临床症状及剖检病变可作出初步诊断，确诊必须做病毒分离及血清学试验。

（1）病毒分离　可取病鸟脾、脑或肺匀浆，接种10日龄鸡胚尿囊腔分离病毒。

（2）病毒鉴定　病毒能凝集鸡的红细胞，再作HI试验鉴别。

（3）血清中和试验　中和试验可在鸡胚或细胞培养以及易感鸟中进行。其方法是，在鸟新城疫免疫血清（或待检血清）中，加入一定量的待检病毒（或已知病毒），两者混合均匀后，注射9～10日龄鸡胚，或鸡胚成纤维细胞，或者有易感性的鸟，并设立不加血清的病毒对照。结果注射血清和病毒混合材料的鸡胚或鸟不死亡；鸡胚成纤维细胞无病变，而对照组死亡或细胞培养出现病变，则可肯定待检病毒是新城疫病毒。

（4）酶联免疫吸附试验（ELISA）　此方法能够检验鸡新城疫病毒在细胞培养中生长情况，如有新城疫病毒生长，在细胞核边缘可见到明显棕褐色酶染斑点，未接种新城疫病毒的细胞或新城疫病毒不能在细胞培养中生长，则完全看不到酶染斑点。

【防治处理】

1. 治疗原则及方法

本病目前尚无特效药物，应以预防为主，加强饲养管理，保证供给全价饲料，鸟笼舍应远离禽舍，新导入鸟应隔离检疫，观察1个月以上，预防接种是预防本病的最好方法，可选用新城疫灭活疫苗进行免疫。

2. 注意事项

病鸟用过的笼具、用具、水罐和食罐应彻底清洗、消毒。及时隔离病鸟，认真处理死鸟。饲料中应适当加入抗生素和维生素A、维生素C和B族维生素，以减少病鸟的继发感染，减轻发病症状。夏季要注意防暑降温，经常给鸟水浴，要把鸟笼放在通风阴凉处。冬季要做好防寒保温工作，春秋季节搞好消毒工作，以防止和减少疾病的发生。

3. 预防及控制

我国对鸟类新城疫的免疫预防，主要是用新城疫弱毒Ⅰ系疫苗和新城疫弱毒Ⅱ系疫苗。

新城疫弱毒Ⅰ系疫苗用生理盐水、蒸馏水或凉开水稀释100倍，用注射器吸取稀释疫苗，滴入眼内或鼻内1滴（0.03～0.04ml），3～5天后可产生免疫力，免疫期可达1年。新城疫弱毒Ⅱ系疫苗比Ⅰ系疫苗安全。可将Ⅱ系弱毒疫苗稀释10倍，用注射器或滴管吸取疫苗稀释液，在每只鸟的鼻孔滴入1滴，使其自然吸入，确保吸入鼻孔内。接种后7～9天产生免疫力，免疫期为3～4个月。这种疫苗主要适用于新引进的并且从未进行新城疫疫苗免疫过的鸟类和幼鸟。当用新城疫弱毒Ⅱ系疫苗接种3～4个月后，应再用新城疫弱毒Ⅰ系疫苗接种1次，以增强其免疫力。在大型养鸟场，可用气雾免疫或饮水免疫的方法。对宠鸟而言，弱毒苗不安全，弱毒苗适用于鹑鸡类的禽。

单元三 鸟 痘

鸟痘是由鸟痘病毒引起的家禽和鸟类的一种高度接触性传染病。该病传播较慢，以体表无羽毛部位出现散在的、结节状的增生性皮肤病灶为特征，也可表现为上呼吸道、口腔和食管部黏膜的纤维素性坏死性增生病灶。世界动物卫生组织将其列为B类疫病。

【诊断处理】

1. 流行病学特点

鸟痘一年四季均可发生，但以春秋季最常发。该病主要由飞沫经呼吸道传染或皮肤接触传染。幼鸟和雏鸟最易感此病。自然潜伏期4～10天。

本病遍及全世界，除感染家禽外，鹤、雀类、鸽、鹰等多种鸟类均可感染。感染不分季节，一年四季均可发生。但夏、秋季节多见，多为皮肤型。冬季发病较少，常为混合型。病鸟落下的皮屑、粪便以及随喷嚏和咳嗽等排出的排泄物中含有大量病毒。病毒可通过皮肤伤口感染，或由污染的环境直接或间接传染。此外，吸血昆虫也是本病的传播媒介，蚊虫可带毒10～30天。潜伏期4～10天。鸟类感染本病毒后都能产生抗体，但不同种类的鸟产生抗体的能力不同，某些毒株感染鸟后几乎不表现任何症状，但可获得一定的免疫力，对再次感染有一定抵抗力。有些毒株在金丝雀中能引起较高的死亡率。皮肤型的病例死亡率较低，白喉型的病例或伴发全身性感染及其他病原体侵害的病例则死亡率较高。

2. 症状及病理变化

根据常见症状分为皮肤型、白喉型和混合型。

（1）皮肤型 病毒一般先感染皮肤，在皮肤细胞中生长繁殖。多在头部皮肤上和无毛区的皮肤上（眼皮、嘴角等处）先长出大小不同的丘疹，很快变成水疱，含水样液体并发亮。水疱逐渐长大、变黄，破裂后形成结节。患部皮肤坏死，渗出液和坏死组织相互凝结成痘痂。剥去痘痂，形成凹陷，少则几个，多则密布头部。痘痂一般要经过3～4周才会脱落。可在1周内死亡。皮肤型的死亡率低于50%。

（2）白喉型 病变发生于黏膜。被感染的黏膜表面形成不透明、稍突起的小结节。这些结节迅速扩大，常愈合成黄色的干酪样坏死的伪白喉或白喉性膜。除鼻黏膜外，痂块脱落后患部留下瘢痕。金丝雀、鸽和其他受感染的鸟也常在腿部、脚部和其他部位受侵害。病鸟口腔、咽喉和其他黏膜表面也常受侵染。眼部被感染后眼睑充血和肿胀，病鸟常呈半闭眼状态，眼分泌物增多。痘病灶还能侵染食道，引起食道发炎和咽喉部炎症，使食道和气管变窄，因而病鸟张嘴、伸嘴、摇头和咳嗽，有可能因窒息而死亡。随着病程的发展，痘结节破溃，坏死的皮肤与渗出液相互凝结成痘痂，痘痂间相互融合，形成表面粗糙的菜花样痂块。如果继发细菌感染，痘痂可能化脓，使病灶扩大和加深。病愈期痂皮脱落，黏膜发红。

（3）混合型 具有皮肤型和白喉型的症状。

皮肤型的病理变化主要在头部、腿、脚、翅内侧等处出现痘疹，并形成棕黑色痂壳。金丝雀及雀科容易出现疣状病变。黏膜型的主要在口腔、食道、咽喉、气管出现黄白色纤维样斑块，斑块面积过大时，会形成干酪样坏死的假膜，假膜脱落后，黏膜面可能出血。组织学检查可见病灶部的上皮细胞胞浆内有嗜酸性包含体。

3. 实验室诊断

皮肤型根据症状病变比较容易诊断，但要注意与喙损和外伤等相鉴别。黏膜型应注意和维生素 A 缺乏病变鉴别。呼吸道症状则与传染性喉气管炎、新城疫、霉形体感染等其他呼吸系统疾病的表现方式类似。

（1）病毒的分离　可取病鸟脾、脑或肺匀浆，接种 10 日龄鸡胚尿囊腔分离病毒。进行绒毛尿囊膜接种，培养后观察痘斑。

（2）血清学试验　将待检血清与标准抗体溶液反应，观察试验结果。

【防治处理】

1. 治疗原则及方法

本病目前尚无特效药物，应以预防为主，加强饲养管理。

治疗药物的用药量均为参考剂量。每千克饲料中加螺旋霉素 0.26～0.5g，连用 5～7 天，可防止病鸟的继发性感染。用 0.9％食盐水洗患鸟的眼部，然后涂上金霉素或土霉素软膏，可以防止继发性感染。经验证明，用 0.9％食盐水冲洗眼部，有助于患鸟康复。用碳酸氢钠溶液浸软患鸟的痂皮，将其剥掉，在患处再涂些消毒药。如果患部溃烂，可涂些甲紫。还可以用软膏或油膏将痘痂软化，剥去痂皮，用 5％碘酊涂患处。如果患鸟咽喉的假膜较厚，影响采食和呼吸，可用镊子轻轻将假膜除去，然后涂些碘甘油。

2. 注意事项

经常用 1％氢氧化钠溶液对鸟舍、鸟笼消毒，消毒后应用清水冲洗，以免伤鸟，腐蚀鸟笼。对新购进的鸟要隔离观察 2～4 周。对怀疑感染此病的鸟需要隔离。

3. 预防及控制

为预防本病的发生，可对健康鸟进行免疫接种。接种方法可采用刺种法和毛囊法。

（1）刺种法　将注射器针头蘸痘疫苗，刺入皮肤。刺种部位可在腿、翼、胸部。

（2）毛囊法　在接种痘疫苗时，先在鸟的腿部拔掉 3～5 根羽毛，用毛笔将痘疫苗涂于拔毛后的毛囊处即可。接种后 5～10 天检查出痘情况，不出痘者应再次补种。对 6～20 日龄的幼鸟，鸡痘疫苗稀释 200 倍，采用针刺法，每只刺一针。接种 21～30 日龄的幼鸟时，鸡痘疫苗稀释 100 倍，每只刺一针。接种 30 日龄以上的幼鸟时，鸡痘疫苗稀释 100 倍，每只刺 2 针。鸡痘疫苗免疫期 1 年。对经常发生痘病的鸟场，春秋两季对易感鸟特别是新孵出的幼鸟很重要，必须接种鸡痘弱毒疫苗。用这些弱毒疫苗接种，既安全又有效。

单元四　鸟类沙门菌病

鸟类沙门菌病是指沙门菌属中的任何一个或多个禽型菌株所引起的禽类或鸟类的急性或慢性疾病的总称。

世界各国均分布有此病。主要的鸟类宿主为鹦鹉类、雀类及其他宠鸟。宠鸟批发市场、繁殖场、宠鸟店、动物园等均可发生此病，致死率达 30％～50％。本病可通过鼠、野鸡、水禽等进行水平传播。家禽及鸽子可能为隐性带菌者。食入受污染的食物、饮水或与感染鸟接触，都可能感染此病。除了水平传染之外，也可经卵垂直感染。

鸟类白痢病

【诊断处理】

1. 流行病学特点

鸟类白痢病是由白痢沙门菌引起的一种鸟类传染病。病鸟随粪便排出的白痢沙门菌被其他健康鸟食入是主要传播途径，另外还可通过卵而传染，因病鸟的卵巢、卵子和精子等均已被感染，在形成卵壳之前在卵内已含有白痢沙门菌，所以排出的受精卵是已被感染的。

2. 症状及病理变化

本病的症状在雏鸟和成年鸟之间有较明显的差异。雏鸟的症状明显。潜伏期3～4天。孵化出壳的带菌雏鸟及孵化后被感染的雏鸟，多在孵化后7～10天开始死亡，14～20天达高峰。急性死者常无明显症状。多数病鸟精神沉郁，怕冷，常挤在一起或喜欢靠近热源。羽毛蓬松、无光泽，尾和翅下垂，闭眼，嗜睡，有的蹲伏，姿势异常。食欲下降或废绝，渴欲增加。最典型的症状是排白色糨糊状粪便，有时呈淡黄色、棕绿色或带血。肛门周围的羽毛被粪便污染，干结的粪便常封肛门致使排便困难。有的雏鸟发生关节炎，关节肿大，跛行。肺部感染者发生呼吸困难、张口喘息。严重者发生脱水，甚至死亡。成年鸟感染后无明显症状，偶尔可见到急性症状的病例，多表现为精神欠佳，贫血，羽翅下垂，少食或不食，排出白色或青棕色稀粪，有的病鸟因急性发作而死亡。

病变可见肝肿大、充血、有条纹状出血，呈黄绿色，表面有纤维素渗出物覆盖。肝、肺、盲肠、大肠、肌胃可见坏死灶，肺呈出血性炎症。成年鸟可发生腹膜炎，脾易碎。肝脏、脾脏肿大，有坏死结节，心包膜炎症。灰鹦鹉容易患关节炎、肉芽肿皮肤炎、蜂窝织炎、腱鞘炎等慢性病变。鹦鹉、金丝雀易有眼睛水肿症状。厚嘴鹦鹉易得败血症。红燕鸥、麻雀易患心肌病，出现呼吸困难症状。

3. 实验室诊断

临床症状和剖检病变具有一定的诊断意义。据此可作出初步诊断。从病死鸟的脏器及粪便进行沙门菌分离鉴定。

第一步，病料接种下列培养基。

① 麦康凯琼脂平皿培养基，经37℃24～48h培养后，沙门菌菌落均为无色、透明或半透明、圆形、光滑、较扁平。

② SS培养基和亚硫酸钠琼脂培养基，经培养后，沙门菌菌落均能产生硫化氢而呈黑色或墨绿色。

第二步，挑选典型菌落接种于三糖铁琼脂斜面培养基，经37℃24h，被检菌在培养基斜面呈粉红色，底层变黄色并可能产生气体。在尿素培养基中为阴性再结合细菌的形态和菌落特征，可初步判定为沙门菌。

第三步，将可疑菌做进一步生化特性鉴定，确定其属性后再进行血清学定型。

【防治处理】

1. 治疗原则及方法

呋喃类、磺胺类和抗生素类等多种抗菌药物对本病都有治疗和控制作用，但因不同沙门杆菌对药物的敏感性不同，最好根据药敏试验的结果选用敏感药物。

2. 注意事项

引发本病的沙门菌血清型众多，难以用疫苗进行预防，因此日常加强饲养管理、保证饲料和饮水的新鲜、卫生，认真搞好日常的清洁卫生和消毒，以及严格隔离检疫等综合管理工作对本病的控制有重要意义。

3. 预防及控制

本病也应从预防工作抓起，要把带菌鸟与健康鸟隔离饲养，而且绝不能用带菌鸟作种鸟繁殖后代。对鸟舍、鸟笼和用具经常消毒，最好用福尔马林熏蒸。种鸟孵化前可用1%硫酸锌溶液洗涤消毒，用1%过氧乙酸消毒效果更佳。新孵出的雏鸟开食后，可在饲料中加0.02%呋喃唑酮（痢特灵），连喂3天。最好用庆大霉素饮水3～5天，每次饮1300IU/kg，每喂3次。对新买进和引进的鸟，要进行1个月以上的隔离观察。

副伤寒病

【诊断处理】

1. 流行病学特点

鸟的副伤寒病是由沙门菌所引起的一种急性或慢性传染病，主要侵害幼鸟。最早是从鸽子爆发传染性肠炎而发现的。此病是世界性的传染病，在鸟类中尤以鸽子爆发副伤寒较为常见。除鸽子和家禽外，鹦鹉、金丝雀、黄雀、八哥、犀鸟、啄木鸟、灰纹鸟等鸟类的感染率高达50%以上。鼠和苍蝇、虱子、跳蚤等昆虫都作为媒介传染副伤寒病。

2. 症状及病理变化

急性副伤寒病多见于幼鸟，慢性型多发生于成年鸟。潜伏期4～5天，有的稍长些。急性病例常在孵化后数天内死亡，多由卵感染或接触病原菌感染。病鸟精神欠佳，羽毛无光泽，食欲减少或废绝，口渴，呼吸急促，呆立，头下垂，嗜睡。粪便稀薄如水，绿色，粪中带小气泡。肛门附近羽毛粘有粪便。病鸟常常流泪，眼睑略粘连，头部水肿。病鸟有的3～5天死亡，有的10天死亡。早期症状常见瘫痪和神经症状，低头、偏头歪颈或者后仰转圈，有时用一条腿支持身体站立，翅关节皮下肿胀，死前呈昏睡状态。

病理变化可见肝、脾充血和小的不规则星芒状的白色坏死点。肾充血，肝呈古铜色。对成年鸟尸检发现，肝肿大，有密集的小出血点。肠黏膜充血、出血。心、肝、脾、肾有数量不等的针尖大小（有的稍大）呈星芒状的灰色坏死点或坏死灶。本病易与白痢病混淆。两者的主要区别是副伤寒病没有白痢病发生率高，肺部病变没有白痢病典型，而且副伤寒病的特征病变是肝有白色坏死，脾有出血及坏死。

3. 实验室诊断

临床症状和剖检病变具有一定的诊断意义。据此可作出初步诊断。从病死鸟的脏器及粪便进行沙门菌分离鉴定。具体操作步骤与鸟白痢检测方法一致。

（1）细菌分离鉴定 吸取0.1ml检样到10ml肉汤培养基（RV）中，另转移1ml样品到10ml四硫黄酸盐煌绿塔菌液（TTB）肉汤中。RV培养基在42℃中培养24h；TT肉汤在43℃中培养24h。混合均匀，用直径3mm的接种环，划线接种TT肉汤于亚硫酸铋（BS）琼脂，木糖-赖氨酸-去氧胆酸盐（XLD）琼脂和Hektoen肠道（HE）琼脂平板上。BS琼脂平板于划线接种的前一天制备好，贮存在室温、暗处的环境。

再用直径3mm的接种环，从RV培养基和亚硒酸盐胱氨酸（SC）肉汤取满环（10μl），划线接种于上述平板上。把选择性平板置35℃培养24h。检查平板中可疑沙门菌菌落的存在。典型的沙门菌菌落形态如下。

① 在Hektoen肠道琼脂上 菌落呈蓝绿色至蓝色，带或不带黑色中心。许多沙门菌培养物可呈现大的带光泽、黑色中心或几乎全部黑色的菌落。

② 在木糖-赖氨酸-去氧胆酸盐琼脂上 粉色菌落，带或不带黑色中心。许多沙门菌培养物可有大的带光泽、黑色中心或呈几乎全部黑色的菌落。

③ 亚硫酸铋琼脂上 呈褐色、灰色或黑色，有时带有金属光泽。菌落周围的培养基通

常开始呈褐色,但伴随培养时间的延长而变为黑色,并有所谓的晕环效应。

④ 在麦康凯(MC)琼脂上 典型沙门菌菌落透明、无色,有时带有暗色中心。

(2)细菌生化试验

① 尿素酶试验(常规) 由每个拟定阳性 TSI 琼脂斜面培养物,用灭菌针分别接种生长物到每个尿素肉汤试管中。偶尔也会有未接种的尿素肉汤管变紫红色(试验阳性),因而应包括未接种该肉汤管作为对照,于35℃培养(24±2)h。

② 甲基红试验 吸取经 96h 培养的 MR-VP 肉汤 5ml 于试管中,加入 5~6 滴甲基红指示剂,立即观察结果。绝大多数沙门菌培养物呈阳性结果,即培养基呈弥散性红色。明显的黄色为阴性结果。对 KCN 阳性,V-P 试验阳性及甲基红试验为阴性培养物,皆可作为非沙门菌弃去。

(3)血清学试验 沙门菌血清学菌体(O)试验(用已知沙门菌培养物同所有抗血清做预试验)。

① 多价菌体(O)试验 用蜡笔在每个玻璃或塑料平板(15mm×100mm)内侧划出 2 个约 1cm×2cm 的区域。

用 3mm 接种环移取培养物,用 2ml 0.85% 生理盐水乳化,加 1 滴菌悬液用蜡笔标出的每一矩形区域的上部。这一区域的下部加 1 滴生理盐水。在另一区域加 1 滴沙门菌多价菌体(O)抗血清。再以干净灭菌的接种环或针将一个区域内的菌悬液和生理盐水混合。在另一区域内菌悬液和抗血清液混合。将混合液前后倾斜移动 1min,并在良好照明下对着黑暗背景观察,任何程度的凝集都视为阳性反应。多价菌体(O)试验结果分类如下。

阳性反应:混合物试验凝集,而在盐水对照中不凝集。

阴性反应:混合物试验不凝集,在盐水对照中也不凝集。

非特异性反应:混合物试验和盐水对照中皆凝集,需按 Edwards 和 Ewing 的肠杆菌科鉴定中所描述的进一步做生化学和血清学试验。

② 菌体(O)群试验 如有各群菌体抗血清,包括 Vi,代替沙门菌多价菌体抗血清,按上述多价菌体试验方法做试验。对 Vi 凝集反应阳性的可参照官方分析方法处理培养物。与菌体群抗血清呈阳性凝集的培养物,作该菌体群阳性记录;不能与菌体群抗血清发生反应者,作该菌体群阴性记录。

【防治处理】

1. 治疗原则及方法

治疗:呋喃唑酮(痢特灵)可按 0.04% 比例拌料,连用 3~6 天。但要注意,该药毒性较大,不要超过此剂量。饮水治疗时其浓度不能超过 0.02%。该药不易溶于水,因此一定要研碎后加入水中,使其充分溶解。土霉素(四环素)可按 0.5% 的比例拌料或饮水,连用 7 天。氯霉素按 0.5% 的比例拌料或饮水,连用 3~6 天。链霉素按 0.2%、新霉素按 0.1% 的比例,饮水 3~5 天。庆大霉素可按每次 1300IU/kg 饮水,每日 2~3 次,连用 3~7 天;磺胺二甲嘧啶、磺胺嘧啶可按 0.2%~0.5% 的比例拌料或饮水,连用 5 天。诺氟沙星按每次 10~15mg/kg 饮水,每日 3 次,连用 3~5 天。

2. 注意事项

观赏鸟类由于长期甚至一生都在人为的饲养条件下生活,饲料品种单一,运动量极少,因此比野生鸟的体质差,抗病能力弱,容易生病。除了提供清洁的饲养环境,科学的饲养管理,管理员还需及时了解观赏鸟的健康状况,早晚细心观察鸟的精神状态、取食、饮水、粪便等情况是否正常,如发现异常(如精神委靡、不爱活动、不上杠、长趴笼底、不爱鸣叫),应及时治疗。一旦发生疾病而没有及时发现和治疗,就会造成观赏鸟的死亡。

3. 预防及控制

对带菌鸟进行淘汰或严格隔离。为杜绝雏鸟和成年鸟的相互感染,应将其隔离饲养。防止啮齿类动物及其他有可能带菌的动物（包括苍蝇等昆虫）进入鸟舍、鸟笼。每年春秋两季用 2%～9% 氢氧化钠溶液或漂白粉等对鸟场、鸟舍周围的污水池和垃圾站等处进行消毒，并搞好环境卫生，定期进行灭鼠、杀虫。

单元五　鸟类大肠杆菌病

鸟类大肠杆菌病是由大肠埃希菌（通常称为大肠杆菌）引起的一类疾病，它包括大肠杆菌肉芽肿和大肠杆菌腹膜炎、滑膜炎、脐炎、脑炎、输卵管炎，还有大肠肝硬化急性败血症。多见于家禽和鸟类，哺乳动物及人均可感染本病。

【诊断处理】

1. 流行病学特点

大肠埃希菌通常称为大肠杆菌，它是一类肠道寄生菌，在某种条件下进入机体的某一部分引起疾病。该菌在自然界广泛存在，在家禽和其他鸟类肠道中都能找到。啮齿类动物的粪便中常含具有致病力的大肠杆菌，因而在鸟舍、鸟笼周围应设法防止啮齿类动物接近。幼鸟和体弱的鸟均易患此病。本病可感染金丝雀、文鸟、蜡嘴雀、椋鸟、织布鸟、鹦鹉等。

2. 症状及病理变化

因大肠杆菌侵害的部位不同，出现的症状和病理变化也不同。一般分为以下几种类型。

(1) 气囊炎　大肠杆菌常使鸟的气囊感染，引起呼吸困难，因而又称为气囊病。气囊炎可伴随新城疫、支原体感染或其他细菌感染性疾病发生。受到感染的气囊增厚、混浊、有干酪样渗出物，并有原发性呼吸道病变。

气囊炎多见于雏鸟和幼龄鸟。病鸟表现出程度不同的呼吸道症状，严重者呼吸困难，有啰音、咳嗽，食欲消失，精神不振，消瘦，发病后的 4～5 天死亡率最高。

(2) 脐炎　本病发生于雏鸟，可能是出壳后感染。其主要症状是雏鸟缺乏活力，虚弱，喜靠近热源，脐带呈蓝紫色，脐带潮湿发炎。卵内感染，也可能是卵黄囊壁水肿。病鸟多在 2～3 天内死亡，超过 3 周龄停止死亡。

(3) 输卵管炎　病鸟左侧腹大气囊感染后，许多母鸟发生慢性输卵管炎。输卵管扩大，管壁变薄，并在其内出现大的干酪样团块，这是最明显的特征。病鸟消瘦，食欲下降，羽毛无光泽，不喜欢运动，常蹲着。用手触摸腹部有不光滑的硬块，质地较硬，圆形或椭圆形。病鸟在几个月内死亡。

(4) 眼球炎　为急性败血症恢复期的一种症状，常为单侧性。临床表现畏光，流泪，眼睑水肿，瞳孔灰白、混浊，眼球萎缩。

(5) 急性败血症　幼鸟和成年鸟都可发生。雏鸟、幼鸟夏季多发，精神欠佳，衰竭，下痢，粪便呈白色或黄绿色，腹部胀满。成年鸟则多在寒冷的冬季发病，病鸟呼吸困难，体重减轻。死亡率为 20%～25%，最高可达 50%。特征性病变是纤维素性心包炎，心包膜与心肌或胸腔组织粘连。气囊混浊，有干酪样物。肝脏明显肿胀、呈绿色，被膜增厚，有胶样渗出物包围，严重的病例肝外表呈玉米粉状。这种急性败血症的病鸟在死前肌肉丰满，嗉囊充满食物。

3. 实验室诊断

临床症状和剖检病变具有一定的诊断意义。据此可作出初步诊断。本病的确诊可通过细菌分离培养及血清型确认。

(1) 检样稀释　以无菌操作将检样 25ml（或 25g）放于有 225ml 灭菌生理盐水或其他稀释液的灭菌玻璃瓶内（瓶内放置适当数量的玻璃珠）或灭菌乳钵内，经充分振摇或研磨制成 1∶10 的均匀稀释液。根据检测需要，选择 3 个稀释度。

（2）乳糖发酵试验　将待检样品接种于乳糖、胆盐发酵管内，接种量在 1ml 以上者，用双料乳糖胆盐发酵管；1ml 及 1ml 以下者，用单料乳糖胆盐发酵管。每一稀释度接种 3 管，置（36±1）℃温箱内，培养（24±2）h，如所有乳糖胆盐发酵管都不产气，则可报告为大肠杆菌阴性。

（3）分离培养　将产气的发酵管分别转种在伊红-亚甲蓝琼脂平板上，置（36±1）℃温箱内，培养 18～24h，然后取出，观察菌落形态，并做革兰染色和证实试验。

【防治处理】

1. 治疗原则及方法

最好先将分离菌做药敏试验。

建议诺氟沙星按每千克（升）饲料或饮水加入诺氟沙星 1g，连用 3～5 天，饮水每天更换 1 次。氯霉素或庆大霉素按 0.1% 的比例拌料，连喂 3～4 天。成年鸟可按每升水中加入 1 万单位饮水，每天 2 次，连用 2～3 天，效果显著。庆大霉素每升水中加入 1 万单位，让病鸟饮用，连用 5～7 天，对防治气囊炎、肠炎有较好的疗效。

对眼球炎的病鸟，可用温水加少量卡那霉素、庆大霉素、氯霉素等抗生素洗眼，每日 2 次以上。上述药物与氢化可的松滴眼液交替使用，疗效更佳。对患脐炎的雏鸟，可经口腔滴服庆大霉素或氯霉素，每日 2 次。在破溃的脐部涂些碘酊，有一定疗效。

2. 预防与控制

目前尚无适用鸟类的大肠杆菌病疫苗，而抗大肠杆菌病血清的被动免疫效果也十分有限，因而本病主要靠综合防治。对雏鸟要精心照管，控制好环境温度和湿度，避免饲料、饮水、环境、用具被污染。

加强日常的饲养管理和兽医卫生防疫工作，诸如喂给全价饲粮、洁净的饮水和保健砂，垫料要暴晒消毒、勤换，保持舍内外清洁卫生，饲饮器具要消毒，定期进行杀虫、灭鼠等。

加强检疫，适度进行药物预防。定期对宠鸟进行检疫，检测分离菌的最敏药物用于群体药物预防，以提高预防效果和控制耐药性菌株的产生。

单元六　鸟类巴氏杆菌病

鸟类巴氏杆菌病又称鸟霍乱、鸟出血性败血症。该病是由多杀性巴氏杆菌引起的一种接触性烈性鸟类传染病。急性型以败血症和剧烈下痢、高发病率、高死亡率为特征。慢性型以肉髯水肿和关节炎为特征。本病是危害鸟类的重要疾病之一。

【诊断处理】

1. 流行病学特点

各种观赏笼养鸟如八哥、知更鸟、椋鸟、金丝雀和鹦鹉等及各种野生鸟都感染此病。该病发病季节不明显，但以夏末秋初为最多，在潮湿地区也易发生。此病菌是一种条件性病菌，在自然界分布很广，主要通过呼吸道、消化道及皮肤创伤传染。病鸟的尸体、粪便、分泌物和被污染的笼具、饲料和饮水等是主要的传染源。蛋白质及矿物质饲料的缺乏、感冒等皆可成为发生本病的诱因。体外寄生虫和苍蝇都可成为该病传染的媒介。

2. 症状及病理变化

自然感染病例潜伏期 3～10 天。最急性型的病例常不出现症状而突然死亡。大多数急性病例其病程可达几天，并表现出各种症状。病后存活下来的鸟康复后也可成为带菌鸟。

急性感染的典型临床症状是细菌性败血症。主要表现为精神不振，羽毛松乱，眼睛闭合，在栖杠和地上不动，头藏于翅下，站立不稳，常伴有剧烈腹泻。粪便开始是水样和带白，而后变为绿色，并有黄色或褐色的黏液，由于多处肠黏膜溃疡，有时粪便中有血染样，肛门附近羽毛粘有粪便。体温高达43～44℃，口渴，喜饮水。呼吸加速，嘴常张开，有时发生"咯咯"声。口腔流出黏性流出物，鼻腔分泌物增多，死前常拍打翅膀或痉挛，病程1～3天。

慢性者多由急性转为慢性，或是由低毒力的毒株感染所致。慢性感染的症状与感染的解剖位置有关，病鸟逐渐消瘦，精神欠佳，贫血，无力，食欲不振。腿关节和翅关节肿大，跛行。持续性腹泻是死亡前的征兆。一些病例的头部无羽毛处出现鳞片状或痂皮状病变。病程可达几周甚至几个月。

常见的病变多与血管功能紊乱有关系。常发生全身性充血、淤血和出血，各脏器及其他部位的出血均为点状，例如心外膜、腹腔脂肪、肠系膜等的出血均为点状。肝脏表面有针尖大小圆形灰白色的坏死灶，其大小基本相同，这是禽霍乱的特征性病变。

3. 实验室诊断

临床症状和剖检病变具有一定的诊断意义，据此可作出初步诊断。确诊可通过细菌分离培养及血清型确认。

（1）镜检　革兰染色，细菌形态学观察。

（2）生化试验　取纯化后在鲜血琼脂上形成的单个菌落，接种于生化鉴定培养基，培养48h后观察结果。

（3）动物接种　将被检宠鸟的肝、脾等病料研磨，用灭菌生理盐水制成1∶10悬液，取上清液皮下注射接种于10只健康小白鼠，每只0.4ml；另取10只小白鼠，分别用同法接种0.4ml灭菌生理盐水，作为对照观察。

（4）酶联免疫吸附试验　使用多杀性巴氏杆菌抗体检测试剂盒。

【防治处理】

1. 治疗

对病鸟的用药种类、用药剂量以及疗效有时不尽相同，这可能是因为多杀性巴氏杆菌的菌株不同，以及用药时间、所选用的药物和剂量不同所致。

磺胺二甲嘧啶可按0.2%～0.5%的比例拌饲料，或让病鸟饮0.1%浓度的水，连用3天，可减少鸟的死亡。磺胺喹噁啉可按0.03%的比例拌料，或按0.01%～0.03%的比例饮水，对预防本病的爆发有较好的效果。但本药长期使用可能会引起中毒。喹乙醇可按25mg/kg的比例拌料，连用3～5天。敌菌净口服30mg/kg，每天2次，连用2～4天。氯霉素按30mg/kg口服或拌料，每天2次，连用2～3天；或者配成0.2%～0.5%的浓度饮水，连用2天。土霉素或四环素按40mg/kg口服或拌料，每天2次，连用2～3天。诺氟沙星0.1%拌料或饮水，效果较好。

2. 注意事项

磺胺类药物必须在本病爆发的早期使用，才能收到较好的疗效，而且必须连续治疗，否则常常出现再次爆发。无论用何种药物，对经济价值较高的病鸟要单只隔离治疗，严格掌握用药量和用药时间的长短，以免引起中毒。

对于鸟笼和器械的消毒，使用过氧乙酸效果明显，而且对鸟无不良反应。

3. 防治与预防

对本病采用预防和药物治疗措施。感染的最初来源可能是病鸟或康复后而仍携带病菌的鸟，因此，要预防本病，最首要的方法是不让其他动物接近鸟舍，并经常对鸟舍、鸟笼消毒和清洗。

单元七 鸟类结核病

鸟类结核病是一种由结核分枝杆菌引起的鸟类接触性传染病。其特点是该病潜伏期长，器官损害表现为有小瘤状肉芽肿，在肝脏、肾脏、小肠、骨髓、脾脏、肺等器官可见各种大小的灰色、白色瘤或结节。

【诊断处理】
1. 流行病学特点
结核分枝杆菌主要通过呼吸系统和消化系统或皮肤黏膜的损伤侵入易感机体而致病。患结核病鸟通过飞沫或咳嗽，将分泌物中的结核分枝杆菌散布于空气中，污染空气和尘埃，经鸟呼吸感染肺，引起结核病；或经消化道食入被结核菌污染的饲料、饮水等，发生消化道结核，常见肠结核、腹腔结核。

该病发生于多种观赏笼养鸟和野生鸟包括画眉、云雀、金丝雀、椋鸟、鹩哥等。鹦鹉中亚马逊鹦鹉、派翁尼斯鹦鹉及虎皮鹦鹉是较常见被感染的对象。

2. 症状及病理变化
本病急性发作的潜伏期为3~6天，慢性病例的潜伏期为14天或更长。症状差异很大。特急性病例可能不出现任何症状突然死亡，或者出现首发症状后在几小时或几天内死亡，以继发性腹泻和急性败血症为特征。但是多数病例的病程较长，达2周以上，病鸟死前2~4天出现症状，身体虚弱，羽毛无光泽、蓬乱，呼吸困难，腹泻也是常见症状。有的病例病程更长，以至身体极度虚弱。病鸟全身震颤、发抖，肌纤维自发性收缩。剧渴，行走困难、体态不佳，关节强直，产蛋率下降，嗜睡，便秘。病鸟舌部有溃疡，部分出现水疱，后转为糜烂。舌无力、麻痹。慢性病例的早期食欲正常，但死前1~2天食欲废绝。这也是笼养鸟进行性消瘦性疾病的一种。

鹦鹉对禽型结核分枝杆菌、人型结核分枝杆菌、牛型结核分枝杆菌都有易感性，通常只患由人型结核分枝杆菌所致的结核病，感染多由头部皮肤的破损或口腔黏膜而发生，偶有经消化道感染，经呼吸道感染较少见。

鹦鹉的结核病与其他鸟、雉、禽的结核病大致相同，只是病变的位置有所不同，鹦鹉结核常见于皮肤和口腔黏膜。皮肤和皮下组织的结核为别针头至鸡蛋大的球形或卵圆形结节，中度坚韧或略柔软，表面光滑，内有干酪样物。随病情发展，角化的上皮在结节的表面形成厚的痂皮，或形成几厘米长的角质赘生物。眼结膜上的结节质软，较易出血。口角附近的结节到后期影响喙的采食和饮水，眼睑周围的结节则将眼球排挤，影响视力。鹦鹉骨结核少见，而内脏结核也表现为腹泻、饮食欲减少、营养不良、贫血、逐渐消瘦，甚至衰竭而死。

如果死于急性期的败血病阶段，肠炎和肝、脾肿大可能是仅有的病变。亚急性或慢性病例可引起肝、脾、肺肿大，在内脏器官（肝、脾等）和肌肉可见粟粒大小的黄白色坏死灶，以及不同程度的卡他性和出血性肠炎。皮肤或者皮下组织肿胀有团块，呈现白色结节。

3. 实验室诊断
依据病史、临床症状和剖检病变可作出初步诊断。确诊可通过细菌分离培养及血清型确认。

（1）镜检 细菌形态学观察鉴定。结核菌革兰染色阳性、无芽孢、不运动、细胞呈分枝状并具抗酸性，形态呈直杆状或弯杆状，有时也有球状、分枝杆状或易断裂的丝状。

（2）分离培养 将病料接种于培养基进行纯培养，观察菌落形态。在人工培养基上，由于菌株、菌龄以及环境条件的不同，可出现球状等多种形态。有毒力的菌株在液体培养基中呈束状排列。严格需氧，在含有血清、卵黄、马铃薯、甘油以及某些无机盐类的特殊培养基上才能生长。

（3）动物实验　可将病料注射于2～3只健康豚鼠的腹腔或肌肉内，经过3周左右，杀死豚鼠，如有结核分枝杆菌感染，可见腹膜、肝、脾和淋巴结中有新鲜的结核结节，肝脏可见脂肪变性等变化。

【防治处理】

1. 治疗

使用以下几种药物参考药量：氯霉素按每升水加入0.6g，硫酸链霉素按每升水加入0.5g，患鸟饮用2天，再用四环素按每升水加入0.45g，令患鸟饮用，有较好的疗效。用四环素治疗，每只鸟每次服用5～6mg，每日2次，连服7天。

2. 注意事项

该病为人畜共患病，所以强烈建议患鸟安乐死。对于价值极高的鸟类，可采用治疗人类结核病的口服药物治疗，可能会导致肝毒性，或者引起呕吐等胃肠道不良反应。

3. 预防

预防该病较为困难，因为目前尚无疫苗可用，并且多种鸟带有病原。搞好卫生防疫工作，定期消毒鸟舍、鸟笼和用具，更换垫料。养鸟场和养鸟专业户应经常对鸟群进行检疫，一旦发现病鸟，应立即隔离治疗或者淘汰。

单元八　鸟类多瘤病毒感染

鸟类多瘤病毒感染是由鸟类多瘤病毒引起的主要危害鹦鹉幼鸟的一种急性、高度致死性传染病。

【诊断处理】

1. 流行病学特点

该病不仅侵害长尾小鹦鹉，其他多种鹦鹉也能感染，年幼的虎皮、金刚、锥尾、月轮、凯克及爱情鸟的感染率较高，而吸蜜、亚马逊、灰鹦、鹰头、巴丹的患病率较低。15日龄以下的鹦鹉最易感。在2～4周龄长尾小鹦鹉和4～12周龄的大型鹦鹉中，病毒感染可造成急性死亡。雏鸟发病率为100%，病死率在25%～100%不等，但通常因继发细菌感染而引起100%死亡。4周龄以上的鹦鹉一般无临床症状，但可能是病毒携带者。主要以水平传播，但也可通过垂直传播。

2. 症状及病理变化

病鸟表现腹泻、脱水，腹部肿大、皮肤发红。粪便稀薄，常呈淡绿色并略带白色，病鸟常在出现腹泻后1～5天死亡。初生至6日龄，羽毛发育障碍。15日龄以内发病的虎皮、玄凤或爱情鸟等小型鹦鹉幼鸟，背部与腹部缺乏绒毛，颈部缺乏针羽。腹部膨大，嗉囊淤血，排空时间延迟，皮下出血，肾功能衰竭，发育缓慢。突然死亡，死亡率高达30%～100%。15日龄以上的鹦鹉尾羽和廓羽生长受损；25日龄以上耐过本病的鹦鹉，羽毛又开始发育，但个体瘦小，羽毛始终发育不全，常伴有细菌或者真菌并发症，患鸟失去观赏价值和经济意义。

病变可因并发症的存在而表现不一，剖检可见心包积液、心脏肿大，表面有针尖大小的白色坏死灶或粟粒样出血斑。肝脏肿大，肝表面散布大小不等的黄白色或灰色坏死灶，呈大理石样外观。肾肿大、淤血，表面散在针尖大小的坏死灶，病程稍长者还可见到尿酸盐沉积。腹腔积水，液体呈淡黄色，有的呈胶冻样。肺水肿、淤血或出血。组织学观察可见羽根、羽囊及羽髓单核细胞和异嗜细胞浸润出血。输尿管上皮细胞、表皮、羽根等发生空泡样病变和核内包含体。

3. 实验室诊断

通过临诊症状、剖检变化、病理组织学检查及电镜观察可进行初步诊断，确诊依赖于病毒的分离和鉴定。

（1）病毒的分离和鉴定　可采取病鸟的肝、脾、肾、心脏或皮肤匀浆，将上清液接种于BEF、CEF或鸡胚分离病毒，接种后48h可见细胞核增大，72～96h胞核明显增大，细胞肿大变圆。进行病毒的理化特性检查并结合电镜观察鉴定病原是较为可靠的诊断方法。

（2）血清学诊断　可运用荧光抗体染色或HE染色，在各脏器，特别是病鸟羽根部和输尿管上皮细胞检出嗜碱性核内包含体可确诊。

此外，可采用中和试验和ELISA检查抗体。应用分子生物学方法诊断BFDV比较快速、灵敏并且省时省力。目前用于该病的分子生物学诊断方法包括PCR、DNA探针及DNA原位杂交技术。

【防治处理】

1. 治疗

本病尚无有效的治疗方法。应用澳洲长尾小鹦鹉幼雏病高免血清治疗本病有一定疗效。

2. 注意事项

多瘤病毒粒子在环境中生存能力很强。能够在极端热的条件下存活很久，并保持感染活力。多瘤病毒对于很多消毒剂也有抵抗能力，氯漂剂被认为最有杀毒效果，还有次氯酸钠。

没有任何明显症状就死在巢里的雏鸟，应该在24h内或者更早进行病理剖检，新鲜样本对确诊病毒是必要的。

3. 防治

雏鸟可在5周龄左右接种疫苗，2～3周后接种强力针。降低鹦鹉的饲养密度，加强饲养管理，搞好卫生消毒工作。严格检疫制度，严禁从疫区引入带毒鸟类等综合防治措施，对防治该疾病有一定效果。

单元九　鹦鹉疱疹病毒感染

鹦鹉疱疹病毒感染又称鹦鹉帕切病，是鹦鹉的一种以肝脏出血、脾脏肿大、肠管出血为特征的急性、致死性传染病。

本病只发生于鹦鹉，任何年龄、种类的鹦鹉都可感染此病，是鹦鹉类的致死性、急性、感染性疾病。病鸟会在完全无症状的情况下，突然死亡，致死率达50%～90%。

【诊断处理】

1. 流行病学特点

在病鸟的粪便及咽分泌物中，可采集到大量病毒。口腔及飞沫传染可能是感染的途径。有时患鸟并无临床症状，成为隐性带毒者。感染鸟类的疱疹病毒共有13种血清型，不同血清型的疱疹病毒可引起呼吸器官不同病变。该病毒还可能造成小葵花风头鹦鹉腿部发生乳突状瘤、亚马逊鹦鹉鼻窦、气管增生伪膜的气管炎、鼻窦炎等病症。

2. 症状与病变

自然感染的潜伏期为6～12天。急性病例呈精神抑郁,眼睛和鼻腔流出分泌物,呼吸时有明显啰音,头下低并向旁边弯曲。病情严重时,呼吸困难,吸气时张口、伸头,打喷嚏,痉挛性咳嗽。打开口腔,可见喉部和气管内有纤维蛋白原覆盖物。由于过量的炎性分泌物和血液积聚在喉头,常因窒息而死亡,或因继发细菌性感染而死亡。病程2周,死亡率为10%～20%。轻型病例的症状较轻,表现为结膜炎,流泪。

剖检:肝脏呈灰白色,有散在出血点和淡黄色坏死灶。全身脂肪变黄。脾脏明显肿大,颜色变淡,质脆,有弥漫性坏死区和出血区。肠道内有血块、血水,黏膜出血。气囊发炎,脾、胃有出血点。组织学观察可见肝脏及脾脏坏死和嗜酸性核内包含体。

3. 实验室诊断

依据病史、临床症状和剖检病变可作出初步诊断。进一步确诊需要做病理组织学检查,于肝脏、心脏和肾脏的细胞内发现大的核内包含体,或者做病毒分离鉴定。

(1) 病毒分离技术 取病料匀浆滤液接种7日龄鸡胚卵黄囊或尿囊内,培养3～7天出现死亡、胚矮化出血。也可将病料匀浆无菌滤液接种鸡胚成纤维细胞,感染后48～72h出现巨大的多核细胞等病变。

(2) 包含体检查 采取肝脏、脾、气囊上皮、肠管等病料制成切片或涂片,染色后镜检,可见到细胞内的胞浆或胞核包含体。

(3) 酶联免疫吸附试验

① 加抗体包被→4℃过夜,洗涤3次、拋干。
② 加待检抗原→37℃ 30min,洗涤3次、拋干。
③ 加酶标抗体→37℃ 30min,洗涤3次、拋干。
④ 加底物液 →37℃ 15min,加终止液。
⑤ 用ELISA检测仪测定OD值。

(4) 免疫荧光技术及核酸探针等技术。

【防治处理】

本病无特效治疗药物,也无特效疫苗,应做好预防工作,平时加强饲养管理、检疫、隔离和消毒等。经常用3%来苏儿、1%氢氧化钠溶液、5%石炭酸溶液等对鸟笼和鸟舍消毒,可在0.5～1min内杀死病毒。把适量抗生素和磺胺类药物加入到饲料或饮水中,以防继发细菌性感染。对呼吸困难的病鸟,可用镊子除去喉部和气管上端的渗出物,缓解呼吸困难。

实践活动十 鸟新城疫的实验室诊断

【知识目标】

1. 了解鸟新城疫的危害和流行情况。
2. 了解鸟新城疫的临床诊断要点。
3. 了解鸟血凝试验(HA)和血凝抑制试验(HAI)的原理在实践中的应用情况。

【技能目标】

1. 能熟练应用鸟新城疫的实验室诊断技术。
2. 知道鸟新城疫的免疫监测技术。

【实践内容】

1. 病料的采取及处理。

2. 病毒的分离培养。
3. 被检血清制备。
4. 血凝试验和血凝抑制试验。

【材料准备】

新城疫被检病料（病鸟的脾、脑及肺）、新城疫被检血清、新城疫标准抗原、新城疫阳性血清（HI效价为1:640）、9～10日龄的非免疫鸡胚。8%柠檬酸钠、生理盐水、鸡胚、青霉素、链霉素、医用酒精棉球、5%碘酊棉球、孵化器（或电热恒温箱）、照蛋器、锥子、蛋架、玻璃注射器（1ml、5ml或10ml）、试管（10mm×100mm、15mm×150mm）、针头（5号、7号、16号）、刻度吸管（0.5ml、1ml、5ml、10ml）、手术剪、眼科剪、眼科镊、组织镊、试管架、研钵、电动离心机、微型振荡器、微量加样器、96孔V型反应板、1%鸡红细胞悬液、直径2～3mm塑料管（一次性输液管）、记号笔、酒精灯、培养箱等。

【方法步骤】

1. 病料的采取及处理

材料应采自早期病例，病程较长的不适于分离病毒。病鸟扑杀后无菌采取脾、脑和肺组织；生前可采取呼吸道分泌物。将材料制成（1:5）～（1:10）的乳剂，并且加入青霉素、链霉素各1000IU/ml，以抑制可能污染的细菌，置4℃冰箱2～4h后离心，取其上清液作为接种材料。同时，应对接种材料做无菌检查。取接种材料少许接种于肉汤、血琼脂斜面及厌氧肝汤各一管，置37℃培养观察2～6天，应无细菌生长。如有细菌生长，应将原始材料再做除菌处理，如有可能最好再次取材料。

2. 病毒的分离培养

用9～11日龄的非免疫鸡胚，划出气室，在接近气室的绒毛尿囊膜而无大血管处作一标记，用碘酊消毒棉球，并在此点锥一小孔，再在气室端钻一小孔，供排气用。将针头与蛋壳以30°角刺入3～5mm，注入上述处理过的材料0.1～0.2ml于尿囊腔内。亦可在距气室边缘0.3～0.5cm处的蛋壳上穿一小孔，针头垂直刺入1～1.5cm（估计已透过绒毛尿囊膜），即可注入接种材料。接种后用石蜡封口，气室向上，继续35～37℃孵育箱中孵化，每天照蛋1～2次，继续观察5天，收集接种后24～96h间死亡的鸡胚，鸡胚死亡后立即取出置4℃冰箱冷却4h以上（气室向上）。用碘酊消毒气室部，再用无菌镊除去气室部蛋壳及壳膜，另换无菌镊将绒毛尿囊膜撕破，用消毒注射器或吸管吸取尿囊液，并做无菌检查，混浊的鸡胚液应废弃。留下无菌的鸡胚液，贮于无菌小瓶，置低温冰箱保存，供进一步鉴定。同时，可将鸡胚倾入一平皿内，观察其病变。由新城疫病毒致死的鸡胚，胚体全身充血，在头、胸、背、翅和趾部有小出血点，尤其以翅部明显，在该病诊断上有参考价值。

3. 被检血清制备

刺破鸟翅静脉，用塑料管引流吸取血液至塑料管长度的2/3处（长3～5cm），然后将塑料管的一端在酒精灯上熔化封口。在管上贴胶布注明编号，待血液凝固后，经1500r/min离心5min，取血清备用。在免疫鸟群中定期随机取样，抽样率保证有代表性，每群一般采16份以上血样。鸟群小的采样比例为3%～10%，大的为0.1%～0.3%。原则上，小鸟群（100只以上）的采样不能少于10只，大鸟群（万只以下）不少于500只，万只以上的大鸟群，可按0.1%～6%的比例采样。

4. 0.5%鸡红细胞悬液制备

采1～2只健康鸡（最好未经新城疫免疫或接种时间较长）翅静脉血液混合，用生理盐水离心洗涤3次，根据离心压积的红细胞量，用生理盐水配制成1%红细胞悬液。

5. 血凝试验

新城疫病毒微量血凝试验操作方法见表8-1。

表8-1 新城疫病毒微量血凝试验操作方法　　　　　　　　　　　单位：滴

孔号	1	2	3	4	5	6	7	8	9	10	11	12
稀释度	1	2	8	16	32	64	128	256	512	1024	2048	对照
生理盐水	1	1	1	1	1	1	1	1	1	1	1	1
被检病毒(抗原)	1	1	1	1	1	1	1	1	1	1	1	弃1
0.5%红细胞悬液	1	1	1	1	1	1	1	1	1	1	1	1
操作	振荡1min，20～30℃静置20min，每5min观察一次，观察1h											
结果举例	++++	++++	++++	++++	++++	++++	++++	++++	++	-	-	-

注：++++为全凝集；++为不完全凝集；-为不凝集。

首先在96孔V型反应板1～12孔各加生理盐水1滴（0.025ml，下同）。

再用微量移液器取1滴被检抗原于第1孔，吹吸3次混匀后，吸1滴至第2孔，依次做倍比稀释至第11孔，再从第11孔吸取1滴弃去，第12孔不加抗原作为对照。然后换一个吸头，依次在各孔加入0.5%红细胞悬液各1滴。最后在微型振荡器上振荡1min，在20～30℃静置20min，每5min观察1次，观察1h。

判定结果：能使鸡红细胞完全凝集的病毒最高稀释倍数，称为该病毒的血凝效价，即一个血凝单位。

6. 血凝抑制试验

能使0.5%红细胞悬液发生凝集的未必是新城疫病毒，其他病毒也可能引起红细胞凝集，如禽败血支原体、产蛋下降综合征病毒等。所以还需要用已知的抗血清做血凝抑制试验（表8-2），以鉴定病毒。

表8-2 新城疫病毒微量血凝抑制试验操作方法　　　　　　　　　单位：滴

孔号	1	2	3	4	5	6	7	8	9	10	11	12
稀释度	1	2	8	16	32	64	128	256	512	1024	2048	对照
生理盐水	1	1	1	1	1	1	1	1	1	1	1	1
被检病毒(抗原)	1	1	1	1	1	1	1	1	1	1	1	弃1
4单位被检病毒	1	1	1	1	1	1	1	1	1	1	1	1
操作	振荡1min，20～30℃静置15～20min											
0.5%红细胞悬液	1	1	1	1	1	1	1	1	1	1	1	1
操作	振荡1min，20～30℃静置20min											
结果举例	-	-	-	-	-	-	++	+++	++++	++++	++++	++++

注：++++为全凝集；++，+++为不完全凝集；-为不凝集。

首先在第1～12孔各加入生理盐水1滴。用微量移液器吸1滴被检血清于第1孔内，吹吸4次混匀后，吸1滴至第2孔，依次做倍比稀释至第11孔，再从第11孔吸取1滴弃去。然后换一个吸头向第1～12孔各加入1滴4单位被检病毒液，振荡1min后置20～30℃下15～20min。最后再换一个吸头，每孔加1滴0.5%红细胞悬液，振荡1min，放20～30℃下静置20min后观察结果。

能使4个凝集单位的病毒凝集红细胞的能力完全受到抑制的血清最高稀释倍数，称为该病毒的血凝抑制效价，又称血凝抑制滴度。上例阳性血清的血凝抑制效价为1:128。有的用其倒数的lg2来表示，即1:128可写作7lg2。如果已知阳性血清，对一已知新城疫病毒参考毒株和被检病毒都能以相近的血凝抑制效价抑制其血凝作用，而且都不被已知阴性血清所抑制，则可将被检病毒鉴定为新城疫病毒。反之，也可用已知病毒来测定被检鸟血清中的血凝抑制抗体，但不适用于急性病例。因为通常要在感染后的 5~10 天，或出现呼吸道症状后 2 天，血清中的抗体才能达到一定的水平。如果同一病鸟发病初期和发病后期的血清血凝抑制效价升高 4 倍，例如由 $2lg2$ 升高为 $4lg2$，或鸟群中 10% 以上鸟出现 $11lg2$ 以上的高血凝抑制效价，则可诊断鸟群自然感染了新城疫；再结合流行特点、临诊症状和剖检变化，可确诊。

抑制效价在 $4lg2$ 的鸟群保护率为 50% 左右；$4lg2$ 以上保护率达 90%~100%；在 $4lg2$ 以下的非免疫鸟群保护率约为 9%，免疫过的鸟群为 43%。鸟群的血凝抑制效价以抽检样品的血凝抑制效价几何平均值表示，新城疫的免疫临界值为 $3lg2$~$4lg2$，如平均水平在 $4lg2$ 以上，表示该鸟群为免疫鸟群。

【注意事项】

在血凝试验和血凝抑制试验中，当红细胞出现凝集以后，由于新城疫病毒囊膜上的纤突含有神经氨酸酶，可裂解红细胞膜受体上的神经氨酸，结果使病毒粒子重新脱落到液体中，红细胞凝集现象消失，此过程称为解凝，试验时应注意，以免判定错误。

【实践报告】

根据鸟新城疫的实验室诊断实践内容写出实践报告。

实践活动十一 巴氏杆菌病的实验室诊断

【知识目标】

1. 了解巴氏杆菌的染色特点、形态特征。
2. 了解鸟巴氏杆菌病的诊断要点。

【技能目标】

熟知鸟巴氏杆菌病的实验室诊断方法。

【材料准备】

(1) 病料　肝、脾、心血等。
(2) 培养基　普通肉汤培养基、鲜血（血清）琼脂平板。
(3) 染色液　亚甲蓝染色液、瑞氏染色液、姬姆萨染色液。
(4) 实验动物　鸽、鸡或小鼠。
(5) 其他材料　香柏油、二甲苯、75% 乙醇、3% 来苏儿。
(6) 仪器、设备　酒精灯、剪刀、镊子、接种环、载玻片、显微镜、无菌平皿、记号笔、吸水纸、擦镜纸。

【方法步骤】

(1) 涂片镜检　无菌采集病料涂片，分别进行亚甲蓝染色、瑞氏染色、姬姆萨染色，镜检，多杀性巴氏杆菌呈卵圆形，有明显的两极浓染，并可看到两极之间两侧的连线。血液涂片用瑞氏或姬姆萨染色时，细菌呈蓝色或淡青色，红细胞染成淡红色，红细胞内含有紫色的核。

(2) 分离培养　将病料分别接种于鲜血琼脂、血清琼脂和普通肉汤，37℃ 培养 24h。多杀性巴氏杆菌在鲜血琼脂上呈较平坦、半透明的露滴样菌落，不溶血；在血清琼脂上生长旺盛，于 45℃ 折射光线下检查可见有不同色泽的荧光；在普通肉汤培养基中呈均匀混浊，以后便有沉淀，振摇时沉淀物呈辫状升起。

(3) 生化试验 将培养物进行涂片检查（多杀性巴氏杆菌在从培养基上所做的涂片中，大部分不表现两极浓染特性，而常呈球杆状或双球状），并观察其形态学、染色性、荧光性、培养特性，同时做生化试验。多杀性巴氏杆菌在48h内能分解葡萄糖、甘露醇和蔗糖，产酸不产气。靛基质、接触酶和氧化酶试验均为阳性，MR试验和V-P试验均为阴性，不液化明胶（表8-3）。

表8-3 多杀性巴氏杆菌的主要生化特性

运动力	靛基质试验	胆汁试验	荧光性	葡萄糖	甘露醇	蔗糖	卫矛醇	乳糖	鼠李糖
—	A	—	呈蓝绿色或橘红色荧光	A	A	A	A	—	—

注：A表示发酵；—表示不发酵。

(4) 动物试验 将病料研磨成糊状，用灭菌生理盐水稀释成（1∶5）～（1∶10）乳剂，接种于鸽的皮下、肌肉或腹腔内，剂量为0.2～0.5ml。实验动物如于接种后18～24h死亡，则采取心血及实质脏器做涂片检查，分离培养，然后再对病死动物进行剖检并观察病理变化。接种局部可见肌肉及皮下组织发生水肿和发炎灶；胸腔和心包有浆液性纤维素性渗出物；心外膜有多数出血点；淋巴结水肿并增大；肝脏淤血。

【实践报告】
根据巴氏杆菌病的实验室诊断内容写出实践报告。

【项目小结】

本项目主要介绍了宠物鸟的常见病毒性及细菌性传染病及部分非常见重大传染病，各传染病主要由诊断处理及防治处理两部分组成，内容侧重于实验室诊断、临床治疗措施等。对一些临床上常见的传染病如新城疫、沙门菌病感染等传染病作了详细、实际的介绍，特别是诊疗所需的实用方法、最新技术以及诊治时的注意事项也做了较为详细的描述。

【复习思考题】

1. 简述鸟流感的鉴别诊断及综合治疗方法。
2. 新城疫感染的症状有哪些？如何进行综合治疗？
3. 如何防治大肠杆菌病。
4. 鸟类结核病在临诊上有何特点？
5. 鹦鹉疱疹病毒感染如何诊断及治疗？
6. 鸟痘的临床症状有哪些？

项目九　宠物寄生虫病知识入门

【知识目标】
1. 了解寄生生活的概念。掌握寄生虫和宿主的类型。
2. 熟练掌握犬、猫寄生虫病诊断的基本方法。
3. 掌握寄生虫病流行的基本环节，熟练掌握寄生虫病的综合防治措施。

【技能目标】
1. 能够独立完成犬（猫）寄生虫病的流行病学调查。
2. 能针对犬（猫）的临床症状特点，提出确诊寄生虫病的方法和步骤。
3. 能针对犬（猫）寄生虫病的诊断，提出合理的综合性防治措施。

单元一　寄生虫和宿主

一、寄生生活

在生物体长期进化过程中，逐渐形成了一种特殊的生活现象，即共生。任何生物，只要它们生命中一段时间或终生与另一种生物之间存在着密切关系，就称为共生。根据共生双方的利害关系不同，可将其分为以下三种类型。

1. 互利共生

共生生活中的双方互相依赖，双方获益而互不损害，这种生活关系称为互利共生。例如，寄居在反刍动物瘤胃中的纤毛虫，帮助其分解植物纤维，有利于反刍动物消化，而瘤胃则为其提供了生存、繁殖需要的环境条件以及营养。

2. 偏利共生

共生生活中的一方受益，而另一方既不受益，也不受害，这种生活关系称为偏利共生，又称共栖。例如，海洋内的藤壶，定居在海洋内各种软体动物的身上，借助于软体动物的运动而捕食，但软体动物也不受到伤害。

3. 寄生

由于有些生物体不能独立生活，为了获得食物和生活场所、维持自己的生存而暂时或永久地生活在另一种生物的体表或体内，同时使后一种生物受到一定程度的损害，甚至引起死亡。这种一方受益而另一方受害的生活关系称为寄生。在寄生关系中，受益的一方称为寄生虫，受害的一方称为宿主。如犬蛔虫寄生于犬的小肠中，犬蛔虫为寄生虫，犬为宿主。

二、寄生虫与宿主的类型

寄生虫与宿主在长期的寄生关系中，由于受各种复杂因素的影响，使寄生虫与宿主的类型呈多样性。

1. 寄生虫的类型

（1）根据寄生部位分类

① 内寄生虫　寄生在宿主体内的寄生虫，如旋毛虫，成虫寄生于动物肠道中，幼虫寄生于同一动物的肌肉内。

② 外寄生虫　寄生在宿主体表的寄生虫，如蜱、疥螨、虱、蚊等。

(2) 根据寄生时间长短分类

① 长久性寄生虫　寄生虫的某一个生活阶段或一生不能离开宿主，否则难以存活的寄生虫，如蛔虫。

② 暂时性寄生虫　只是在采食时才与宿主接触的寄生虫，如蚊。

(3) 根据寄生虫对宿主的选择性分类

① 专一宿主寄生虫　有些寄生虫只寄生于一种特定的宿主，对宿主有严格的选择性。如人体的虱只寄生于人。

② 非专一宿主寄生虫　有些寄生虫能寄生于多种宿主。如旋毛虫可以感染人、猪、鼠、犬、猫、熊等50多种动物。

如果一种寄生虫既可以寄生于人，又可以寄生于动物，则把这种寄生所引起的疾病叫做人畜共患寄生虫病。

寄生虫的专一宿主性在某些特殊情况下也可以改变。例如对宿主施行免疫抑制处理，可以使其感染从来不感染的寄生虫。

一般来说，对宿主最缺乏选择性的寄生虫，最具有流动性，危害性也最为广泛。

(4) 根据需要宿主的数量分类

① 单宿主寄生虫　发育过程中仅需要一个宿主的寄生虫，也叫做土源性寄生虫、直接发育型寄生虫，如蛔虫。

② 多宿主寄生虫　发育过程中需要两个或两个以上宿主的寄生虫，也叫做生物源性寄生虫、间接发育型寄生虫，如寄生于猫肝脏中的华支睾吸虫，还需要淡水螺和淡水鱼或虾做它的宿主，才能完成整个发育过程。

2. 宿主的类型

(1) 终末宿主　寄生虫的成虫期或有性生殖阶段寄生的宿主称为终末宿主。如犬是犬蛔虫的终末宿主。

(2) 中间宿主　寄生虫的幼虫期或无性生殖阶段寄生的宿主称为中间宿主，如犬瓜实绦虫，成虫寄生于犬，幼虫寄生于犬栉首蚤，则犬为它的终末宿主，犬栉首蚤是它的中间宿主。

(3) 补充宿主　某些寄生虫在发育过程中需要两个中间宿主，第二个中间宿主称为补充宿主，如华支睾吸虫成虫寄生于犬、猫的胆管中，犬、猫是其终末宿主，幼虫的前一阶段寄生在淡水螺体内，淡水螺是其中间宿主，幼虫的后一阶段寄生在淡水鱼、虾体内，淡水鱼、虾就是它的补充宿主。

(4) 贮藏宿主　宿主体内有寄生虫的虫卵或幼虫存在，虽不发育繁殖，但保持对易感动物的感染力，这种宿主称为贮藏宿主，也叫做转续宿主或转运宿主，如啮齿类动物是犬蛔虫的贮藏宿主。

贮藏宿主虽不是寄生虫的适宜宿主，但在寄生虫病的传播上起着很大作用。

三、寄生虫的生活史

寄生虫完成一代生长、发育和繁殖的全过程称为生活史，也叫做发育史。

1. 寄生虫完成生活史的条件

(1) 适宜的宿主　适宜的甚至是特异性的宿主是寄生虫建立生活史的前提。

(2) 具有感染性的阶段　寄生虫并不是所有的阶段都具有感染宿主的能力，虫体必须发育到感染性阶段，并且获得与宿主接触的机会才能感染宿主。

(3) 适宜的感染途径　寄生虫均有特定的感染宿主的途径，多数内寄生虫为经口感染，外寄生虫多为接触感染。进入宿主体后要经过一定的移行路径到达其寄生部位，在此生长、发育和繁殖。但在此过程中，寄生虫必须克服宿主的抵抗力。

2. 宿主对寄生虫生活史的影响

宿主对寄生虫生活史的影响是多方面的，目的是力图阻止寄生虫的寄生。主要表现在以下方面。

(1) 遗传因素的影响　表现为某些动物对某些寄生虫具有先天不感染性，如一般犬不感染猪肾虫病。

(2) 年龄因素的影响　表现为不同年龄的个体对寄生虫的易感性有差异。一般来说，幼畜对寄生虫的易感性高于成畜，这与幼畜免疫功能较低，对外界环境抵抗力弱有关。

(3) 机体组织屏障的影响　宿主机体的皮肤黏膜、血-脑屏障以及胎盘等，可阻止一些寄生虫的侵入。

(4) 宿主体质的影响　宿主优良的体质可有效地抵抗寄生虫感染，主要取决于营养状态、饲养管理条件等因素。这是动物抵御寄生虫侵袭的最重要因素。

(5) 宿主免疫作用影响　当寄生虫侵入、移行和在寄生部位寄生时，宿主机体发生局部组织抗损伤作用，使组织增生和钙化，同时可刺激宿主机体网状内皮系统发生全身性免疫反应，抑制虫体的生长、发育和繁殖。

四、寄生虫的分类

所有的动物均属动物界。在动物界又依据各种动物之间相互关系的密切程度，分别组成不同的分类阶元。寄生虫分类的最基本单位是种，是指具有一定形态学特征和遗传学特性的生物类群。近缘的种集合成属，近缘的属集合成科，以此类推为目、纲、门、界。为了更加准确地表达动物的相近程度，在上述分类阶元之间还有一些"中间"阶元，如亚门、亚纲、亚目与超科、亚科、亚属、亚种或变种等。寄生虫亦按此分类原则进行分类。

与动物医学有关的寄生虫主要隶属于扁形动物门吸虫纲、绦虫纲；线形动物门线虫纲；棘头动物门棘头虫纲；节肢动物门蛛形纲、昆虫纲；环节动物门蛭纲；还有原生动物亚界原生动物门等。

为了表述方便，习惯上将吸虫纲、绦虫纲、线虫纲的寄生虫统称为蠕虫；昆虫纲的寄生虫通常称为昆虫；原生动物门的寄生虫称为原虫。由其所致的寄生虫病则分别称为动物蠕虫病、动物昆虫病、动物原虫病。

单元二　寄生虫免疫

一、寄生虫免疫的特点及其应用

1. 寄生虫免疫的特点

寄生虫感染动物后，在其整个寄生过程中，从生长、发育、繁殖到死亡，有分泌、有排泄、有死后虫体的崩解。这些代谢物和虫体崩解的产物与病原微生物一样，在宿主体内均起抗原的作用，诱导动物机体产生免疫应答。但寄生虫免疫又具有与微生物免疫不同的特点，主要表现为以下几点。

(1) **抗原的复杂性** 寄生虫抗原与微生物抗原相比，要复杂得多，主要有以下原因。

① 由于绝大多数寄生虫是多细胞动物，因而组织结构复杂。

② 虫体发育过程中存在遗传差异，有些为适应环境变化而产生变异。

③ 寄生虫生活史十分复杂，在不同发育阶段具有不同的组织结构。

④ 寄生虫进入宿主体内往往有移行的过程，使侵害部位发生变化。

(2) **带虫免疫** 带虫免疫也叫做非清除性免疫，是指寄生虫感染宿主后，宿主虽可获得一定的对此寄生虫再次感染的免疫力，但对体内存在的寄生虫不能完全清除，而是保持很少寄生虫感染状态，用药物驱除体内寄生虫后，宿主的免疫力也随之消失。

带虫免疫是寄生虫感染中常见的一种免疫状态，虽然可以在一定程度上抑制再感染，但这种抵抗力往往并不十分强大持久。

2. 寄生虫免疫的应用

寄生虫免疫主要用于免疫接种和免疫学诊断。

由于寄生虫抗原的复杂性，致使获得足够量的特异性寄生虫抗原有一定的困难，而其功能性抗原的鉴别和批量生产更为不易，因此，寄生虫免疫预防和免疫学诊断在实际应用时受到一定的限制。但伴随着各种生物学新技术，寄生虫免疫学研究不断取得进展，各种虫体的抗原变异机理也不断取得突破，使得寄生虫免疫在一定范围内得到应用。尤其近年来人们对药物残留问题的重视和寄生虫抗药性不断产生，因此与传统的药物预防相比，免疫预防在寄生虫病预防中的作用越来越受到人们的重视；在免疫学诊断方面，对宠物这类不宜于用剖检和活组织检查的方法检查病原体的动物群体，免疫学诊断是较理想的一种诊断方法。

二、常用免疫学检查技术

1. 间接血凝试验

间接血凝试验已在许多宠物寄生虫病诊断和流行病学调查中得到应用。如旋毛虫病、弓形虫病等。其原理和实验过程与微生物的免疫相同。根据所用的试剂和反应方式，间接血凝试验可分为 4 类。

(1) **间接血凝试验（IHA）** 先将抗原吸附于红细胞表面，以检测被检物中的抗体。

将抗原或抗体吸附于红细胞表面的过程，称致敏。吸附有抗原或抗体的红细胞称为致敏红细胞。

(2) **反向间接血凝试验（RIHA）** 用特异性抗体致敏红细胞，以检测被检物中的抗原。

(3) **间接血凝抑制试验（IHAI）** 该试验用抗原致敏的红细胞来检测相应的抗原。方法是先在被检物中加入相应的抗体，作用一段时间后，再加入致敏红细胞。如被检物中含有相应的抗原，则抗原将先与抗体结合，再加入抗原致敏的红细胞后，则不出现凝集。若被检物中不存在抗原，则出现凝集。

(4) **反向间接血凝抑制试验（RIHAI）** 该试验用抗体致敏红细胞检测被检物中的抗体。方法为先在被检物中加入相应的抗原，作用一段时间后，再加入致敏红细胞。若被检物中含有相应抗体，则不出现凝集，若不含抗体，则出现凝集。

2. 免疫荧光技术

免疫荧光技术又称为荧光抗体标记技术，是指用荧光素对抗体或抗原进行标记，然后用荧光显微镜观察所标记的荧光，以分析、示踪相应的抗原或抗体的方法。

目前，免疫荧光技术已在许多宠物寄生虫病中得到应用，如旋毛虫病、弓形虫病、利什曼原虫病等。

3. 免疫酶技术

免疫酶技术（ELISA）是固相免疫酶测定法中应用最广、发展最快的一种。其基本过程是，将抗原（抗体）吸附于固相载体，在载体上进行免疫酶反应，底物显色后用肉眼或分光光度计判定结果。

近年来，在免疫酶技术的基础上，又创建了一些新的酶免疫测定法，各种免疫酶方法已在宠物寄生虫病的诊断中得到应用。

单元三　宠物寄生虫病流行病学

研究宠物群体中发生寄生虫病的发病原因和条件、传播途径、发生发展规律、流行过程及其转归等方面特征的科学叫宠物寄生虫病流行病学。

宠物寄生虫病流行的基本要素为寄生虫、传播途径和易感动物。

一、寄生虫

某种寄生虫病的流行一定有该种寄生虫的存在，而且这种病原必须在数量和毒力上达到一定的程度，方可导致宿主的发病并在宿主群内流行。寄生虫一般存在于患病动物和带虫动物体表或体内，体内寄生的虫体，主要通过粪便、尿液、血液、痰和鼻液、流产物等把传染源排出体外。

二、传播途径

传播途径即寄生虫到达易感动物所经过的途径。寄生虫因种类不同，传播途径也各不相同，经口感染是最常见的一种，此外还有接触感染、经生物媒介感染、胎盘感染等途径。

三、易感动物

易感动物即对某一寄生虫有易感性的动物。寄生虫对宿主具有选择性。宿主易感性的高低与动物种类、品种、年龄、性别、饲养方式、营养状况等因素有关。相同动物的不同个体间对寄生虫的易感性也不尽相同。

影响宿主易感性最主要的因素，是宿主机体的营养状况，营养越好其易感性越低。因此在防治寄生虫病的过程中，必须对动物加强饲养管理，进行全价饲养。

单元四　宠物寄生虫病的诊断

宠物寄生虫病的诊断，遵循在流行病学调查及临床诊断的基础上，检查出病原体的基本原则进行。

一、流行病学调查

流行病学调查可以为寄生虫病的诊断提供重要的线索。在调查中，应全面了解患病宠物的生活环境、当地自然条件、中间宿主和传播媒介的存在与分布，发病季节、流行情况，调查和掌握宠物的饲养环境条件、管理水平、发病和死亡等情况及畜主和周围居民的饮食卫生习惯等，从而为诊断收集到有价值的资料。

二、临床检查诊断

通过临床检查可以查明动物的营养状况、临床表现和疾病的危害程度，为寄生虫病的诊断奠定基础。

在临床检查中，对于具有典型症状的寄生虫病，可基本确诊，如犬疥螨病的剧痒、脱毛；对某些肉眼可见的外寄生虫病，可以发现病原体而确诊，如犬栉首蚤病；对于非典型疾病，可获得有关临诊资料，为下一步采取其他诊断方法提供依据。

三、病原学诊断

病原学检查是诊断寄生虫病的重要方法。在流行病学调查和临床检查的基础上，根据寄生虫生活史的特点，从动物的粪、尿、血液或活体组织等部位检查寄生虫的某一发育期，如虫体、虫卵、幼虫、卵囊、包囊等，从而确诊。

不同的寄生虫病采取不同的检验方法。常用的方法有粪便检查、皮肤及其刮下物检查、血液检查、尿液检查、生殖器官分泌物检查、肛门周围刮取物检查、痰及鼻液检查和淋巴穿刺物检查等，因多数寄生虫的虫卵都随粪便排出体外，因此粪便检查是诊断寄生虫病最常用的病原学诊断方法。

四、免疫学诊断

免疫学诊断是利用免疫反应的原理，在体外进行抗原或抗体检测的一种诊断方法。对一般不适用剖检的方法进行确诊的宠物寄生虫病，病原学诊断和免疫学诊断是较常用的生前诊断方法，而免疫学诊断可以弥补病原学诊断中对早期感染、隐性感染以及晚期及未治愈患畜易造成漏检的弊端，因此在临床上，通常作为一种辅助性的诊断方法被采用。

几乎所有的免疫学方法均可用于寄生虫病的诊断。常用的方法有间接血凝试验、免疫荧光技术、免疫酶技术等。

五、药物诊断

对于生前不能或无条件进行病原学诊断的寄生虫病，可在初步怀疑诊断为某一寄生虫病的基础上，采用针对该种寄生虫的特效药物进行驱虫或治疗，然后观察病情是否好转或检查排出的粪便中有无虫体或虫卵，从而达到确诊的目的。

六、寄生虫剖检诊断

寄生虫剖检是诊断寄生虫病较为可靠的方法，尤其适合于对群体动物的诊断。剖检可用自然死亡的动物、急宰的患病动物、屠宰的动物或经济价值不大的患病动物。在病理解剖的基础上，检查并收集各器官的寄生虫，确定寄生虫的种类和数量，以便确诊。

七、分子生物学诊断

分子生物学诊断技术即基因和核酸诊断技术。随着分子生物学的飞速发展，许多分子生物学技术已应用于寄生虫病的诊断，并显示了高度的敏感性和特异性。已在寄生虫病诊断中应用的分子生物学技术主要有：DNA聚合酶链反应（PCR）、核型分析、DNA限制性内切酶酶切图谱分析、限制性片段长度多态性分析、DNA探针技术、核酸序列分析等。

单元五　宠物寄生虫病的综合防治

影响寄生虫病发生和流行的因素很多，防治应根据掌握的寄生虫生活史和流行病学等资料，采取综合性的方法及手段，达到控制寄生虫病发生和流行的目的。

一、动物驱虫

驱虫是寄生虫病综合防治的重要环节，具有双重意义：一方面可以治疗患病动物，另一方面能够减少患病动物和带虫动物向外界散播病原体，达到使健康动物免受感染的作用。根据目的不同，驱虫可分为治疗性驱虫和预防性驱虫两类。

1. 治疗性驱虫

即采用各种驱寄生虫药物对潜在感染或已经发病的动物进行治疗，达到驱除或杀灭寄生虫，使动物康复的目的。

治疗性驱虫可根据动物发病的症状和检查结果来选用适宜的药物，随时发病随时进行。

2. 预防性驱虫

根据"预防为主"的原则，采用药物对动物群体进行长期或定期驱虫的措施。无论动物发病与否，都施用抗寄生虫药物，主要目的是防止寄生虫病在群体中流行和爆发。常用以下两种方式。

（1）定期预防性驱虫　根据寄生虫的流行规律，在每年的一定时间进行一次或多次驱虫。对于多数寄生虫，通常采用一年两次的预防性驱虫，一次在秋末冬初，另一次在冬末春初。

（2）长期给药预防　即在饲料或饮水中加入一定量的抗寄生虫药物，让动物长期服用，达到预防寄生虫病的目的。但长期应用某种抗寄生虫药物很容易使虫体产生耐药性，因此最好能在一定时间内交叉使用某两种或几种抗寄生虫药物，以增强药效。

二、外界环境除虫

寄生在消化道、呼吸道、肝脏、胰腺及肠系膜血管中的寄生虫，在繁殖过程中随粪便把大量的虫卵、幼虫或卵囊排到外界环境并发育到感染期。因此，杀死粪便中的虫卵、幼虫或卵囊，可以有效地防止宠物再感染。杀死粪便中病原体的有效办法是粪便生物热发酵。随时把粪便集中在固定场所，经10～20天发酵后，粪堆内温度可达到60～70℃，几乎完全可以杀死其中的虫卵、幼虫或卵囊。

另外，尽可能减少动物与粪便接触的机会，要及时清除粪便、用化学药物消毒，并避免粪便对饲料和饮水的污染。

三、消灭中间宿主和传播媒介

有些寄生虫病在流行过程中必须有中间宿主参加，如犬复孔绦虫的中间宿主为犬栉首蚤，华支睾吸虫的中间宿主为淡水螺，当这种无经济价值、甚至有害的动物为中间宿主时，可利用物理、化学或生物学的方法加以消灭，从而切断了虫体完成发育的必经之路，起到防止虫体繁殖的作用。

四、增强动物抵抗力

实行科学化养殖，饲喂全价、优质饲料，使宠物获得足够营养，从而有效地抵抗寄生虫的入侵，阻止其继续发育，这是预防寄生虫病积极有效的方法。幼龄动物由于抵抗力弱，发病严重，因此对幼仔应予以特殊照顾，并尽早与成畜分离饲养。

免疫接种也是预防寄生虫病发生的有效手段。随着寄生虫耐药虫株的出现以及消费者对药物残留问题的担忧和环境保护意识的增强，研制疫苗防治寄生虫病已成为大势所趋。

寄生虫虫苗可分为六类，即寄生虫虫体疫苗、排泄物-分泌物抗原苗、组织细胞疫苗、基因工程苗、DNA苗和化学合成苗。目前国内外已成功研制的宠物寄生虫病疫苗主要有预防旋毛虫病、弓形虫病、棘球蚴病以及外寄生虫（吸血蝇、毛虱、蜱、螨）病等的疫苗。

实践活动十二　宠物粪便检查

【知识目标】
了解宠物粪便中常见寄生虫及其虫卵的种类、形态及危害性。

【技能目标】
学会采用粪便检查的方法对宠物寄生虫病进行诊断。

【实践内容】
1. 粪便的采集和保存。
2. 粪便中常见寄生虫的检查。
3. 粪便中蠕虫卵的集卵检查。
4. 粪便中常见寄生虫卵的计数。

【材料准备】
（1）仪器和用具　生物显微镜；胶皮或塑料手套；采集粪便用的塑料袋；检查时用的盆（或桶）、平皿、分离针、毛笔、粗天平、粪筛、60目铜筛、260目锦纶筛、玻璃棒、镊子、铁丝环；烧杯（或塑料杯）、100ml烧杯、离心管、漏斗、离心机、载玻片、盖玻片、带胶乳头的移液管、污物桶、纱布等。
（2）试剂　饱和盐水、0.1mol/L（或0.4%）氢氧化钠溶液。

【方法步骤】
一、粪便的采集
（1）准备　学生分组进入宠物养殖场或宠物医院，采集宠物的粪便。

在宠物养殖场中采集动物粪便主要用于该场动物寄生虫病普查，因此，应按动物数量将动物分组，每组选择有代表性的动物进行粪便采集；宠物医院中采集动物粪便主要用于寄生虫病确诊，应选择有疑似寄生虫病临床症状的动物进行粪便采集。

（2）粪便采集的要求　被检粪样应该是新鲜且未被污染的，因为陈旧粪便往往干燥、腐败、污染、虫卵发育或变形，干扰正常的诊断。

（3）粪便采集的方法　最好从直肠采粪。大动物用直肠检查的方法采集；小动物可将食指套上塑料指套，伸入直肠直接钩取粪便。自然排出的粪便，要采取粪堆上部未被污染的部分。

采取的粪便应装入清洁的容器内。采集用品和容器最好一次性使用，如多次使用则每次都要清洗，防止相互污染。

采取的粪便应尽快检查。

(4) 粪样的保存　如粪样不能立即检查，应放在冷暗处或冰箱冷藏箱中保存，以抑制虫卵和幼虫的发育，并防止粪便发酵；当地不能检查需送出或保存时间较长时，可将粪样浸入加温至50~60℃、5%~10%福尔马林中，使其中的虫卵失去活力，但仍保持原有形态，并防止微生物繁殖。

二、粪便中寄生虫的检查

寄生在小肠中的绦虫节片和消化道中的线虫常会随着粪便排出体外；宠物驱虫后，消化道中的虫体也会随粪便排出，因此可仔细检查粪便，发现虫体。

(1) 大型虫体的检查　粪便中较大型寄生虫如绦虫的孕卵节片和蛔虫、钩虫等虫体，易于发现。挑出粪便中的虫体，鉴定其种类。

(2) 较小虫体的检查　较小的虫体不易被发现，先将粪便收集于盆（或桶）内，加入5~10倍清水，搅拌均匀，静置自然沉淀。15~20min后将上层液体倾去，重新加入清水，搅拌、沉淀、倾去上清液，反复操作，直到上层液体清澈为止。此法为反复水洗沉淀法。最后将上层液倾去，取沉渣置于平皿中，先后在白色背景和黑色背景上，以肉眼或借助于放大镜寻找虫体。发现虫体时用分离针或毛笔将虫体挑出，鉴定其种类。

三、粪便中虫卵的检查

蠕虫大部分寄生于消化道，其虫卵会随着粪便排出；此外，与消化道相连的器官，如肝脏，其内部寄生的虫体也会随着粪便排卵；呼吸道的寄生虫随痰液排卵，在痰液进入口腔后，多数又被咽下进入消化道。因此，粪便中的虫卵检查是诊断这些寄生虫病常用的方法。

根据操作方法不同，粪便中虫卵的检查常可分为直接涂片法、漂浮法、沉淀法和锦纶筛淘洗法。

1. 直接涂片法

此法是检查虫卵最简单、快速的方法，但检出率低，如果粪便中虫卵数量少时则不易查到。该法可用于排卵量非常大的寄生虫病，如蛔虫病的诊断。

(1) 操作方法

① 取1~2滴清水，滴在载玻片上。

② 用牙签或火柴棍取少量粪便（约火柴头大小）与载玻片上的清水混匀。

③ 剔除较粗粪渣。

④ 将粪液涂成薄膜，薄膜的厚度以透过涂片隐约可见书上的字迹为宜。

⑤ 盖上盖玻片，置于低倍镜下检查（图9-1）。

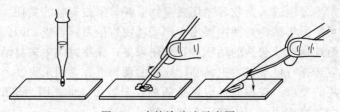

图9-1　直接涂片法示意图

(2) 注意事项

① 本法因检出率低，每个样品必须检查3~5片，以便提高检出率。

② 检查虫卵时，先用低倍镜顺序观察样片中所有部分，发现疑似虫卵时，再用高倍镜仔细观察。

③ 因一般虫卵（尤其是线虫卵）颜色较淡，镜检时视野宜稍暗一些。

2. 漂浮法

漂浮法是利用密度比虫卵大的溶液作为漂浮液，使粪便中密度较小的虫卵能够浮于液体表面，便于进行集中检查。漂浮法对大多数较小的虫卵，如某些线虫卵、绦虫卵和球虫卵囊等有很高的检出率，但对吸虫卵检出效果较差。现最常用的漂浮法为试管浮聚法。

（1）漂浮液的准备　最常用的漂浮液是饱和盐水。其配制方法为：将食盐加入沸水中，直至不再溶解生成沉淀为止，1000ml 水中约加入食盐 380g。冷却备用。

（2）操作方法

① 取 5～10g 粪样，放于烧杯（或塑料杯）中。

② 加饱和盐水 100ml。

③ 用玻璃棒搅匀，通过 60 目铜筛过滤到另一杯中。

④ 将滤液倒入试管或青霉素瓶，使液面接近或凸出管口。

⑤ 静置约 30min。

⑥ 用直径 5～10mm 的铁丝圈，与液面轻轻接触以蘸取表面液膜，抖落于载玻片上，如此多次蘸取不同部位的液膜，加盖玻片检查；或者用盖玻片轻轻接触凸出的液面，放于载玻片上，镜检（图 9-2）。

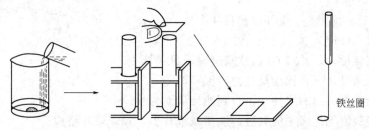

图 9-2　漂浮法示意图

（引自：聂奎. 动物寄生虫病学. 重庆：重庆大学出版社，2007）

（3）注意事项

① 漂浮时间　粪样在饱和盐水中漂浮时间以 30min 左右为宜。少于 10min 漂浮不完全；超过 1h 易造成虫卵变形、破裂，难以识别。

② 漂浮液的保存　漂浮液必须饱和，因此应将漂浮液保存于不低于 13℃ 的情况下，才能保持较高的密度，否则易吸收空气中的水分而降低密度。

③ 漂浮液的选择　除饱和盐水外，饱和蔗糖溶液（饱和度为 1000ml 水中溶解 1280g 蔗糖）也适用于多种虫卵的漂浮。其他漂浮液，如饱和硫酸锌溶液（饱和度为 1000ml 水中溶解 920g 硫酸锌），也具有较高的漂浮力，可视情况选用。

④ 静置滤液的容器选择　选用口径相对较小的器皿，如经济实惠的青霉素瓶。

⑤ 其他　漂浮法检查多例粪便时，如用铁丝圈蘸取液面，则检查完一例再蘸取另一例时，需将铁丝圈在酒精灯上烧过后再用，避免相互污染，影响检查结果。如用载玻片或盖玻片蘸取虫卵，则玻片一定要干净无油腻，否则难以蘸取。

3. 沉淀法

沉淀法是利用比水重的虫卵可以沉于水底这一原理，进行集卵检查的一种方法。一般用于检查吸虫卵。为了加速虫卵在水中的沉降速度，通常采用离心机沉淀法。

（1）操作方法

① 取 5g 粪便置于茶杯或塑料杯中。

② 加清水 100ml。

③ 用玻璃棒搅匀，过60目铜筛过滤，将滤液倒入离心管中。
④ 在电动离心机中以2000～2500r/min的速度离心1～2min。
⑤ 取出离心管，倾去上层液，保留沉渣，再加水搅拌，离心沉淀。
⑥ 如此离心2～3次，直到离心管中上层液澄清为止，最后倾去上层液。
⑦ 用吸管吸取一滴沉淀物，滴于载玻片上，加盖片镜检。
（2）注意事项
① 此法检测的粪量少，一次粪检最好多看几张片子，以提高检出率。
② 离心机沉淀法与漂浮法的适用范围相互补充，可结合起来应用于蠕虫病生前的确诊，如可先用漂浮法将虫卵和更轻的物质漂起来，再用离心机沉淀，将虫卵沉下去；或者先用沉淀法使虫卵及比虫卵重的物质沉下去，再用漂浮法使虫卵浮起来，以获得更高的检出率。

4. 锦纶筛淘洗法

锦纶筛淘洗法是通过260目锦纶筛过滤、冲洗后，直径小于$40\mu m$的细粪渣和可溶性色素均被洗去而使虫卵集中，便于检查。一般应用于体积较大（宽度大于$60\mu m$）虫卵的检查。本法操作迅速、简便。

（1）操作方法
① 取5～10g粪便置于烧杯或塑料杯中。
② 加清水100ml。
③ 用玻璃棒搅匀，通过60目铜筛过滤于另一杯中。
④ 滤液再通过260目锦纶筛过滤，保存沉渣。
⑤ 在锦纶筛中继续加水冲洗，直到滤液清澈为止。
⑥ 用吸管吸取锦纶筛中的粪渣，滴于载玻片上，加盖玻片镜检。

（2）注意事项　在锦纶筛过滤时，可将锦纶筛先后浸入2个盛水的盆内淘洗，用光滑的圆头玻璃棒轻轻搅拌，最后用少量清水淋洗筛壁四周与玻璃棒，使粪渣集中于网底。

四、虫卵计数的方法

虫卵计数法是测定每克动物粪便中的虫卵数，以此推断动物体内某种寄生虫数量的方法。这种方法可用来粗略推断动物体内蠕虫的感染强度，也可用于判断药物的驱虫效果。虫卵计数的结果常以每克粪便中的虫卵数（EPG）或卵囊数（OPG）表示。

虫卵计数的方法有多种，常用的有斯陶尔法和麦克马斯特法。

1. 斯陶尔法

适用于大部分虫卵和球虫卵囊的计数。操作方法如下。
① 在100ml三角烧瓶的56ml处和60ml处各做一刻度标记。
② 先向烧瓶中加入0.1mol/L（或0.4%）氢氧化钠溶液至56ml刻度处。
③ 加入粪样使液面升至60ml刻度处。
④ 放入十数粒玻璃珠，用橡皮塞塞紧烧瓶口后充分振摇，使粪便完全破碎混匀。
⑤ 边摇边用1ml吸管吸取0.15ml粪液，滴于2～3片载玻片上，加盖玻片。
⑥ 在显微镜下循序检查，分别统计每个载玻片上的虫卵数。
⑦ 因0.15ml粪液中实际含原粪量是$0.15\times4\div60=0.01$，因此，所测得的虫卵总数$\times100$，即为每克粪便中的虫卵数（EPG值）（图9-3）。

2. 麦克马斯特法

适用于绦虫卵、线虫卵和球虫卵囊的计数。

计数板的构造：计数室是由两片载玻片制成，为了使用方便，将其中一片切去一条，使

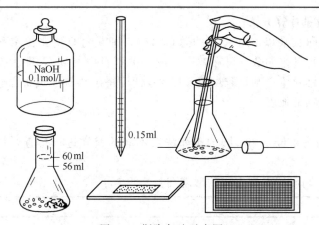

图 9-3 斯陶尔法示意图
(引自：聂奎. 动物寄生虫病学. 重庆：重庆大学出版社，2007)

之较另一片窄一些。在较窄的玻片上刻以 1cm 见方的方格 2 个，每个方格内再刻平行线数条，两载玻片间垫上 1.5mm 的玻片条，用黏合剂黏合（如图 9-4）。

操作方法如下。

① 取 2g 粪便放入烧杯中。

② 量取 58ml 饱和盐水，先向其中加少量饱和盐水，将粪便捣碎搅匀，然后再加入剩余的饱和盐水。

③ 充分振荡混合，用 60 目铜筛过滤。

④ 边摇晃边用吸管吸取少量滤液，注入并充满计数板的两个计数室。

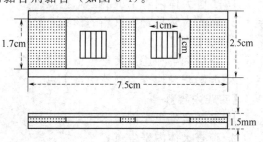

图 9-4 虫卵计数室
(引自：张西臣. 动物寄生虫病. 长春：吉林人民出版社，2001)

⑤ 放于显微镜载物台上，静置 2～3min 后，用低倍镜计数两个计数室内的全部虫卵数。

⑥ 计算每克粪便中的虫卵数。计算方法：计数室容积为 $1cm \times 1cm \times 0.15cm = 0.15cm^3$，内含粪便 $2 \div (10+50) \times 0.15 = 0.005g$，两个计数室则为 0.01g。故数得的虫卵数 $\times 100$，即为每克粪便中的虫卵数（EPG 值）。

3. 注意事项

（1）做虫卵计数时，所取粪便应干净，不能掺杂砂土、草根等杂物。操作过程中，粪便必须彻底粉碎，混合均匀。

（2）用吸管吸取粪液时，必须摇匀粪液，并在一定深度吸取。

（3）采用麦克马斯特法计数时，必须调好显微镜焦距，要求能够看到计数室刻度线条。

（4）计数虫卵时，要注意不能遗漏或重复。

（5）为了取得准确的虫卵计数结果，最好在每日的不同时间分别采集粪样，每日检查 3 次，并连续检查 3 天，取其平均值。

（6）影响虫卵计数准确性的因素，首先是虫卵在粪便内的分布不均匀，从而造成测量少量粪便内虫卵量以推算全部粪便中的虫卵总数的不准确，此外，寄生虫的年龄、宿主的免疫状态、粪便的浓稠度、雌虫的数量、驱虫药的服用等很多因素，均影响着排出虫卵的数量和体内虫体数量的比例关系。虽然如此，虫卵计数仍常被用作某种寄生虫感染强度的指标。

4. 虫体寄生数量计算方法

将每克粪便虫卵数乘以 24h 粪便的总重（g），即是每日所排出虫卵的总数，再将此总数除以已知成虫每日排卵数（可在教科书或相关资料中查到），即为大约的虫体寄生数量。如寄生虫为雌雄异体，则将雌虫数乘以 2，便可得出雌雄成虫寄生总数。此数量可用于大致判断寄生虫感染强度。

【实践报告】

1. 以实践小组为单位，用不同的集卵法对不同的粪样进行检查，然后对检查结果进行报告。
2. 每位同学绘制出所发现虫卵的形态图。

实践活动十三　犬寄生虫学剖检

【知识目标】

1. 了解犬体内寄生虫的形态特点。
2. 熟悉犬常见寄生虫病的诊断要点。

【技能目标】

1. 正确理解和运用犬寄生虫剖检术式。
2. 能够正确检查犬脏器中寄生虫。

【实践内容】

1. 犬的寄生虫学剖检术式。
2. 检查犬体内寄生虫。

【材料准备】

（1）器材　解剖刀、剥皮刀、解剖斧、解剖锯、骨剪、肠剪、直刃手术剪子、手术刀、镊、眼科镊、分离针、盆、成套粪桶、提水桶、黑色浅盘、平皿、酒精灯、毛笔、铅笔、玻璃铅笔、标本瓶、青霉素瓶、载玻片、压片用玻璃板。另备手持放大镜、实体显微镜等。

（2）药品　食盐、生理盐水、医用酒精、丙三醇、福尔马林、甘油。

（3）防护用品　工作服、胶靴、线手套、一次性医用手套、消毒剂、肥皂、毛巾。

（4）实习动物　经临诊检查及粪便检查，疑似感染寄生虫的病犬或死犬。

【方法步骤】

1. 犬的选择

对于因为感染疾病死亡或需急宰的犬，可直接用于寄生虫学剖检；为了查明某一地区的寄生虫区系而进行的剖检，需选择在该地区生长的、尽可能包括不同的年龄和性别的、瘦弱或有疑似寄生虫病的犬作为剖检对象。

2. 剖检犬的绝食

选定做剖检的活犬，应在剖检前绝食 1~2 天，以减少胃肠内容物，便于虫体的检出。

3. 体表检查

在剖检前，应先对犬的体表进行检查，观察体表的被毛和皮肤有无脱毛、瘢痕、结痂、出血、皲裂、肥厚等病变，对发现的外寄生虫（虱、蚤、螨等）进行采集；遇有皮肤有可疑病变时则刮取材料备检。

4. 粪便检查

如有条件，最好在剖检前进行粪便虫卵检查和计数，初步确定该犬体内寄生虫的寄生情况，作为剖检中查找虫体的依据。但也不要忽视对粪便检查中未发现虫卵的虫体进行查找。

5. 宰杀

用 1.5～2.0cm 粗的绳索结一活套，套在犬的颈部不致滑脱，将犬在保定栏上吊起（注意避免犬在挣扎时咬断绳索）。采取四肢放血的方法宰杀，即切断两前肢系部指内、外动脉和静脉，两后肢系部趾内、外动脉和静脉，可在放血部位行环状切开。如果血未放尽即凝固致使血流停止时，需要再次切割，以保证放血充分。

取血液制作血涂片，染色镜检，观察血液中是否有寄生虫。

6. 剥皮

确认犬已经死亡后，按从头到尾的顺序剥皮。剥皮的过程中注意检查皮下组织，发现并采集病变组织和虫体。切开浅在淋巴结进行观察，如有病变，切取小块备检。

7. 采取脏器

（1）腹腔脏器 切开腹壁后注意观察内脏器官的位置和特殊病变，对可疑病变采取病料，送实验室备检。结扎食管末端和直肠后，切断食管、各部韧带、肠系膜根和直肠末端后，将脏器一次采出，然后采出肾脏。注意观察和收集各脏器表面虫体，最后收集腹腔内的血液混合物，留待详细检查，并观察腹膜上有无病变和虫体。

盆腔脏器亦以同样方式全部取出。

（2）胸腔脏器 切开胸腔以后，连同食管和气管把器官全部摘出，再收集遗留在胸腔内的液体，留待详细检查。

所有脏器全部采出后卸下犬的胴体。

8. 脏器检查

（1）食管 沿纵轴剪开，仔细观察浆膜和黏膜表层，刮取食道黏膜，压在两块载玻片之间，用放大镜或实体显微镜检查，当发现虫体时揭开载玻片，用分离针将虫体挑出。

（2）胃 剪开后将内容物倒入大盆内，挑出较大的虫体。加水洗净后取出胃壁，使液体自然沉淀。将洗净的胃壁平铺在搪瓷盘内，观察黏膜上是否有虫体；刮取黏膜表层，浸入水中搅拌，使之自然沉淀。以上两种材料在沉淀一定时间后，倒出上层液体，加水，重新静置。如此反复沉淀，直到上层液体透明无色为止。收集沉淀物，分批放在培养皿或黑色浅盘内观察，取出虫体。刮下的黏膜块应夹在两块载玻片之间镜检。

（3）小肠 分离以后放在大盆内，由一端灌入清水，使全部肠内容物随水流入桶内，或剪开肠管，将内容物和黏液洗出，取出肠管和大型虫体（如绦虫等），在盆内加多量水，按胃的检查方法，反复水洗沉淀，检查沉淀物。刮取黏膜表层，压薄镜检。肠内容物和黏液在沉淀过程中往往出现上浮部分，其中也可能含有虫体，所以在换水时应收集上浮的粪渣，单独进行水洗沉淀后检查。

（4）大肠 分离以后在肠系膜附着部沿纵轴剪开，倾出内容物，加少量水稀释后检查虫体。按上述反复水洗沉淀法进行肠内容物和黏液的水洗沉淀。黏膜刮下物压片镜检。

（5）肝脏和胆囊 首先观察肝表面有无寄生虫结节，如有，可做压片检查。然后沿总胆管剪开肝脏，检查有无虫体。再将肝脏自胆管的横断面切成数块，放在水中，用两手挤压，或将其撕成小块，置 37℃ 温水中，待虫体自行游出。充分水洗后，取出肝组织碎块，反复沉淀，检查沉淀物。

分离胆囊，把胆汁压出盛在烧杯中，用生理盐水稀释，待自然沉淀后检查沉淀物。将胆囊黏膜刮下、压薄、镜检，发现坏死灶剪下，压片检查。

（6）胰脏 检查法与肝脏相同。

(7) 肺脏　沿气管、支气管剪开,检查虫体,用载玻片刮取黏液,加水稀释后镜检。将肺组织撕成小块按肝脏检查法处理。

(8) 脾和肾脏　检查表面后切开进行眼观检查,然后切成小片,压薄后镜检。

(9) 膀胱　检查方法与胆囊相同,并按检查肠黏膜的方法检查输尿管。

(10) 生殖器官　检查其内腔,并刮取黏膜、压薄、镜检。

(11) 心脏及大血管　剪开后观察内膜,将内容物洗在水内,沉淀后检查。将心肌切成薄片,压薄后镜检。

(12) 肌肉　采取膈肌检查旋毛虫(具体方法见实践活动十九)。

各器官内容物当时不能检查完毕,可以反复洗涤沉淀后,在沉淀物中加入福尔马林溶液保存,待以后再进行详细检查。

9. 收集虫体

(1) 较大虫体的收集　在经过反复水洗沉淀的沉淀物中发现虫体后,用分离针将其挑出,放入盛有生理盐水的广口瓶中等待固定。同一器官或部位收集的所有虫体应放入同一广口瓶中。寄生于肺部的线虫应在略微洗净后尽快投入固定液中,否则虫体易破裂。

(2) 绦虫的收集　当遇到绦虫以头节附着于肠壁上时,切勿用力猛拉,应将此段肠管连同虫体剪下浸入清水中,5~6h后待虫体自行脱落、体节自然伸直后取出。

(3) 小型虫体的收集　为了检查沉渣中小而纤细的虫体,可在沉渣中滴加浓碘液,使粪渣和虫体均染成棕黄色,然后用5%硫代硫酸钠溶液脱去粪渣和其他物质的颜色,便于虫体的收集。

(4) 大量虫体的收集　如果器官内容物中的虫体很多,短时间内不能挑取完时,可将其水洗沉淀物中加入4%甲醛保存。

10. 寄生虫材料的固定

采集到的寄生虫标本分别置于不同的容器中,对各类虫体按不同的方法进行固定保存。

(1) 吸虫　用生理盐水洗净后,放在常水中杀死,而后放在70%乙醇中固定。

(2) 绦虫　可用与吸虫相同方法进行固定。此外还可以将绦虫放在绦虫固定液中,12h后再移到70%乙醇中保存。

绦虫固定液配方　福尔马林　　100.0ml
　　　　　　　　　乙　　醇　　250.0ml
　　　　　　　　　冰 醋 酸　　 50.0ml
　　　　　　　　　甘　　油　　100.0ml
　　　　　　　　　水　　　　　500.0ml

绦虫蚴及其病理标本可用10%福尔马林固定保存。

(3) 线虫　大型线虫洗净后,在4%热福尔马林溶液中保存。小型线虫放在巴氏液或甘油乙醇中保存。

巴氏液配方　福尔马林　　30.0ml
　　　　　　氯化钠　　　 8.0ml
　　　　　　水　　　　1000.0ml

甘油乙醇配方　甘油　　　 5.0ml
　　　　　　　70%乙醇　 95.0ml

11. 做剖检记录

填写"犬寄生虫学剖检记录表"（表 9-1）。

表 9-1 犬寄生虫学剖检记录表

编号：

日 期		畜 种		品 种	
性 别		年 龄		动物来源	
临床症状					
寄生虫的收集情况	寄生部位	虫 名	数量（条）	主要病理变化	备 注
部检单位				剖检者：	

12. 注意事项

（1）宰杀前一定要做好保定，确保在犬不能挣脱的情况下进行操作，注意人身安全。

（2）对于因病死亡的犬，由于多数体内寄生的虫体会在宿主死亡 24~48h 崩解消失，所以一般选择死亡时间不超过 24h 的犬进行剖检。

（3）因各种寄生虫均有相对固定的寄生部位，在进行犬全身剖检时，应注意犬的器官、组织部位可能有哪种虫体寄生，从而仔细观察与检查，避免某些寄生虫被遗漏。

（4）注意观察寄生虫所寄生器官的病变，对虫体进行计数，为寄生虫病的准确诊断提供依据。病理组织或含虫组织标本用 10％甲醛溶液固定保存。对有疑问的病理组织应做切片检查。

（5）由不同脏器、不同部位取得的虫体，应按种类分别计数，分别保存，均采用双标签，即投入容器的内标签和贴在容器外的外标签，最后把容器密封。外标签注明采自动物种类、器官、寄生虫名称、采取的日期和地点；内标签可用普通铅笔书写，标签上注明动物种类、性别、年龄、解剖编号、虫体寄生部位、初步签定结果、剖检日期、地点、解剖者姓名、虫体数目等。

（6）对所有虫体标本必须逐一观察，鉴定到种或属。遇有疑问时应将虫体取出单放，注明来自何种动物脏器及有关资料，然后寄交有关单位协助签定，并在原登记表中注明寄出标本的种类、数量、寄出日期等。对于特殊和有价值的标本应进行绘图，测定虫体尺寸，并进行显微镜照相。已签订的虫体标本可按寄生部位和寄生虫种类分别保存，并更换新的标签。

【实践报告】

在老师的指导下，完成犬的寄生虫学剖检过程，填写"犬寄生虫学剖检记录表"。

实践活动十四　鸽寄生虫学剖检

【知识目标】
1. 了解鸽体内寄生虫的形态特点。
2. 熟悉鸽常见寄生虫病的诊断要点。

【技能目标】
1. 会运用鸽的剖检术式。
2. 准确识别鸽的病理变化，并对鸽病作出怀疑诊断。
3. 正确利用鸽寄生虫剖检方法检出并识别鸽体内的寄生虫。

【实践内容】
1. 鸽的寄生虫学剖检术式。
2. 鸽内脏器官病理变化及寄生虫检查。

【材料准备】
(1) 器材　直刃手术剪子、手术刀、镊子、分离针、盆、解剖盘、塑料布、塑料手套、黑色浅盘、平皿、酒精灯、毛笔、铅笔、玻璃铅笔、标本瓶、载玻片、压片用玻璃板、手持放大镜、实体显微镜。
(2) 药品　食盐、生理盐水、医用酒精、丙三醇、福尔马林。
(3) 防护用品　工作服、胶靴、橡胶手套或一次性医用手套、消毒剂、肥皂、毛巾。
(4) 实习动物　病鸽数只。

【方法步骤】
1. 鸽的宰杀与处理
(1) 对于尚未死亡的活鸽，用舌动脉放血或颈动脉放血的方法宰杀。将病死鸽或宰后的鸽用消毒药将尸体表面及羽毛完全浸湿后，移入解剖盘中。
(2) 尸体背位仰卧，将腹壁和两侧大腿之间的疏松皮肤纵向切开，然后紧握大腿股骨，用力将两侧大腿掰开，直至股骨头和髋臼分离，使两腿将整个尸体支撑在解剖盘中，平稳固定。
(3) 沿体中线将胸骨嵴和肛门间的皮肤纵行切开，向前剪开胸、颈的皮肤。剥离皮肤，暴露颈、胸、腹部和腿部的肌肉，注意观察皮下脂肪、龙骨、胸腺、甲状腺、胸肌、腿肌、嗉囊等暴露部位的病理变化。

2. 剖开体腔
(1) 暴露体腔　在胸骨后端与肛门之间横切开腹壁，沿切口将剪刀伸进腹壁，将肋骨、胸骨、锁骨全部剪断，然后把剪断的胸廓翻向头部，使体腔器官完全暴露。
(2) 体腔检查　体腔暴露后，未摘出内脏器官前，先观察体腔的大体变化。
① 如腹腔积液呈淡黄色，并有黏稠的渗出物附在内脏表面，可能是腹水症、大肠杆菌病；腹腔中积有血液和凝血块，常见于急性肝破裂，可能是肝脾的肿瘤性疾病、包含体肝炎等；雏鸽腹腔中如有大量黄绿色渗出，常见于硒和维生素 E 缺乏症。
② 在腹腔器官表面，特别是肝、心、胸膜等器官表面覆盖一种石灰样白色沉淀物，为痛风的特征。
③ 腹腔脏器粘连，并有破裂的卵黄和坚硬的卵黄块，可能是大肠杆菌病、沙门菌病等引起的卵黄性腹膜炎。
(3) 胸腔和气囊的检查

① 气囊有无干酪样团块及真菌菌丝，如出现，则为禽曲霉菌病；气囊附有纤维素性渗出物，多见于大肠杆菌病。腹气囊有卵黄样渗出物，则是传染性鼻炎的特征。

② 胸膜、腹膜有出血，多见于败血症。

3. 取出脏器

（1）剪开肝脏与其他器官的连接韧带，将脾、胆囊随同肝脏一并摘出。

（2）剪断食道与腺胃交界处，并在肛门处做环切，将腺胃、肌胃、肠管各段一同取出体腔。

（3）剪开卵巢系膜韧带，再将输卵管与泄殖腔连接处剪断，分别把卵巢和输卵管取出；公鸽剪断睾丸系膜，取出睾丸。

（4）用器械柄钝性剥离肾脏，从脊椎骨深凹中取出。

（5）剪断心脏的动脉、静脉，取出心脏。

（6）用刀柄钝性剥离肺脏，将肺脏从肋骨间摘出。

（7）将食道、嗉囊一同取出。

4. 脏器检查及病变提示

（1）肝脏和脾脏

① 肝脏的体积、色泽均正常，但表面和切面有数量不等的针尖大小的灰白色坏死点，见于鸽霍乱和鸽沙门菌病。

② 肝脏、脾脏色泽变淡，呈弥漫性增生，大小超过正常数倍，见于鸽马立克次体病。

③ 肝脏和脾脏表面有灰白色界线分明的小结节，在肝实质内有灰白色或深黄色圆形病灶，可见于内脏型鸽毛滴虫病。

④ 肝脏变硬，呈黄色，表面粗糙不平，常有胆管增生，见于黄曲霉毒素中毒。

⑤ 肝脏和脾脏出现多量灰白色或淡黄色珍珠状结节，切面呈干酪样，见于鸽结核病。

⑥ 肝脏淤血肿大，呈暗紫色，表面覆盖有一层灰白色、灰黄色纤维素蛋白膜，此为大肠杆菌性的肝周炎。

（2）嗉囊和食道

① 嗉囊内充满食物，说明该鸽为急性死亡，应根据具体情况进行判断，若有大批死亡，可能为中毒或急性传染病。

② 嗉囊膨胀并充满酸臭液体，见于嗉囊卡他或鸽瘟。

③ 嗉囊黏膜增厚，附有多量黏性物质时，应注意观察，可能有线虫寄生。可冲洗嗉囊黏膜和内容物至容器中，反复水洗沉淀，检查沉淀物，如发现细长线状虫体，多为鸽毛细线虫。

④ 嗉囊黏膜上覆有伪膜和溃疡，为鹅口疮的特征。

⑤ 食道黏膜上有许多白色小结节，可能是维生素 A 缺乏症或咽型毛滴虫病。

（3）肌胃和腺胃　沿狭小部位剪开肌胃，倾去内容物，在生理盐水中剥离角质膜，检查两剥离面；将腺胃剪开，倾去内容物，检查黏膜面。

① 腺胃肿大或发炎，可能是马立克次体病的病变或是由寄生虫所致。疑为寄生虫感染时，可洗下其内容物，在反复洗涤沉淀后，检查沉淀物中是否有虫体。如发现长约4mm，白色细线状和血红色球形虫体，则为美洲四棱线虫。

② 腺胃乳头出血，腺胃黏膜出血，是鸽瘟的特征。

③ 腺胃与肌胃的交界处条状出血，可能是免疫器官受损引起的急性病毒性传染病。

（4）小肠、大肠及胰腺

① 将肠管各段和泄殖腔逐一剪开，检查各段内容物及黏膜的状态，肉眼观察或用放

大镜观察是否有寄生虫。如发现虫体,记录在何肠道,数量多少。

鸽肠道中常见虫体及形态特征为:黄白略带红色、两端尖的长线状、2~7cm长虫体为鸽蛔虫;乳白色、细如发丝、7~18mm长、常在肠壁内穿行的,为鸽毛细线虫;白色、扁平带状、分节的虫体为鸽绦虫;10~250mm长的为鸽四角赖利绦虫;0.5~4mm长的为节片戴文绦虫。

② 小肠黏膜急性卡他性或出血性炎症,黏膜呈深红色,有出血点,表面有多量黏液性渗出物,常见于鸽瘟、急性鸽霍乱、急性肠炎等。

③ 小肠壁增厚,剖开肠道黏膜外翻,可能是慢性肠炎、鸽沙门菌病。

④ 小肠黏膜上形成大量灰白色的小斑点,同时肠道发生卡他性或出血性炎症,多见于小肠球虫病。

⑤ 胰腺体积缩小,较坚实,宽度变窄,厚度变薄,可能是缺硒或维生素E。

⑥ 肠壁上形成大小不等的肿瘤结节,可见于马立克次体病、淋巴细胞性白血病以及结核等。

⑦ 盲肠肿大,黏膜呈深红色的弥漫性出血,肠腔内含有带血液的内容物或血凝块,见于盲肠球虫病。

⑧ 泄殖腔黏膜呈条状出血,这是慢性或非典型鸽瘟的表现。

(5) 肾脏

① 肾脏显著肿大,呈灰白色,常见于马立克次体病。

② 肾脏肿大,肾小管和输卵管充满白色尿酸盐,肾表面有石灰样沉着,为痛风的表现。

(6) 卵巢和输卵管

① 卵泡形态不整,皱缩,干燥,有颜色改变,输卵管有渗出或坏死,见于慢性沙门菌病、大肠杆菌病或鸽霍乱。

② 卵巢体积增大,呈灰白色,见于马立克次体病或卵巢肿瘤。

(7) 心脏和心包

① 心外膜、心内膜或心冠脂肪上有出血点,是一般急性败血症的病变,如急性鸽霍乱、鸽瘟等。

② 心外膜上有灰白色坏死小点,见于鸽沙门菌病。

③ 心外膜上有石灰样白色尿酸盐结晶,为内脏型痛风。

④ 心肌肿大,心冠脂肪组织变成透明的胶冻样,是严重营养不良的表现,见于马立克次体病。

(8) 肺

① 雏鸽的肺表面有灰白色或黄白色小结节,常见于曲霉菌病。

② 肺表面有结核结节的,为鸽结核病。

(9) 呼吸道 从鼻孔上方横向剪断喙部,断面露出鼻腔和鼻甲骨。轻压鼻部,可检查鼻腔内有无内容物。剪开眼下和嘴角上的皮肤,可见眶下窦。再剪开喉头和气管。

① 鼻腔渗出物增多,见于鸽霍乱和流感。鼻腔和眶下窦有黄色干酪样物,见于传染性鼻炎。

② 气管中交合的细线状虫体为气管比翼线虫;气管环出血,见于非典型鸽瘟。

5. 做剖检记录

填写"剖检记录表"(表9-2)。

表9-2 剖检记录表

编号：

日 期		畜 种		品 种	
性 别		年 龄		动物来源	
临床症状					

	器 官	病理变化	备 注
病理变化			

	寄生部位	虫体形态	虫体名称	数 量	备 注
寄生虫收集					

尸检结论	

部检单位： 　　　　　　　　　　　　　　　剖检者：

6. 注意事项

（1）为防止病原的散布，剖检应选择在具有隔离、消毒条件的剖检室进行。若现场诊断时无此条件，应选择远离鸽舍、水源的僻静处，最好就近挖一深坑，垫一塑料布，便于剖检后清理消毒。

（2）剖检前应向畜主和饲养员了解鸽群发病的流行特点、主要临床症状和饲养管理情况，对鸽病的情况做初步的了解。

（3）剖检的鸽最好选择濒死期的。对于已经死亡的尸体，应尽早剖检，一般不得超过死亡后6h进行。一旦鸽的尸体腐败变质，不仅影响观察，更不能采集病料供病原检查。

（4）为了剖检结果的准确可靠，尽可能多剖检几只病鸽，以便找出规律性的病变。

（5）剖检结束后，应立即将尸体与污染物、垫料和泥土等深埋或焚烧。

（6）尸体处理完毕后，应做好解剖人员的手、用具、器材等的清洗消毒工作。

【实践报告】

剖检病鸽，根据其病理变化，作出疾病的初步诊断。

【课外作业】

到养鸽场了解鸽的饲养情况，对发现的病鸽给予诊断。对不能确诊的病鸽，采取病料到实验室中进一步检查。

实践活动十五　药 物 驱 虫

【知识目标】

1. 熟悉驱虫的准备和组织工作。

2. 掌握驱虫技术、驱虫中的注意事项。

【技能目标】

能正确评定驱虫效果。

【实践内容】

1. 驱虫药的选择与配制。
2. 给药方法。
3. 驱虫工作的组织实施。
4. 驱虫效果的评定。

【材料准备】

常用各种驱虫药物、临床检查所需的听诊器、体温计、便携式 B 超等仪器，样品采集所需容器等。各种给药用具、称重或估重用具、粪学检查用具等。

【方法步骤】

1. 初步诊断

学生分组进入宠物养殖场，在教师指导下，对养殖场所发生的某种寄生虫病进行流行病学调查、临床检查及血、粪、尿三大常规检查，如有条件，进行病理学剖检。通过这些检查，了解该场寄生虫病的现状，如营养状况、临床表现、对生产力的影响、发病率、死亡率、发病和死亡时间、主要剖检病变、采取的措施以及效果等，以及中间宿主和传播媒介的存在和分布情况。然后，根据临诊症状对宠物感染寄生虫的情况作出分析诊断。

2. 驱虫药的选择

以诊断的寄生虫病为依据，选择驱虫药。

驱虫药物选择的原则是选择广谱、高效、低毒、廉价和使用方便的药物进行驱虫。广谱是指驱除寄生虫的种类多；高效是指对寄生虫的成虫和幼虫都有高度驱除效果；低毒是指治疗量不具有急性中毒、慢性中毒、致畸形和致突变作用；廉价是指与其他同类药物相比价格低廉；使用方便是指给药方法简便，适用于大群给药（如气雾、饲喂、饮水等）。

治疗性驱虫应以药物高效为首选，兼顾其他；定期预防性驱虫则应以广谱药物为首选，但主要还是依据当地常见寄生虫病选择高效驱虫药。

3. 药物的配制

药物选择好之后，按照药物的要求进行配制给药。如需配成混悬液的，先将淀粉、面粉或玉米粉加入少量水中，搅拌均匀后再加入药物继续搅匀，最后加足量水即成。使用时边用边搅拌，以防上稀下稠，影响驱虫效果和安全。

4. 驱虫时间

要依据当地动物寄生虫病流行病学调查的结果来确定。常有两种时机，一是采取"成虫期前驱虫"，即在虫体尚未成熟前用药物驱除，防止性成熟的成虫排出虫卵或幼虫对外界环境的污染；二是采取"秋冬季驱虫"，此时驱虫有利于保护动物安全越冬，另外，秋冬季外界寒冷，不利于大多数虫卵或幼虫存活发育，可以减轻对环境的污染。

5. 驱虫的实施及注意事项

（1）驱虫前

① 选择驱虫药，计算剂量，确定剂型、给药方法和疗程。对药品的生产单位、批号等加以记载。

② 在进行大群驱虫之前，应先选出少部分动物做小群试验，观察药物效果及安全性。

③ 将动物的来源、健康状况、年龄、性别等逐头编号登记。
④ 称重或用体重估测法计算体重，以便计算驱虫药用量。
⑤ 投药前进行粪便检查，以便准确评定药效。

(2) 驱虫后
① 投药前 1~2 天，尤其是驱虫后 3~5h，应严密观察宠物群，注意给药后的状态变化，发现中毒应立即急救。
② 驱虫后 3~5 天内使动物圈留，将粪便集中用生物热发酵处理。
③ 给药期间应加强饲养，减少各种应激因素。

(3) 注意事项
① 最好在宠物寄生虫病诊断实践训练的基础上进行；亦可另选患病动物预先进行诊断，针对主要寄生虫病选择相应的驱虫药物及给药方法。
② 为了比较准确地评定驱虫效果，驱虫前、后粪便检查时，所有的器具、粪样数量以及操作步骤所用的时间要完全一致；驱虫后粪便检查的时间不宜过早，一般为 10~15 天；应在驱虫前、后各进行粪便检查 3 次。
③ 在驱虫药的使用过程中，要注意正确合理用药，避免频繁地连续几年使用一种药物，尽量争取推迟或消除耐药性的产生。

6. 驱虫效果评定

驱虫后要进行驱虫效果评定，必要时进行第 2 次驱虫。驱虫效果主要通过以下内容的对比来评定。

(1) 发病与死亡　对比驱虫前后动物的发病率与死亡率。
(2) 营养状况　对比驱虫前后动物各种营养状况的比例。
(3) 临诊表现　观察驱虫后临诊症状的减轻与消失。
(4) 生产能力　对比驱虫前后的生产性能。
(5) 驱虫指标评定　一般可通过虫卵减少率和虫卵转阴率确定，必要时通过剖检计算出粗计驱虫率和精计驱虫率。

① 虫卵减少率 $= \dfrac{\text{驱虫前 EPG} - \text{驱虫后 EPG}}{\text{驱虫前 EPG}} \times 100\%$（EPG 为每克粪便中虫卵数）

② 虫卵转阴率 $= \dfrac{\text{虫卵转阴动物数}}{\text{驱虫动物数}} \times 100\%$

③ 粗计驱虫率 $= \dfrac{\text{驱虫前平均虫体数} - \text{驱虫后平均虫体数}}{\text{驱虫前平均虫体数}} \times 100\%$

④ 精计驱虫率 $= \dfrac{\text{排出虫体数}}{\text{排出虫体数} + \text{残留虫体数}} \times 100\%$

⑤ 驱净率 $= \dfrac{\text{驱净虫体的动物数}}{\text{驱虫动物数}} \times 100\%$

【实践报告】
针对犬养殖场制订一份驱虫方案。

【项目小结】

本项目主要介绍了宠物寄生虫和寄生虫病的基本知识。重点介绍了寄生虫和宿主的类型、寄生虫免疫的特点及应用、寄生虫病流行病学的特点及寄生虫病诊断和防治措施。本项目的内容注重系统性和纲领性，为宠物寄生虫病的学习起到理论性的指导作用。

【复习思考题】

1. 简述以下基本概念：寄生、寄生虫、宿主、终末宿主、中间宿主。
2. 简述以下宠物寄生虫病的流行特点。
3. 简述以下宠物寄生虫免疫的特点及常用免疫技术。
4. 简述以下宠物寄生虫病诊断的基本方法。
5. 简述以下宠物寄生虫病的防治措施。

项目十　宠物吸虫病的诊断与防治

【知识目标】
1. 了解犬、猫常见吸虫形态特点和生活史。
2. 了解吸虫病的诊断要点。
3. 了解华支睾吸虫病、猫后睾吸虫病、并殖吸虫病的综合防治措施。

【技能目标】
1. 能结合实际病例，对犬、猫常见吸虫病进行正确诊断。
2. 能对常见犬、猫吸虫病的实验室诊断所需要的病料进行正确采集，检验、操作熟练。
3. 能正确识别犬、猫常见吸虫虫卵。
4. 能根据不同吸虫病特点制订切实可行的防制措施。

单元一　华支睾吸虫病

【诊断处理】

1. 生活史及流行特点

华支睾吸虫病是由华支睾吸虫寄生于犬、猫等动物的肝脏、胆管中所引起的疾病，又称肝吸虫病。犬、猫、猪等动物和人是终末宿主，淡水螺类是其中间宿主。70多种淡水鱼和淡水虾为其补充宿主，其中以鲤科鱼最多，麦穗鱼感染率最高。

成虫寄生于终末宿主的肝脏、胆管中，产出的虫卵随粪便排出，在水中被中间宿主吞食后，在其体内发育大约100天，依次形成毛蚴、胞蚴、雷蚴和尾蚴。尾蚴离开中间宿主，在水中入补充宿主——淡水鱼、虾的体内，形成囊蚴。囊蚴主要存在于其肌肉中。终末宿主吞食了含囊蚴的生的或半生的鱼、虾而感染，囊蚴从十二指肠经总胆管进入肝脏、胆管发育为成虫。终末宿主体内的发育期需20～30天。

本病的流行与地理环境、自然条件、生活习惯有密切关系。粪便污染水源，如流行区内在鱼塘边建造厕所，利用人畜粪便喂鱼，使螺、鱼受到感染；其中间宿主和补充宿主所需生态条件大致相同，鱼感染机会增多；猫、犬活动范围广，嗜食生鱼，这些均构成本病的流行因素。人的不良食鱼习惯，如食生鱼片、生鱼粥、烫鱼、干鱼、烤鱼等，是导致患病的原因。

囊蚴对高温敏感，90℃下1s死亡，在烹制全鱼时因温度不够和时间不足而不能杀死深部肌肉内的囊蚴。

目前本病流行十分广泛，除少数干寒地区如青海、甘肃、内蒙古、新疆、西藏、宁夏外，其余省市均有不同程度的流行。

2. 症状及病理变化

虫体寄生于胆管及胆囊中，机械性刺激胆囊及胆管黏膜，引起胆管壁变厚、发炎，影响胆汁排泄，导致消化功能紊乱。临床上出现呕吐、腹泻。大量虫体寄生时，可使胆管阻塞，使胆汁排泄受阻，胆汁在体内积聚形成全身阻塞性黄疸。病犬、猫常呈慢性经过，轻度感染时症状不明显，重度感染时，表现长期消化不良、异嗜、食欲减退、下痢、水肿，甚至腹水。逐渐消瘦和贫血，肝区叩诊病犬反应明显，有痛感。

人主要表现胃肠道不适，食欲不振，消化障碍，腹痛。有门脉淤血症状，肝区隐痛，肝脏肿大，轻度浮肿。

病理变化可见肝脏肿大，胆囊肿大，胆管变粗，胆汁浓稠，呈草绿色。胆管和胆囊内有许多虫体和虫卵。肝表面结缔组织增生，出现肝硬化或脂肪变性。

3. 诊断

根据流行病学、临诊症状、粪便检查和寄生虫学剖检等进行综合诊断。

在流行地区，犬、猫常吃生鱼、虾易患本病。如发生消化不良、腹泻、贫血和嗜酸性粒细胞增加时，应进行粪便检查。

粪便检查方法可采用漂浮法或沉淀法检查虫卵，发现虫卵即可确诊。

其虫卵甚小，大小为 $(27\sim35)\mu m\times(12\sim20)\mu m$，黄褐色，灯泡状，一端有1个卵盖，另一端有1个小突起，内含成熟的毛蚴。

剖检在肝脏胆管及胆囊中检出虫体可确诊，其虫体体形狭长，背腹扁平，柳叶状，前端稍窄，后端钝圆，呈叶状，半透明褐色虫体，虫体大小一般为 $(10\sim25)mm\times(3\sim5)mm$。

【防治处理】

1. 治疗原则及方法

可选用以下药物。

① 丙硫咪唑，每千克体重25～50mg，一次口服或混饲。

② 六氯对二甲苯（血防-846），每千克体重20mg，口服，每日3次，连续5天，总剂量不超过25g。

③ 硫双二氯酚（别丁），每千克体重80～100mg，口服，每日1次，连续用药两周。

④ 硝氯酚，每千克体重1mg，口服，每日1次，连用3天。

2. 预防

在流行地区，对犬、猫进行全面检查和驱虫；在疫区，禁止以生的或未煮熟的鱼、虾喂养犬、猫，厨房废弃物经高温处理后再作饲料；禁止在鱼塘边盖建猪舍或厕所，防止终末宿主粪便污染水塘；疫区应消灭淡水螺；人禁食生鱼、虾，改变不良的烹调习惯，做到熟食。

单元二　猫后睾吸虫病

【诊断处理】

1. 生活史及流行特点

猫后睾吸虫病是由猫后睾吸虫寄生于犬、猫等的肝脏、胆管中所引起的疾病。猫后睾吸虫的终末宿主非常广泛，除犬、猫外，狐、獾、貂、水獭、海豹、狮、猪及人等均可感染。淡水螺中李氏豆螺为中间宿主。淡水鱼类为其补充宿主。发育过程与华支睾吸虫相似。

患病或带虫的犬、猫是主要的感染来源，虫卵存在于粪便中。感染途径为经口感染，囊蚴寄生于补充宿主鱼的皮下脂肪及肌肉中，终末宿主猫吞食含囊蚴的鱼肉后，经消化液的作用，童虫逸出，经胆管进入肝脏，经3～4周发育为成虫。

虫卵在水中存活时间较长，平均温度为19℃可存活70天以上。中间宿主淡水螺的分布较广泛，几乎各种池塘均有发现，补充宿主淡水鱼有数十种，因此本病广泛流行，主要分布于东欧、西伯利亚及中国。

2. 症状及病理变化

临床可见精神沉郁，病初食欲逐渐减退甚至不食，继之呕吐、腹泻、脱水，可视黏膜及皮肤发黄，尿液呈橘黄色。重度感染时，胆管受到大量虫体、虫卵等的刺激而发生肿胀，大量虫体寄生时，胆汁排泄受阻，在体内聚集形成全身性黄疸，先出现于可视黏膜，如眼结膜、口腔黏膜，几天后可见全身皮肤发黄。患病犬、猫的腹部由于出现腹水而明显增大，头部下垂。

病理变化可见肝表面有很多不同形状和大小不等的结节。肝脏肿大可达正常肝脏的2～3倍，且表面凹凸不平，质地坚硬。肝细胞变性，结缔组织增生，肝硬化。

3. 诊断

根据流行病学、临诊症状、粪便检查和寄生虫学剖检等进行综合诊断。

生前诊断采用粪便检查法检查虫卵。其虫卵呈卵圆形，淡黄色，大小为（26～30）μm×（10～15）μm，一端有卵盖，另一端有小突起，内含毛蚴。

死后诊断主要是剖检，在胆管内找到虫体即可确诊。虫体大小为（7～12）mm×（2～3）mm，体表光滑，颇似华支睾吸虫。

【防治处理】

1. 治疗方法

① 吡喹酮为首选药，按每千克体重10～35mg，首次口服后隔5～7天再服第二次。

② 丙硫咪唑按每千克体重25～50mg，口服，每日1次，连服2～3天。

③ 全身性疗法：消炎、补充能量、补液。庆大霉素1万单位每千克体重，每日2次。ATP 10mg、辅酶A 50U、5%葡萄糖注射液30～50ml，混合静脉注射。出现呕吐的猫可用止吐药甲氧氯普胺，按每千克体重1.5mg肌内注射。

2. 预防

给犬、猫喂食的鱼类应煮熟或经冷冻处理，使之无害化。

每年冬季清理池塘淤泥一次，经常消毒鱼塘，可对灭螺和杀死尾蚴起到一定的作用。

单元三 并殖吸虫病的诊断与防治

【诊断处理】

1. 生活史及流行特点

并殖吸虫病是由卫氏并殖吸虫寄生于犬、猫等动物的肺脏中所引起的疾病，又称肺吸虫病。犬、猫、猪、人和多种肉食类哺乳动物为终末宿主。淡水螺中锥蜷科和肋蜷科的某些螺为其中间宿主。淡水蟹或蝲蛄为补充宿主。

虫卵随终末宿主的粪便和痰液排出，在水中形成毛蚴，进入中间宿主体内依次形成胞蚴、母雷蚴、子雷蚴和尾蚴，离开中间宿主，进入补充宿主体内形成囊蚴。犬、猫因食入含有活囊蚴的溪蟹、蝲蛄而感染。囊蚴进入终末宿主消化道后，经30～60min，在小肠前端经消化液作用，童虫脱囊而出，钻过肠壁进入腹腔。童虫在脏器间移行并徘徊于各脏器及腹腔间，1～3周后由肝脏表面经肝或直接从腹腔穿过膈肌进入胸腔而入肺脏，一般需2～3个月发育成熟并产卵。有些童虫可终生穿行于宿主组织间直至死亡。

并殖吸虫病的发生与流行与中间宿主淡水螺和补充宿主淡水蟹或蝲蛄的分布有直接关系，由于其分布特点，加之终末宿主范围广泛，因此，本病具有自然疫源性。

囊蚴在补充宿主体内的抵抗力较强，经盐、酒腌浸大部分不会死亡，但加热到70℃时，3min全部死亡。

卫氏并殖吸虫在世界各地分布较广，日本、朝鲜、俄罗斯、菲律宾、马来西亚、印度、泰国以及非洲、南美洲均有报道。在我国，目前除西藏、新疆、内蒙古、青海、宁夏未见报道外，其他省、市、自治区均有本病发生。

2. 症状及病理变化

童虫和成虫在动物体内移行和寄生期间可造成机械性损伤，引起组织损伤出血，并有炎性渗出。虫体的代谢产物等抗原物质可导致免疫病理反应，移行的童虫可以引起嗜酸性粒细胞性腹膜炎、胸膜炎、肌炎及多病灶性的胸膜出血。在肺部引起慢性小支气管炎、小支气管上皮细胞增生和肉芽肿性肺炎，由于肉芽组织增生形成囊壁而变为囊肿。虫体死亡或转移后形成空囊，内容物被排出或吸收，纤维组织增生形成瘢痕。进入血流中的虫卵还会引起虫卵性栓塞。成虫主要寄生于肺，但有时会发生异位寄生。

临床症状因感染部位不同而有不同表现。症状出现最早的在感染后数天至一个月内。患犬和猫表现精神不佳，咳嗽，早晨较剧烈，初为干咳，以后有痰液，痰多为白色黏稠状并带有腥味。若继发细菌感染，则痰量增加，并常出现咯血，咳铁锈色或棕褐色痰为本病的特征性症状。有些犬和猫还表现气喘、发热。并殖吸虫在体内有到处游窜的习性，易出现异位寄生，寄生于脑部时还表现为感觉降低、头痛、共济失调、癫痫或瘫痪。寄生于腹部时，出现腹痛、腹泻，有时大便出血。

病理变化可见虫体形成囊肿，见于全身各内脏器官，以肺脏最为常见。肺脏中的囊肿多位于肺的浅层，一般豌豆大，稍突出于肺表面，呈暗红色或灰白色，有的单个存在，有的积聚成团，切开囊肿可见黏稠褐色液体，有时可见虫体，有时有脓汁，有时可见形成纤维化或空囊。

3. 诊断

根据流行病学、临诊症状、粪便检查和寄生虫学剖检等进行综合诊断。

于痰液和粪便中检出虫卵便可确诊。

粪便检查可采用沉淀法检查虫卵。痰液检查可用10%的氢氧化钠溶液处理痰液后，经离心沉淀，在沉淀物中检查。

其虫卵金黄色，椭圆形，大小（80～118）μm×（48～60）μm，前端稍突，大多有卵盖，后端稍窄，卵壳厚薄不均，后端往往增厚，卵内含有1个卵细胞和10多个卵黄细胞。

剖检在肺脏检出虫体可确诊。卫氏并殖吸虫椭圆形，虫体肥厚，背侧稍隆起，腹面扁平，呈红褐色，长7.5～16mm，宽4～6mm。

也可用X射线检查和血清学方法诊断，如间接血凝试验及酶联免疫吸附试验。

【防治处理】

1. 治疗方法

① 硝氯酚按每千克体重3～4mg，一次口服。

② 丙硫咪唑按每千克体重15～25mg，口服，每日1次，连服6～12天。

③ 吡喹酮按每千克体重3～10mg，一次口服。

2. 预防

在本病流行地区，禁止和杜绝以新鲜的蟹或蝲蛄作为犬、猫的食物。处理好犬、猫粪便，并做无害化处理。销毁患病脏器。有条件的地区应配合灭螺。人群尽量不要生食或半生食蟹、蝲蛄及其制品，不饮生水。

实践活动十六　宠物常见吸虫的形态观察

【知识目标】
1. 了解犬、猫常见吸虫形态构造。
2. 了解犬、猫吸虫中间宿主螺的一般形态。
3. 认识犬、猫常见吸虫，掌握其形态构造特征。

【技能目标】
1. 能结合剖检正确识别寄生犬、猫体内吸虫，说出其种名。
2. 能在显微镜下正确描述犬、猫常见吸虫虫体构造，说出形态特点。
3. 能正确识别犬、猫常见吸虫中间宿主。

【实践内容】
观察宠物犬、猫常见吸虫的形态构造；观察螺的一般形态。

【材料准备】
（1）挂图　吸虫构造模式图、华支睾吸虫、后睾吸虫、并殖吸虫；中间宿主形态图。
（2）标本
① 上述吸虫的染色标本和浸渍标本。
② 吸虫的中间宿主，如扁卷螺、蜗牛、钉螺等。
③ 严重感染吸虫的动物内脏。
（3）仪器及器材　多媒体投影仪、显微投影仪、实体显微镜、放大镜、组织针、尺、毛笔、镊、培养皿等。

【方法步骤】
（1）教师用显微镜投影仪或多媒体投影仪，以华支睾吸虫为代表虫种，讲解吸虫的共同形态构造特征。
（2）学生将代表虫种的浸渍标本置于平皿中，在放大镜下观察其一般形态，用尺测量大小。
（3）在生物显微镜或实体显微镜下，观察代表虫种的染色标本。主要观察口、腹吸盘的位置和大小；口、咽、食道和肠管的形态；睾丸数目、形状和位置；雄茎囊的构造和位置；卵巢、卵模、卵黄腺和子宫的形状与位置；生殖孔的位置等。
（4）取代表性螺置于平皿中，观察其形态特征。

【实践报告】
1. 绘出虫体形态构造图，标出各器官名称。
2. 将所观察的吸虫形态构造特征填表（表10-1）。

表10-1　主要吸虫形态构造特征鉴别表

标本编号	形状	大小	吸盘大小与位置	睾丸形状、位置	卵巢形状、位置	卵黄腺位置	子宫形状、位置	其他特征	鉴定结果

【参考资料】
一、吸虫的鉴别点
（1）形状和大小。
（2）表皮光滑或有结节、小刺。

(3) 口吸盘和腹吸盘的位置和大小。
(4) 肠管的形状和构造。
(5) 雌雄同体或异体。
(6) 生殖孔的位置。
(7) 睾丸的数目、形状和位置。
(8) 卵巢和子宫的形状和位置。

二、犬猫常见吸虫形态结构

1. 华支睾吸虫 Clonorchis sinensis

成虫体形狭长，背腹扁平，前端稍窄，后端钝圆，呈叶状，半透明，体表无棘。虫体大小一般为（10~25）mm×（3~5）mm。口吸盘略大于腹吸盘，前者位于体前端，后者位于虫体前 1/5 处。消化道简单，口位于口吸盘的中央，咽呈球形，食道短，其后为肠支。肠支分为两支，沿虫体两侧直达后端，不汇合，末端为盲端。排泄囊为一略带弯曲的长袋，前端到达受精囊水平处，并向前端发出左右两支集合管，排泄孔开口于虫体末端。雄性生殖器官有 2 个睾丸，前后排列于虫体后 1/3，呈分支状。无雄茎、雄茎囊和前列腺。雌性生殖器官有卵巢 1 个，浅分叶状，位于睾丸之前，输卵管发自卵巢，其远端为卵模，卵模周围为梅氏腺。卵模之前为子宫，盘绕向前开口于生殖腔。受精囊在睾丸与卵巢之间，呈椭圆形，与输卵管相通。劳氏管位于受精囊旁，也与输卵管相通，为短管，开口于虫体背面。卵黄腺呈滤泡状，分布于虫体的两侧，两条卵黄腺管汇合后，与输卵管相通（图 10-1）。

2. 猫后睾吸虫 Opistorchis felineus

虫体大小(7~12)mm×(2~3)mm，体表光滑，颇似华支睾吸虫，但略小。睾丸呈裂状分叶，前后斜列于虫体后 1/4 处。睾丸之前是卵巢及较发达的受精囊。子宫位于肠支之内，卵黄腺位于肠支之外，均分布在虫体中 1/3 处。排泄管在睾丸之间，呈 S 状弯曲（图 10-2）。

3. 卫氏并殖吸虫 Paragonimus westermani

成虫椭圆形，虫体肥厚，背侧稍隆起，腹面扁平。活体红褐色，体表被有细小皮棘。口、腹吸盘大小相似，口吸盘位于虫体前端，腹吸盘约在虫体腹面中部。消化器官包括口、咽、食管及两支弯曲的肠支，两支弯曲肠支延伸至虫体后部。卵巢分 5~6 个叶，形如指状，与子宫并列于腹吸盘之后。两个睾丸有 4~6 个分支，并列于卵巢和子宫之后，虫体后 1/3 处（图 10-3）。

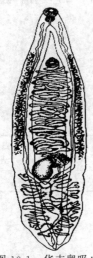

图 10-1 华支睾吸虫
（引自：孔繁瑶．家畜寄生虫学．1997）

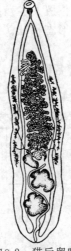

图 10-2 猫后睾吸虫
（引自：孔繁瑶．家畜寄生虫学．1997）

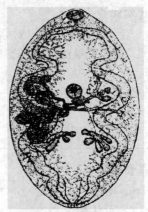

图 10-3 卫氏并殖吸虫
（引自：江明．兽医寄生虫学．第 3 版．2004）

【项目小结】

本项目主要介绍了犬、猫常见吸虫病,主要由诊断处理及防治处理两部分组成,内容侧重于流行病学调查、实验室诊断、防治措施的制订。

【复习思考题】

1. 并殖吸虫的生活史具有哪些特点?
2. 简述华支睾吸虫的流行因素。
3. 简述并殖吸虫病的病理变化。
4. 简述猫后睾吸虫病的治疗原则。
5. 简述华支睾吸虫、猫后睾吸虫、并殖吸虫虫卵的形态特点。
6. 简述预防犬、猫吸虫病的综合性措施。

项目十一　宠物绦虫病的诊断与防治

【知识目标】
1. 了解犬、猫、观赏鸟常见绦虫形态特点和生活史。
2. 了解犬、猫、观赏鸟绦虫的种类。
3. 了解绦虫病的诊断要点。
4. 了解犬、猫、观赏鸟常见绦虫病综合防治措施。

【技能目标】
1. 能结合实际病例，对犬、猫、观赏鸟常见绦虫病进行正确诊断。
2. 能对常见犬、猫绦虫病的实验室诊断所需要的病料进行正确采集、检验，操作熟练。
3. 能正确识别犬、猫常见绦虫虫卵。
4. 能根据不同绦虫病特点制订切实可行的防治措施。

单元一　犬复孔绦虫病

【诊断处理】

1. 生活史及流行特点

犬复孔绦虫病是由犬复孔绦虫寄生于犬、猫等动物的小肠中所引起的疾病。犬、猫、狐、狼等食肉动物为终末宿主，犬栉首蚤、猫栉首蚤和犬毛虱为其中间宿主。

虫卵或孕节随终末宿主的粪便排出体外，被中间宿主蚤类幼虫食入，六钩蚴在其血腔内发育为似囊尾蚴，并随幼蚤羽化为成蚤而寄生于成蚤体内，犬、猫舔毛时吞入了含有似囊尾蚴的跳蚤后而感染，虫体经2～3周发育为成虫。

本病呈世界性分布，欧洲、亚洲、美洲、非洲和大洋洲均有报告。终末宿主分布广泛，犬和猫的感染率很高，狐和狼等也有感染，人体感染多为婴幼儿。

春末、夏及秋季节适宜蚤类的生长发育，所以本病主要在同期流行。南方温暖季节较长，感染季节也较长。多雨年份能促进本病的流行。

2. 症状及病理变化

轻度感染时，一般无明显症状。幼犬、猫严重感染时可引起食欲不振、消化不良、腹部不适等，或有腹痛、腹泻，因孕节自动从肛门逸出而引起肛门瘙痒和烦躁不安等症状。个别虫体聚集成团堵塞肠腔，导致肠扭转甚至破裂。

3. 诊断

根据临诊症状、粪便检查和寄生虫学剖检等进行综合诊断。

粪便检查发现孕节，在显微镜下可观察到具有特征的卵袋，内含数个至30个以上虫卵，也可采用漂浮法检查虫卵，发现孕节或虫卵即可确诊。其虫卵圆形，透明，直径35～50μm，具两层薄的卵壳，内含一个六钩蚴。

剖检在小肠中检出浅红色、长10～50cm、宽约3cm扁平带状虫体，约有200个节片。体节呈黄瓜籽状，故又称为瓜籽绦虫。

【防治处理】
1. 治疗方法

① 吡喹酮，犬每千克体重5mg，猫每千克体重2mg，一次口服。亦可皮下注射，每千克体重2.5～5mg。幼犬4月龄以上才能使用。该药对成虫和幼虫均有效，但对虫卵无效。

② 氢溴酸槟榔素，犬每千克体重1～2mg，禁食12h后一次口服给药。为了防止呕吐，应在服药前15～20min给予稀碘酊液（水10ml，碘酊两滴）。

③ 丙硫咪唑，犬每千克体重10～20mg，一次口服，连服3～4天。具有高效杀虫作用。

④ 氯硝柳胺（灭绦灵），每千克体重154～200mg，一次口服。服前禁食12h，有呕吐症状犬可加大剂量直肠给药。对成虫和幼虫均有高效。

⑤ 盐酸丁萘脒，每千克体重25mg，一次口服。服药前禁食12h，服药后3h方可喂食。本品为广谱抗绦虫药。

⑥ 阿苯哒唑（肠虫清），口服，每日1次，每次400mg，连服3天。

⑦ 甲苯咪唑片（安乐士），每千克体重20mg，一次口服，连服3天。

2. 预防

（1）定期驱虫　驱虫时间和次数应该根据当地流行情况确定。全年可进行2～4次驱虫，种犬驱虫工作应在配种前3～4周内进行。驱虫时，要把犬、猫固定在一定的范围内，以便收集带有虫卵的粪便，彻底销毁，防止虫卵污染周围环境。

（2）定期消毒　平时要注意对犬、猫生活环境和用具进行消毒，每天清除犬、猫的粪尿及其排泄物，每周用低毒的化学药消毒一次，每个月应该进行一次彻底的清洁消毒工作。家庭饲养犬、猫一定要定期洗澡，同时增加运动，提高其抵抗力。

（3）消灭传染源　应用杀虫剂蝇毒磷、倍硫磷等药物杀灭犬、猫体表上的蚤与虱。

单元二　泡状带绦虫病

【诊断处理】
1. 生活史及流行特点

泡状带绦虫病是由泡状带绦虫寄生于犬等动物的小肠中所引起的疾病。犬、狼和狐等食肉动物为终末宿主。幼虫为细颈囊尾蚴，寄生于猪、绵羊、山羊的肝脏、肠系膜、大网膜、肺脏等处。

虫卵或孕节随终末宿主的粪便排出，中间宿主吞食虫卵后，在其肠内六钩蚴逸出，然后钻入肠壁血管，随血流到达肝脏，并逐渐移行至肝脏表面，进入腹腔内发育为细颈囊尾蚴。终末宿主吞食含细颈囊尾蚴的中间宿主脏器而感染，在小肠内经36～73天发育为成虫。泡状带绦虫在犬体内存活约1年。

泡状带绦虫病呈世界性分布，我国的犬感染泡状带绦虫遍及全国。凡有养犬的地方，一般都会有家畜感染细颈囊尾蚴。家畜感染细颈囊尾蚴一般以猪最普遍，绵羊则以牧区感染较重，黄牛、水牛受感染的较少。家畜的感染又促使了犬泡状带绦虫病的发生。

2. 症状及病理变化

成虫寄生于犬的小肠内一般无临床症状。幼虫对动物的危害较大。严重感染表现食欲不振、消化不良、呕吐、下痢，逐渐消瘦，有时腹痛。此外可导致慢性肠卡他，虫体成团可导致肠阻塞、肠扭转甚至肠破裂。

3. 诊断

粪便检查发现虫卵或孕卵节片，可确诊。泡状带绦虫卵呈圆形，两层卵壳，外层薄且易脱落，内层较厚，有辐射状的条纹，卵内含六钩蚴。

必要时可进行诊断性驱虫。死后剖检在小肠内找到虫体即可确诊。泡状带绦虫呈扁平长带状，乳白色，长度可达75～500cm。头节细小呈圆球形，幼节宽而短，成节呈正方形，孕节的长度大于宽度。

【防治处理】

1. 治疗方法

① 吡喹酮，犬每千克体重5mg，猫每千克体重2mg，1次口服。亦可皮下注射，每千克体重2.5～5mg。

② 氯硝柳胺（灭绦灵），每千克体重154～200mg，1次口服。

2. 预防

对犬进行定期驱虫。妥善处理屠宰废弃物，不用含豆状囊尾蚴的动物内脏及废弃物喂犬、猫。防止犬、猫粪便污染家畜和兔的饲料和饮水。

单元三 豆状带绦虫病

【诊断处理】

1. 生活史及流行特点

豆状带绦虫病是由豆状带绦虫寄生于犬等动物的小肠中所引起的疾病。狼和狐等犬科动物为终末宿主，成虫寄生在其小肠内。幼虫为豆状囊尾蚴，寄生于家兔的肝脏、大网膜、肠系膜、直肠浆膜下、腹腔浆膜等处。

成虫排出的虫卵或孕节随着犬、狼和狐等终末宿主的粪便排出，被兔吞食后，其六钩蚴在消化道逸出，钻入肠壁，随血流到达肝实质再移行至腹腔浆膜发育为成熟的豆状囊尾蚴。终末宿主吞食含豆状囊尾蚴的中间宿主脏器而感染，在小肠内经36～73天发育为成虫，在犬体内存活约8个月以上。

豆状囊尾蚴病是家兔常见的一种寄生虫病，分布广泛，感染率高。在流行区，家兔多为散养，以野外的青草或废弃的蔬菜为食。由于犬的四处活动，其排出的虫卵会污染青草或蔬菜，家兔因采食了被虫卵污染的青草或蔬菜而感染。而剖杀家兔时，含豆状囊尾蚴的内脏又会被犬吃到，这种犬和家兔之间的循环感染造成了本病的流行。

2. 症状

成虫寄生于犬的小肠内一般无临床症状。幼虫对动物的危害较大。严重感染时症状同泡状带绦虫病。

3. 诊断

粪便检查发现虫卵或孕卵节片，可确诊。必要时可进行诊断性驱虫。死后剖检在小肠内找到虫体即可确诊。豆状带绦虫节片边缘呈锯齿状，故又称锯齿带绦虫。虫体长60～200cm，乳白色，由400～500个节片组成。

【防治处理】

1. 治疗方法

可参照泡状带绦虫病。

2. 预防

对犬用吡喹酮进行定期驱虫；勿用病兔内脏喂犬；妥善处理屠宰废弃物，防止犬、猫粪便污染家畜和兔的饲料和饮水。

单元四　多头带绦虫病

【诊断处理】

1. 生活史及流行特点

多头带绦虫病是由多头带绦虫寄生于犬等动物的小肠中所引起的疾病。犬、狼和狐等为终末宿主，成虫寄生在其小肠内。幼虫为多头蚴，寄生于绵羊、山羊、黄牛、牦牛等反刍动物的脑和脊髓中。虫卵或孕节随着犬、狼和狐的粪便排出体外，中间宿主吞食虫卵而感染。在小肠内六钩蚴脱壳逸出，进入肠壁血管，随血液循环到达中间宿主的脑和脊髓处发育为脑多头蚴。终末宿主吃入含多头蚴器官而感染，在小肠内经 1.5～2.5 个月发育为成虫。多头蚴生发层上的每个原头蚴均可发育成一条绦虫。成虫在犬体内可存活 6～8 个月。

本病呈世界性分布，多呈地方性流行。我国内蒙古、宁夏、甘肃、青海及新疆五大牧区多发。犬、狼、狐是由于食入了患多头蚴病动物的脑、脊髓、肌肉或脏器而感染。

寄生于犬小肠内的多头绦虫存活时间较长，不断地排出孕卵节片污染草场、饲料和饮水，成为牛、羊、兔多头蚴病的感染来源。尤其是两岁以内的羔羊多发，全年均有因此病死亡的动物。虫卵对外界环境的抵抗力强，在自然界可长时间保持生命力，高温或直射光很快死亡。

2. 症状

通常无明显症状。严重感染时，患犬经常出现不明原因的腹部不适，食欲反常（贪食或异嗜），呕吐，慢性肠炎。大量感染时，造成贫血、消瘦、腹泻、消化不良，甚至便秘和腹泻交替发生。

当脑多头蚴寄生于牛、羊等动物时，有典型的神经症状和视力障碍。

3. 诊断

依据临床症状，结合粪便检查虫卵或孕节加以判定。如发现患病犬的粪便及肛门周围经常有类似大米粒的白色或淡黄色孕卵节片（刚排出的绦虫孕节可附着在肛门周围蠕动，时间长者节片变干，粘在肛门周围的被毛上，形似芝麻粒状）即可确诊，也可用饱和盐水漂浮法检查粪便虫卵或在镜下观察节片确诊本病。

剖检，在小肠中发现虫体可确诊。虫体扁平带状，乳白色，体长 20～75cm，成节宽度大于长度，孕节呈长方形，其后缘呈漏斗状，掩盖下一节片的前缘。

【防治处理】

1. 治疗方法

① 吡喹酮，每千克体重 5mg，1 次口服。
② 丙硫咪唑，每千克体重 10～20mg，一次口服，连服 3～4 天。

2. 防治措施

对牧羊犬、军犬、警犬定期驱虫，排出的犬粪和虫体应深埋或烧毁；防止犬吃到含多头蚴的牛、羊等动物的脑、脊髓；对患畜的脑和脊髓应烧毁或深埋；捕杀野犬，防止病原散布。

单元五　细粒棘球绦虫病

【诊断处理】

1. 生活史及流行特点

细粒棘球绦虫病是由细粒棘球绦虫寄生于犬等动物的小肠中所引起的疾病。犬、狼和狐等犬科动物是终末宿主。幼虫为棘球蚴，寄生于牛、羊、猪、人及其他动物的肝、肺等脏器，又称为"肝包虫"。

虫卵或孕节随终末宿主的粪便排出，中间宿主吞食了虫卵后，六钩蚴在其肠内逸出，然后钻入肠壁，经血液循环至肝、肺等器官，发育为棘球蚴。含棘球蚴的脏器被犬等终末宿主吞食后，经 40~45 天发育为成虫，其所含的每个原头蚴都可发育为一条绦虫。由于棘球蚴中含有大量的原头蚴，故犬肠内寄生的成虫数量可达数千至上万条，细粒棘球绦虫在犬体内的寿命为 5~6 个月。

细粒棘球绦虫分布广泛，遍及全世界。此病主要流行于牧区，在牧区易感动物主要是牧羊犬和野犬。细粒棘球绦虫的中间宿主虽然种类较多，但在流行病学上具有重要意义的动物主要是绵羊，绵羊感染率最高，在我国以新疆最为严重，绵羊的感染率在 50% 以上，有的地区甚至高达 100%。主要由于放牧的羊群经常与牧羊犬密切接触，在牧地上吃到虫卵的机会多，而牧羊犬又常吃到绵羊的内脏，因而造成本病在绵羊与犬之间的循环感染。

细粒棘球绦虫繁殖力很强，1 条雌虫每昼夜可孵出 400~800 个虫卵。

虫卵对外界的抵抗力较强，在室温的水中可存活 7~16 天，在干燥环境中可存活 11~12 天，在 0℃时可存活 116 天，不易被化学杀虫剂杀灭，煮沸与直射阳光对虫卵有致死作用。虫卵在 50℃中，1h 即死亡。

2. 症状

成虫对犬的致病作用不明显，甚至寄生数千条亦无临床表现。严重感染的动物被毛粗乱无光泽，呕吐，腹泻或便秘，粪便中混有白色点状的孕卵节片，肛门部常有瘙痒表现。但棘球蚴对人和动物危害较大，犬是人畜共患棘球蚴病的主要传播者。

3. 诊断

粪便检查，发现虫卵或发现孕卵节片可帮助确诊。虫卵检查常用饱和盐水漂浮法，虫卵形态与泡状带绦虫卵相似。

剖检检查，在小肠中发现虫体可确诊。虫体全长不超过 7mm，由 1 个头节和 3~4 个节片组成。

【防治处理】

1. 治疗方法

① 吡喹酮，每千克体重 5mg，1 次口服，无不良反应。

② 盐酸丁萘脒，每千克体重 50mg，1 次口服，间隔 48h 再用 1 次。

③ 氢溴酸槟榔素，每千克体重 1~2mg，禁食 12h 后 1 次口服给药。

④ 丙硫咪唑，每千克体重 90mg，1 次口服，连服 2 天。

2. 防治措施

(1) 定期驱虫　在流行区定期为家犬和牧羊犬驱虫。驱虫后，3 天内将犬拴养或关养，收集粪便无害化处理，防止病原扩散。处理或接触犬粪时要特别小心，避免感染人。

(2) 加强管理　合理处理病畜及其内脏，严禁乱扔，不得随意喂犬，必须经过无害化处理后，方可作为饲料。避免犬接触鼠类。捕杀畜舍附近的野犬，消灭传染源。

(3) 个人防护　经常与犬接触的人，应注意清洁卫生，防止误食虫卵。

单元六　中线绦虫病

【诊断处理】

1. 生活史及流行特点

中线绦虫病是由中线绦虫寄生于犬、猫等动物的小肠中所引起的疾病。犬、猫和狐狸、浣熊、郊狼等野生食肉动物是终末宿主。人可偶尔感染。食粪的地螨为其中间宿主。蛇、蛙、蜥蜴、鸟类及小型哺乳动物中的啮齿类为其补充宿主。

虫卵或孕节随着终末宿主的粪便排出体外，食粪地螨吞食虫卵后在体内形成似囊尾蚴，补充宿主吞食了含似囊尾蚴的地螨后，在其腹腔或肝、肺等器官内发现形成四槽蚴。终末宿主犬、猫吃入含四槽蚴的补充宿主而感染，在小肠内 16～20 天发育为成虫。

本病分布较广，见于欧洲、非洲、北美洲、朝鲜和日本等地，我国的北京、长春、浙江、黑龙江、甘肃及新疆等地均有发生。

2. 症状及病理变化

通常无明显症状。人工感染犬后，呈现食欲不振，消化不良，被毛无光泽。严重感染时有腹泻。可引起腹膜炎和腹水等。人体感染时出现食欲不振、消化不良、精神烦躁、体渐消瘦等。

3. 诊断

生前根据临诊症状、流行病学、粪便检查可确诊。粪便检查中，可发现极活跃的 2～4mm 长呈桶状的孕节，或经饱和盐水漂浮法检查，发现虫卵可确诊。成熟虫卵在卵袋内，长圆形，有两层薄膜，内含六钩蚴。

死后剖检，在小肠中发现虫体可确诊。虫体乳白色，长 30～250cm，最宽处 3mm。头节上有 4 个长圆形吸盘，成节近似正方形。节片中央部似有一条纵线贯穿，故名"中线绦虫"。

【防治处理】

1. 治疗方法

① 仙鹤草酚（驱绦丸），用根芽全粉 30～50g，服后不需给泻剂。亦可用草芽浸膏、鹤草酚单体或鹤草酚粗晶片，但应服硫酸镁导泻。

② 氯硝柳胺（灭绦灵），犬每千克体重 100～150mg，猫每千克体重 200mg，一次口服。服前禁食 12h。

③ 盐酸丁萘脒，每千克体重 15～50mg，一次口服。服药前禁食 12h，服药后 3h 方可喂食。本品为一种广谱抗绦虫药。

④ 乙酰胂胺槟榔碱合剂，每千克体重 5mg，服药前禁食 3h，混入奶中给药。用药后可能出现不良反应，如呕吐、流涎、不安、运动失调及气喘，猫可能出现过量的唾液。可用阿托品缓解。3 月龄以下的犬、1 岁以下的猫禁用。

⑤ 吡喹酮，每千克体重 5mg，一次口服。

⑥ 丙硫咪唑，每千克体重 10～20mg，一次口服，连服 3～4 天。

2. 防治措施

对犬、猫定期驱虫。禁食补充宿主可有效控制感染。

单元七 曼氏迭宫绦虫病

【诊断处理】

1. 生活史及流行特点

曼氏迭宫绦虫病是由曼氏迭宫绦虫寄生于猫、犬等动物的小肠中所引起的疾病。猫、犬、虎、狼、豹、狐、狮、貉、浣熊等食肉动物为终末宿主，人可偶尔感染。幼虫寄生于蛙、蛇、鸟类和多种脊椎动物包括人的肌肉、皮下组织、胸腹腔等处。蛇、鸟类及猪等哺乳动物可作为贮藏宿主。

虫卵或孕节随终末宿主的粪便排出体外，虫卵在水中适宜的温度下孵出钩球蚴，被中间宿主剑水蚤吞食后在其体内发育为原尾蚴,含有原尾蚴的剑水蚤被蝌蚪吞食后,在其体内发育为裂头蚴。当蝌蚪发育为成蛙时,常迁移到蛙的肌肉、腹腔、皮下或其他组织内,以大腿或小腿的肌肉中最多。当受染的蛙被蛇、鸟类或猪等非正常宿主吞食后,裂头蚴不能在其肠中发育为成虫,而是穿出肠壁,移居到腹腔、肌肉或皮下等处继续生存,因此,蛇、鸟、猪即成为其贮藏宿主。终末宿主犬、猫吞食了含有裂头蚴的蛙等补充宿主或贮藏宿主后,裂头蚴在其小肠内经3周发育为成虫。

曼氏迭宫绦虫呈世界性分布,欧洲、美洲、非洲、大洋洲均有报道,但多见于东南亚诸国;我国的许多省市都有记载,尤其多见于南方各省。蛙、蛇、禽和猪等多种脊椎动物都可成为传染源,犬、猫感染曼氏迭宫绦虫是由于生食含裂头蚴蛙、蛇、禽、猪等动物的肌肉、组织或器官引起的。人感染裂头蚴主要是生吃了含裂头蚴的肌肉或误食了含有原尾蚴的剑水蚤,用生蛙皮、生蛙肉敷贴伤口或治疗疮疖和眼病,使裂头蚴进入人体而感染。

2. 症状

轻度感染时常不呈现症状。严重感染时,动物有不定期的腹泻、便秘、流涎、皮毛无光泽、消瘦及发育受阻等症状。

3. 诊断

粪便检查发现虫卵或孕卵节片可确诊。卵呈椭圆形,淡黄色,两端稍尖,卵壳较薄,一端有卵盖,内有一个卵细胞和若干个卵黄细胞。

剖检或驱虫性诊断,发现虫体可确诊。虫体呈乳白色,长40~60cm,最长可达1m,由约1000个节片组成。

【防治处理】

1. 治疗原则及方法

参见犬复殖孔绦虫病。

2. 防治措施

在流行地区对犬、猫进行定期驱虫。粪便无害化处理,防止虫卵扩散。禁止用未经处理的受感染动物的内脏和肌肉喂养犬、猫。人要注意生活习惯,以防感染裂头蚴。

单元八 观赏鸟绦虫病

赖利绦虫病

【诊断处理】

1. 生活史及流行病学特点

赖利绦虫病是由赖利属的多种绦虫寄生于禽类的小肠中所引起的疾病,主要虫种有棘沟赖利绦虫、四角赖利绦虫和有轮赖利绦虫。鸡、雉鸡及鸽、野鸽、孔雀、红鹦鹉、雀科鸣禽等鸟类为终末宿主,多种昆虫为中间宿主。

孕卵节片或虫卵随终末宿主的粪便排到外界,被中间宿主吞食后,六钩蚴逸出,发育为似囊尾蚴。终末宿主啄食含似囊尾蚴的中间宿主而感染,似囊尾蚴在鸟的小肠内发育为成虫。

鸟的绦虫为世界性分布。绦虫的传播需中间宿主,因而以昆虫、肉或鱼为食的鸟类易患此病,以种子为食的鸟类少见。绦虫种类繁多,大多数宿主特异性很强。一般一种绦虫仅寄生于一种鸟和亲缘关系甚近的数种鸟,鸟与鸟之间不会相互传染。一半以上的野生鸟都有绦虫寄生,而笼养鸟与舍养鸟感染机会很小,但大多数观赏鸟与舍养鸟是从野生鸟捕获的,因此,此类鸟的绦虫病亦不可忽视。本病的发生与中间宿主如蚂蚁、甲虫、苍蝇、蚱蜢的分布面广阔有密切关系。鸟类吞吃了这些含似囊尾蚴的中间宿主即被感染。

2. 症状及病理变化

由于绦虫寄生在鸟的小肠，头节深埋在肠腺和肠黏膜里，因而引起肠黏膜出血和发炎，影响消化功能。绦虫数量较多时，可导致肠阻塞。绦虫代谢产物中的毒素可引起神经症状。病鸟一般表现为消瘦、食欲不振、生长缓慢、腹泻、贫血，大多数鸟有异嗜，便中带血。常继发营养缺乏症和其他肠道传染病。

病理变化表现为小肠黏膜肥厚，有点状出血并有小结节，小结节的中央凹陷。肠壁上的小结节注意与结核病结节区别。

3. 诊断

本病无特征性症状，生前诊断可通过粪便检查，发现孕片或虫卵即可确诊。但由于赖利绦虫孕卵节片排出无规律性，检出率不高。所以，剖检是最可靠的诊断方法，在小肠内发现虫体可确诊。虫体扁平带状，乳白色，体长4~35cm，孕节长大于宽。

【防治处理】

1. 治疗方法

① 硫氯酚，每千克体重150~200mg，一次口服，4天后再服一次。

② 氯硝柳胺（灭绦灵），每千克体重50~60mg，一次投服。

③ 氢溴酸槟榔素，每千克体重3mg，配成0.1%水溶液灌服。

④ 苯硫咪唑，每千克体重5mg，一次口服，连用2天。

⑤ 甲苯咪唑（安乐士），广谱驱虫药。每千克体重3.3mg，每日2次，连服3天。本品为首选驱虫药。

⑥ 吡喹酮，每千克体重10~20mg，一次投服。

⑦ 丙硫咪唑，每千克体重15~20mg，与面粉做成丸剂，一次投服。

2. 防治措施

① 定期驱虫　在流行地区，应进行预防性驱虫。驱虫时应收集排出的虫体和粪便，彻底销毁，防止散布病原。使用驱虫药后可以加喂些麻子仁（火麻仁）有润肠通便，促进虫体排出的作用。只有在粪便里看到绦虫头节才达到驱虫的目的。

② 消灭中间宿主　注意环境卫生，搞好灭蝇和杀虫工作。尤其注意消灭作为鸟的动物性蛋白来源的中间宿主。

③ 加强管理　饲养场要保持清洁、干燥，潮湿环境有利于中间宿主的生长。避免鸟接触昆虫和软体动物。

戴文绦虫病

【诊断处理】

1. 生活史及流行特点

鸡、鸽、鹌鹑等鸟类为终末宿主，软体动物蛞蝓、陆地螺蛳为中间宿主。

孕节随终末宿主粪便排至体外，能蠕动并释出虫卵，被中间宿主吞食后，在其体内经3周发育为似囊尾蚴。鸟啄食含似囊尾蚴的中间宿主而感染，在十二指肠内约经2周发育为成虫。

各龄鸟均能感染，但以幼鸟最易感，且可引起死亡，管理条件良好的鸟发病较少。虫卵在阴暗潮湿的环境中能存活5天左右，干燥与霜冻使之迅速死亡。软体动物也适宜在温暖潮湿的环境滋生，因此本病在南方更易流行。

2. 症状及病理变化

虫体以头节深入肠壁，刺激肠黏膜和造成血管破裂，呈急性肠炎症状，表现腹泻，粪中含黏液或带血，明显贫血。继而精神委顿，行动迟缓，高度衰弱与消瘦，羽毛蓬乱，呼吸加快。由于虫体分泌毒素，有时发生麻痹，从两腿开始，逐渐波及全身。

病理变化表现为十二指肠黏膜潮红、肥厚，有散在出血点，并充满黏液。大量白色粒状的虫体固着于黏膜上。

3. 诊断

根据症状、粪便检查和寄生虫学剖检进行综合诊断。

粪便检查发现孕节或尸检时找到虫体可确诊。戴文绦虫虫体乳白色，成虫短小，长度仅0.5～3mm，不超过4mm，一般由3～5个节片组成，最多不超过9个节片，节片由前至后逐个增大。由于戴文绦虫每天仅排出一个孕卵节片，而且很小，又往往在夜间或下午，所以应注意收集全粪检查。

【防治处理】

参见赖利绦虫病。

实践活动十七 宠物常见绦虫的形态观察

【知识目标】

1. 了解犬、猫及观赏鸟常见绦虫形态构造。
2. 了解犬、猫及观赏鸟绦虫蚴形态特点。
3. 认识犬、猫及观赏鸟常见绦虫，掌握其形态构造特征。

【技能目标】

1. 能结合剖检正确识别寄生犬、猫及观赏鸟体内绦虫，说出其种名。
2. 通过显微镜观察能正确描述犬、猫常见绦虫虫体构造，说出形态特点。
3. 能正确识别犬猫常见绦虫的幼虫。

【实践内容】

观察宠物犬、猫及观赏鸟常见绦虫的形态构造；认识常见绦虫幼虫的一般形态。

【材料准备】

（1）挂图　犬复孔绦虫、细粒棘球绦虫、泡状带绦虫、豆状带绦虫、多头带绦虫、中线绦虫、曼氏迭宫绦虫、赖利绦虫、戴文绦虫的形态结构图。

（2）标本　上述绦虫成虫的浸渍标本及其头节、成节、孕节的染色标本。

（3）仪器及器材　多媒体投影仪、显微投影仪、显微镜、放大镜、组织针、毛笔、镊子、培养皿、尺等。

【方法步骤】

（1）教师用显微镜投影仪或多媒体投影仪，以选定的代表性虫种为例，讲解其头节、成熟节片和孕卵节片的形态构造特征。

（2）学生将代表虫种的浸渍标本置于瓷盘中，观察外部形态，用尺测量虫体全长及最宽处，测量成熟节片的长度、宽度。

（3）在显微镜下观察代表虫种的染色标本。主要观察头节的构造；成熟节片的睾丸位置、卵巢形状、卵黄腺及梅氏腺的位置、生殖孔的开口；孕卵节片的子宫形状和位置等。

【实践报告】

1. 绘出虫体头节及成熟节片的形态构造图，标出各部名称。
2. 将所观察绦虫的形态构造特征填入表11-1。

表 11-1　主要绦虫形态构造特征鉴别表

编号	大小		头节		成熟节片				孕卵节片	鉴定结果
	长	宽	吸盘形状	顶突及小钩	外形	生殖孔位置	生殖器官组数	睾丸位置	其他特征	子宫形状、位置	

【参考资料】

一、圆叶目绦虫的鉴别点

（1）虫体的长度和宽度。

（2）头节的大小，吸盘的大小及附着物的有无，顶突的有无及小钩的数目、大小和形状。

（3）成熟节片的形状、长度与宽度、生殖孔的位置。

（4）生殖器官的组数，睾丸的数目和分布位置。

（5）子宫的形状及位置，卵黄腺的形状及有无。

二、犬、猫及观赏鸟常见绦虫形态结构

1. 犬复孔绦虫 Dipylidium caninum

活体为浅红色，固定后为乳白色，长 10～50cm，宽约 3cm，约有 200 个节片。头节近似菱形，具有 4 个吸盘和 1 个可伸缩的顶突，其上有 4～5 圈小钩。体节呈黄瓜籽状，故又称为瓜籽绦虫。成熟节片具有两组雌、雄生殖器官，呈两侧对称排列。两个生殖孔对称地分列于节片两侧缘的近中部。睾丸 100～200 个，经输出管、输精管通入左右两个贮精囊，开口于生殖孔。卵巢和卵黄腺各两个，位于节片两侧形似葡萄状。孕节子宫呈网状，后分化为若干个贮卵囊，每个贮卵囊内含 2～40 个虫卵（图 11-1）。

2. 泡状带绦虫 Taenia hydatigena

是较大型的虫体，呈乳白色或微带黄色，长 75～500cm，由 250～300 个节片组成。头节上有吸盘、顶突和 26～46 个小钩。成节内有一套生殖器官，睾丸 600～700 个，子宫有 5～16 对大侧支再分出许多小支，生殖孔在体缘不规则交

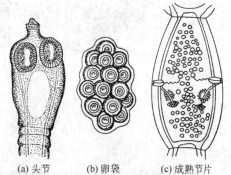

(a) 头节　(b) 卵袋　(c) 成熟节片

图 11-1　犬复孔绦虫

(引自：张宏伟. 动物疫病. 北京：中国农业出版社，2001)

替开口，孕节全部被虫卵充满。虫卵近似椭圆形，内含六钩蚴，大小为（36～39）$\mu m\times$（31～35）μm。幼虫为细颈囊尾蚴，寄生于猪、羊等多种动物的大网膜、肠系膜、肝浆膜等部位。囊体乳白色，囊泡状，内含透明液体，俗称"水铃铛"，大小如鸡蛋或更大，直径约为 8cm，囊壁薄，上有 1 个乳白色具有长颈的头节。在肝、肺等脏器中的囊体，有因宿主组织反应产生的厚膜包裹，故不透明。

3. 豆状带绦虫 Taenia pisiformis

虫体乳白色，长可达 2m，由 400～500 个节片组成。头节上有吸盘、顶突和 36～48 个小钩。生殖孔在体缘不规则交替开口，并稍突出，使体节边缘呈锯齿状，故又称锯齿带绦虫。子宫有 8～14 对侧支，孕节内子宫充满虫卵。幼虫为豆状囊尾蚴，卵圆形，囊体呈

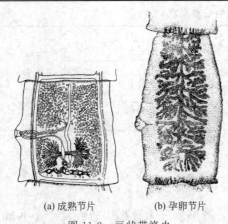

(a) 成熟节片　　(b) 孕卵节片

图 11-2　豆状带绦虫

(引自：孔繁瑶. 家畜寄生虫学. 第 2 版. 北京：中国农业大学出版社，1997)

豌豆大小的囊泡，囊内含 1 个头节。大小为（6~12）μm×（4~6）μm。一般由 5~15 个或更多成串附着在腹腔浆膜上（图 11-2）。

4. 多头带绦虫 Taenia multiceps

虫体长 40~100cm，由 200~500 个节片组成。头节有 4 个吸盘，顶突上有 22~32 个小钩，分作两圈排列。成熟节片呈方形或长大于宽，节片内有睾丸 200 个左右，卵巢分两叶，大小几乎相等。孕卵节片内子宫有 14~26 对侧支，子宫充满虫卵。幼虫为脑多头蚴，又称脑共尾蚴、脑包虫，乳白色半透明的囊泡，呈圆形或椭圆形，囊体由豌豆大至鸡蛋大，囊内充满透明液体，囊壁由两层膜组成，外膜为角质层，内膜为生发层，其上有 100~250 个原头蚴。原头蚴直径 2~3mm（图11-3）。

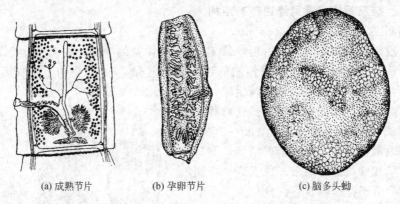

(a) 成熟节片　　(b) 孕卵节片　　(c) 脑多头蚴

图 11-3　多头带绦虫

(引自：孔繁瑶. 家畜寄生虫学. 第 2 版. 北京：中国农业大学出版社，1997)

5. 细粒棘球绦虫 Echinococcus granulosus

虫体很小，由 1 个头节和 3~4 个节片组成，全长不超过 7mm。头节略呈梨形，具有顶突和 4 个吸盘，顶突上有两圈大小相间的小钩共 36~40 个，呈放射状排列。各节片均为狭长形。成熟节片内有一套生殖器官，孕节长度超过虫体全长的一半，睾丸 45~65 个，均匀地散布在生殖孔水平线前后。子宫呈不规则的分支和侧囊，含虫卵 200~800 个（图 11-4）。

幼虫为单房型棘球蚴，多寄生于羊、猪、牛等动物的肝脏、肺脏表面。囊体为圆形囊状结构，大小因寄生的时间、部位以及宿主的不同而异，直径多为 5~10cm，小的仅有黄豆大，最大可达 50cm。

6. 线中绦虫 Mesocestoides lineatus

又名线形中殖孔绦虫或中线绦虫。虫体呈乳白色，长 30~250cm，最宽处为 3mm。头节无顶突和小钩，有 4 个长圆形吸盘。成熟节片近方形，每节有一套生殖器官。子宫位于节片中央而呈纵的长囊状，故眼观该种绦虫的链体中央部似有一纵线贯穿。孕节似桶状，内有子宫和一椭圆形的副子宫器，成熟虫卵在副子宫器内（图 11-5）。

7. 曼氏迭宫绦虫 *Spirometra mansoni*

又名孟氏裂头绦虫或孟氏旋宫绦虫。虫体呈乳白色，长40～60cm，最长可达1m，由约1000个节片组成。头节细小，呈指状，背腹面各有一条纵行的吸槽。体节宽度均大于长度，孕卵节片则长宽几乎相等。成熟节片中有一套生殖器官，子宫呈螺旋盘曲，紧密重叠，基部宽而顶端窄小，略呈发髻状，位于节片中部，子宫孔开口于阴门下方。睾丸呈小囊泡状，为320～540个，散布在节片靠中部的实质中。卵巢分两叶，位于节片后部。卵黄腺散布在实质的表层，包绕着其他器官（图11-6）。

裂头蚴呈乳白色，长度大小不一，从0.3cm到30～105cm不等，扁平，头端膨大，中央有一明显凹陷，与成虫头节略相似，体表不分节，前端具有横纹，后端多呈钝圆形，活动时伸缩能力很强。

8. 赖利绦虫

主要有以下3种。

四角赖利绦虫 *R. tetragona*，虫体最长可达25cm。头节较小，顶突上有1～3圈小钩，数目为90～130个。吸盘卵圆形，上有8～10圈小钩。成熟节片的生殖孔位于同侧。子宫破裂后变为卵囊，每个卵囊内含虫卵6～12个。

棘沟赖利绦虫 *R. echinobothrida*，大小和形状颇似四角赖利绦虫。顶突上有两行小钩，数目为200～240个。吸盘呈圆形，上有8～15圈小钩。生殖孔位于节片一侧的边缘上，孕节内的子宫最后形成90～150个卵囊，每一卵囊含虫卵6～12个。

图11-4 细粒棘球绦虫
（引自：张宏伟. 动物疫病. 北京：中国农业出版社，2001）

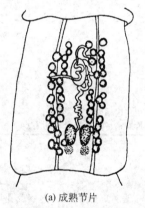

(a) 成熟节片　　(b) 孕卵节片

图11-5 线形中殖孔绦虫
（引自：张宏伟. 动物疫病. 北京：中国农业出版社，2001）

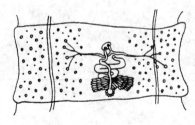

(a) 头节　　(b) 成熟节片

图11-6 曼氏迭宫绦虫
（引自：张宏伟. 动物疫病. 北京：中国农业出版社，2001）

有轮赖利绦虫 *R. cesticillus*，虫体较小，一般不超过4cm，偶可达15cm。头节大，顶突宽而厚，形似轮状，突出于前端，上有两圈共400～500个小钩，吸盘上无小钩。生殖孔在体侧缘上不规则交替开口，睾丸15～30个，孕节内的子宫分为若干卵囊，每个卵囊内仅有一个虫卵（图11-7）。

9. 节片戴文绦虫 *Davainea proglottina*

虫体乳白色，成虫短小，长度仅0.5～3mm，不超过4mm，一般由3～5个节片组成，最多不超过9个节片，节片由前至后逐个增大。头节小，顶突和吸盘上均有小钩，但

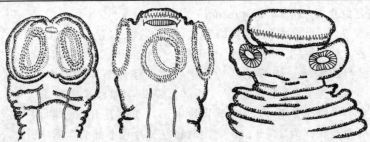

(a) 四角赖利绦虫　　(b) 棘沟赖利绦虫　　(c) 有轮赖利绦虫

图 11-7　赖利绦虫头节

（引自：张宏伟. 动物疫病. 北京：中国农业出版社，2001）

易脱落。生殖孔规则地交替开口于每个体节的侧缘前部。睾丸 12~15 个，排成两列，位于体节后部。虫卵单个散在于孕节实质中（图 11-8）。

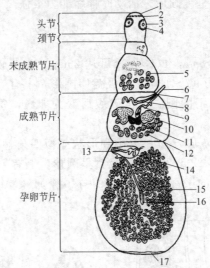

图 11-8　节片戴文绦虫

（引自：甘孟侯. 中国禽病学. 北京：中国农业出版社，1999）

1—顶突；2—顶突钩；3—吸盘；4—吸盘钩；5—睾丸；6—雄茎；7—生殖孔；8—输精管；9—阴道；10—卵巢；11—卵黄腺；12—睾丸；13—雄茎；14—雄茎囊；15—六钩蚴；16—受精囊；17—脱落节片附着点

【项目小结】

本项目主要介绍了犬、猫及观赏鸟常见绦虫病，主要由诊断处理及防治处理两部分组成，内容侧重于流行病学调查、实验室诊断、防治措施的制订。

【复习思考题】

1. 简述下面两个基本概念：六钩蚴，中绦期。
2. 简述圆叶目绦虫的形态特征和生活史。
3. 比较犬复孔绦虫、线中绦虫、泡状带绦虫的形态区别。
4. 简述犬、猫绦虫的中间宿主、终末宿主、补充宿主，以及在中间宿主和终末宿主的寄生部位。
5. 简述犬、猫绦虫病的治疗和预防及其意义。
6. 简述当地流行的犬、猫绦虫病的综合防治措施。
7. 常见观赏鸟绦虫的种类有哪些？简述预防观赏鸟绦虫病的综合性措施。

项目十二 宠物线虫病

【知识目标】
1. 了解线虫的一般形态结构及其生活史。
2. 掌握寄生于犬、猫体内的蛔虫、钩虫、旋毛虫、狐毛首线虫、犬旋尾线虫、犬心丝虫、肾膨结线虫、吸吮线虫及其虫卵的形态结构,进一步掌握其生活史。
3. 掌握犬、猫蛔虫病、钩虫病、旋毛虫病、狐毛首线虫病、旋尾线虫病、心丝虫病、肾膨结线虫病、吸吮线虫的临诊症状及其防治措施。
4. 掌握寄生于观赏鸟体内的蛔虫、鸽毛细线虫的形态结构及其生活史。
5. 掌握观赏鸟的蛔虫病、鸽毛细线虫病的临诊症状及其防治措施。

【技能目标】
1. 能正确识别犬、猫和观赏鸟常见寄生线虫及其虫卵的形态结构。
2. 能结合实际病例,对犬、猫常见线虫病进行临诊诊断,并能采取及时有效的措施进行防治。
3. 能对观赏鸟的蛔虫病、鸽毛细线虫病进行临诊诊断,并能采取及时有效的措施进行防治。

单元一 了解线虫

一、线虫的形态构造

1. 外部形态

线虫一般为两侧对称,圆柱形或纺锤形,有的呈线状或毛发状。前端钝圆,后端较尖细,不分节。活体呈乳白色或淡黄色,吸血虫体略带红色。线虫大小差别很大,小的仅1mm左右,最长可达1m以上。寄生性线虫均为雌雄异体,一般为雄虫小,雌虫大。线虫整个虫体可分为头、尾、背、腹和两侧。

2. 体壁

线虫体壁由角皮(角质层)、皮下组织和肌层构成。角皮光滑或有横纹、纵线等。有些线虫体表还常有由角皮参与形成的特殊构造,如头泡、颈泡、唇片、叶冠、颈翼、侧翼、尾翼、乳突、交合伞等,有附着、感觉和辅助交配等功能,其位置、形状和排列是分类的依据。皮下组织在背面、腹面和两侧的中部增厚,形成四条纵索,在两侧索内有排泄管,背索和腹索内有神经干。体壁包围的腔(假体腔)内充满液体,其中有器官和系统。

3. 消化系统

消化系统包括口孔、口腔、食道、肠、直肠、肛门。口孔位于头部顶端,常有唇片围绕,无唇片者,有的在口缘部发育为叶冠、角质环(口领)等。有些线虫的口腔内形成硬质构造,称为口囊,有些在口腔中有齿或切板等。食道多呈圆柱状、棒状或漏斗状,有些线虫食道后部膨大为食道球。食道的形状在分类上具有重要意义。食道后为管状的肠、直肠,末端为肛门。雌虫肛门单独开口。雄虫的直肠和肛门与射精管汇合为泄殖腔,开口在泄殖孔,其附近乳突的数目、形状和排列具有分类意义。

4. 排泄系统

排泄系统有两条从后向前延伸的排泄管在虫体前部相连,排泄孔开口于食道附近的腹面中线上。有些线虫无排泄管而只有排泄腺。

5. 神经系统

神经系统位于食道部的神经环相当于中枢,由此向前后各伸出若干条神经干,分布于虫体各部位。体表有许多乳突,如头乳突、唇乳突、颈乳突、尾乳突或生殖乳突等,均是神经感觉器官。

6. 生殖系统

线虫雌雄异体。雌虫尾部较直,雄虫尾部弯曲或蜷曲。生殖器官都是简单弯曲并相通的管状,形态上几乎没有区别。

雌性生殖器官通常为双管型(双子宫型),少数为单管型(单子宫型)。由卵巢、输卵管、子宫、受精囊、阴道和阴门组成。有些线虫无受精囊或阴道。阴门的位置可在虫体腹面的前部、中部或后部,均位于肛门之前,其位置及形态具有分类意义。有些线虫的阴门覆有表皮形成的阴门盖。双管型即有2组生殖器官,2条子宫最后汇合成1条阴道。

雄性生殖器官为单管型,由睾丸、输精管、贮精囊和射精管组成,开口于泄殖腔。许多线虫还有辅助交配器官,如交合刺、导刺带、副导刺带、性乳突和交合伞,具有鉴定意义。交合刺多为两根,包藏在交合鞘内并能伸缩,在交配时有掀开雌虫生殖孔的功能。导刺带具有引导交合刺的作用。交合伞为对称的叶状膜,由肌质的腹肋、侧肋和背肋支撑,在交配时具有固定雌虫的功能(图12-1、图12-2)。

线虫无呼吸器官和循环系统。

二、线虫的发育史

雌虫与雄虫交配受精。大部分线虫为卵生,有的为卵胎生或胎生。卵生是指虫卵尚未卵裂,处于单细胞期,如蛔虫卵。卵胎生是指虫卵处于早期分裂状态,即已形成胚胎,如后圆线虫卵;胎生是指雌虫直接产出早期幼虫,如旋毛虫。线虫的发育都要经过5个幼虫期,每期之间均要进行蜕皮(蜕化)。因此,需有4次蜕皮。前两次蜕皮在外界环境中完成,后两次在宿主体内完成。蜕皮是幼虫蜕去旧角皮,新生一层新角皮的过程。蜕皮时幼虫处于不生长、不采食、不活动的休眠状态。绝大多数线虫虫卵发育到第3期幼虫才具有感染性,称为感染性幼虫,亦称为披鞘幼虫,对外界环境变化抵抗力强。如果感染性幼虫在卵壳内不孵出,该虫卵称为感染性虫

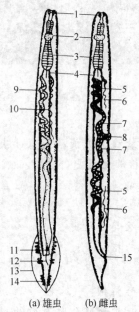

图 12-1 线虫构造模式图
1—口腔;2—神经节;3—食道;
4—肠;5—输卵管;6—卵巢;
7—子宫;8—生殖孔;9—输精管;
10—睾丸;11—泄殖腔;12—交合刺;
13—翼膜;14—乳突;15—肛门

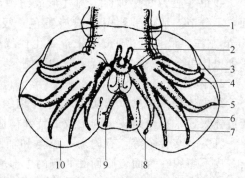

图 12-2 圆形线虫雄虫尾部构造
1—伞前乳突;2—交合刺;3—前腹肋;4—侧腹肋;
5—前侧肋;6—中侧肋;7—后侧肋;8—外背肋;
9—背肋;10—交合伞膜

卵或侵袭性虫卵。

雌虫产出的虫卵或幼虫必须在新的环境中（外界或中间宿主体内）继续发育，才能对终末宿主有感染性。虫卵孵出过程受环境的温度、湿度等因素和幼虫本身的因素控制，一般是幼虫借分泌酶和本身的运动来损坏内层，然后从环境中摄入水分，膨大，撑破剩余卵壳。如果孵化过程中在中间宿主或终末宿主体内完成，则宿主提供刺激，促使其孵化。

在外界，幼虫发育的最适温度为 18～26℃。温度太高，幼虫发育快，亦极活跃，这时它们消耗掉大量营养贮存，增加了死亡率，因此很少能发育到第 3 期幼虫。温度太低，发育减缓；若低于 10℃，从虫卵发育到第 3 期幼虫的过程不能完成；若低于 5℃，则第 3 期幼虫的运动和代谢降到最低，存活能力反而增强。

幼虫发育的最适湿度为相对湿度 100%。不过，即使在很干燥的气候条件下，在粪便或土壤表面以下的微环境中仍具有高湿度，足以使幼虫继续发育。

在地面，多数幼虫均很活泼，不过他们的运动需一层水膜存在，并需光与温度的刺激。幼虫的运动多为无向运动，遇到草叶会爬于其上。

根据线虫在发育过程中是否需要中间宿主，可分为直接发育型（土源性）线虫和间接发育型（生物源性）线虫两种类型。

（1）直接发育型　雌虫产出虫卵，虫卵在外界环境中发育成感染性虫卵或感染性幼虫，被终末宿主吞食后，幼虫逸出后经过移行或不移行（因种而异），再进行两次蜕皮发育为成虫。代表类型有蛲虫型、毛首线虫型、蛔虫型、圆线虫型、钩虫型等。

（2）间接发育型　雌虫产出虫卵或幼虫，被中间宿主吞食，在其体内发育为感染性幼虫，然后通过中间宿主侵袭动物或被动物吃入而感染，在终末宿主体内经蜕皮后发育为成虫。中间宿主多为无脊椎动物。代表类型有旋尾线虫型、原圆线虫型、丝虫型、旋毛虫型等。

单元二　犬、猫线虫病

犬、猫蛔虫病

【诊断处理】

1. 生活史及流行特点

犬蛔虫病是由犬弓首蛔虫和狮弓蛔虫寄生于犬的小肠和胃内引起的以卡他性胃肠炎为特征的疾病，主要危害幼犬（1～3 个月的幼犬最易感染），影响幼犬的生长与发育，严重时可导致患犬的死亡。猫蛔虫病是由猫弓首蛔虫和狮弓蛔虫引起的，主要侵害肺，引起猫蛔虫性肺炎。

蛔虫虫卵随犬、猫的粪便排出体外，在适宜的条件下，经 3～5 天发育为感染性虫卵（内含幼虫）。犬、猫吞食了感染性虫卵后，在肠内孵化出幼虫。幼虫穿透肠壁，经淋巴系统进入肠系膜淋巴结，先经血流到达肝脏，再到肺脏。然后经肺泡、细支气管、支气管、气管和咽部到达口腔，最后吞咽至胃，在小肠中发育为成虫。有一部分幼虫移行至肺以后，经毛细血管进入体循环，随血流到达体内各组织器官中形成包囊，幼虫在其中保持活力。如被其他肉食兽吞食，仍可发育为成虫。如包囊存在于母犬体内，当母犬怀孕后，幼虫被激活后移行到胎儿体内，从而引起胎内感染。故 3 周龄幼犬的小肠内即可发现成熟的蛔虫。另外，新生幼犬在吸吮初乳时可被感染。

蛔虫虫卵对外界因素有很强的抵抗力，很容易污染犬、猫的食物、饮水和活动环境。所以蛔虫分布极广，世界各地犬、猫的感染率为 5%～80% 不等。

2. 症状及病理变化

（1）犬　通常表现食欲旺盛，但发育迟缓，渐进性消瘦，黏膜苍白，多有异嗜现象。下痢和便秘交替，腹痛，呕吐。大量虫体聚集在小肠，可引起肠阻塞、肠套叠或肠穿孔而死亡。有时虫体释放的毒素可引起神经症状，幼虫移行到肝、肺，可引起肝炎、肺炎症状。

（2）猫　感染早期有轻微咳嗽，食欲减退，黏膜苍白，消瘦，呕吐，异嗜，先下痢后腹泻。幼猫腹围膨大，被毛粗糙，皮肤松弛，贫血，生长发育停滞。

3. 诊断

根据消瘦、生长迟缓等临床症状和流行病学特点可作出初步诊断，在粪便中见到虫卵或成虫即可确诊。粪便中虫卵的检查方法有直接涂片法和浮集法。

（1）直接涂片法　取 2～3 滴水于载玻片上，用牙签挑取少量粪便与水混匀，加盖盖玻片直接镜检。

（2）浮集法　取粪便 1g 置于烧杯中，加饱和食盐水 10ml，混匀，两层纱布过滤，滤液注入一试管中，补加饱和盐水使试管充满，使试管液面凸起，上覆以盖玻片，并使液体与盖玻片接触，期间不留气泡，直立 20～30min 后，取下盖玻片，覆于载玻片上检查。所检出的犬弓首蛔虫卵为短椭圆形，大小为（68～85）μm×（64～74）μm，呈深黄色，外膜厚并有明显的小泡状结构，内含未分裂卵胚，卵胚充满卵黄细胞。

【防治处理】

1. 治疗原则及方法

（1）治疗原则　常用驱线虫药有效，但严重发作时不能驱虫。

（2）常用驱虫药物

① 阿（伊）维菌素　剂量为 0.2mg/kg，一次皮下注射。

② 盐酸左旋咪唑　剂量为 10～15mg/kg，一次口服。

③ 枸橼酸哌哔嗪（驱蛔灵）　剂量为 100mg/kg 体重，一次口服，对成虫有效；每千克体重 200mg，可驱除 1～2 周龄幼犬内未成熟的虫体。

④ 丙硫苯咪唑（抗蠕敏）　剂量为 5～10mg/kg，口服，每日 1 次，连服 3 天。

⑤ 甲苯咪唑（安乐士）　剂量为 10mg/kg，一次口服，每日 2 次，连服 3 天。

（3）注意事项

① 阿（伊）维菌素用于柯利犬、喜乐蒂犬等犬种时应慎用，剂量不得超过 0.05mg/kg。

② 盐酸左旋咪唑不能和有机磷酸盐或氨基甲酸酯合用，也不能用于慢性肾病或肝病犬。

③ 甲苯咪唑（安乐士）可引起呕吐、腹泻，甚至肝功能障碍，使用时应注意观察。

④ 犬、猫蛔虫病严重发作时不能驱虫。

2. 预防

（1）注意环境、饲料和饮水的卫生，笼舍应每天清扫，及时清除犬、猫粪便，保持饲养环境、食物的清洁卫生，对驱虫后的粪便应进行无害化处理。

（2）对犬、猫进行定期检查和驱虫。幼犬、幼猫出生后 30 天开始驱虫，以后每个月检查一次，成年犬、猫每 3 个月检查一次。肉用犬、工作犬应每 2 个月驱虫 1 次；母犬配种前应进行一次驱虫；观赏犬因饲养条件好，可春、秋两季各驱虫 1 次。

（3）与犬、猫接触时注意个人卫生，特别是儿童。

犬、猫钩虫病

【诊断处理】

1. 生活史及流行特点

寄生于犬、猫小肠的钩虫主要有犬钩口线虫、狭头弯口线虫和巴西钩口线虫。成虫寄生于犬、猫、狐等动物的小肠（特别是十二指肠）中产卵，虫卵随粪便排出体外。在 20～30℃外界环境中，经 12～13h 即可孵化出幼虫，经 1 周后蜕化成感染性幼虫。感染性幼虫能沿湿草及笼壁爬行。感染性幼虫可经口、皮肤、胎盘和幼犬、幼猫吸吮初乳等途径感染宿主。当幼虫经口进入宿主体内后，便停留在肠内，逐渐发育为成虫。当幼虫经皮肤和口腔黏膜感染时，钻入外周血管，随血流至右心室，沿小循环至肺，穿破毛细血管和肺组织，移行到肺泡和小支气管，然后到达气管和支气管，随痰液进入口腔，再随唾液被咽下，最后在小肠壁发育为成虫。

钩虫为世界性分布的寄生虫，人也能感染。

2. 症状及病理变化

轻度感染时表现为精神不振，结膜苍白，贫血，渐进性消瘦，生长发育不良，异嗜，呕吐，下痢和便秘交替。严重感染时排带有腐臭气味黏液性血便，粪便呈柏油状。最后因极度衰竭而死亡。经皮肤感染时，病犬或猫皮肤红肿、发痒、破溃和被毛脱毛。经胎内感染或初乳感染时，在 3 周时即可出现严重贫血，导致昏迷和死亡。

3. 诊断

根据临床症状和流行病学特点可作出初步诊断，确诊需采用饱和盐水漂浮法或直接涂片法检查粪便，发现钩虫虫卵即可确诊。

【防治处理】

1. 治疗原则及方法

（1）治疗原则　常用驱线虫药有效。

① 盐酸左旋咪唑　剂量为 10mg/kg，一次口服。

② 丙硫苯咪唑　剂量为 50mg/kg，一次口服，连用 3 天。

③ 伊（阿）维菌素　剂量为 0.25mg/kg，一次皮下注射。

（2）注意事项　对贫血严重的犬、猫，应结合肠炎和贫血等症状对症治疗，如消炎、止泻、输液、输血等，待症状缓和后再驱虫。

2. 预防

（1）钩虫的幼虫不耐阳光照射，不耐干燥，不耐热，所以应注意清洁卫生，及时清理粪便，对犬、猫舍经常打扫，凡能搬动的用具可移到户外暴晒，以便杀死幼虫。

（2）定时送检粪便，发现虫卵，及时驱虫。

犬、猫旋毛虫病

【诊断处理】

1. 生活史及流行特点

旋毛虫病是由旋毛虫寄生于多种动物和人引起的一种人畜共患病。成虫寄生于动物的小肠中，又称肠旋毛虫，幼虫寄生于同一个动物的肌肉中，又称肌旋毛虫。犬、猫生食了含有旋毛虫包囊的动物肌肉而受感染。包囊在犬、猫胃内被溶解，幼虫释出后经两昼夜发育为成虫。在小肠内雌雄虫交配后，雄虫死亡。雌虫钻入肠腺或肠黏膜下淋巴间隙产出大量幼虫，幼虫随淋巴经胸导管、前腔静脉入心脏，然后随血循散布到全身，只有到达横纹肌的幼虫才能继续发育。在感染后 17～20 天肌肉内的幼虫开始蜷曲，周围逐渐形成包囊，到第 7～8 周时包囊完全形成，此时的幼虫具有感染力。所以，犬、猫既是旋毛虫的终末宿主又是中间宿主。

包囊幼虫的抵抗力很强，在 -20℃时可保持生命力 57 天，高温 70℃才能杀死；盐渍和熏制品不能杀死肌肉深部的幼虫；在腐败肉里能活 100 天以上。鼠、猪的感染率较高，是犬、猫旋毛虫病的主要感染源。

旋毛虫分布于世界各地，以欧洲和美洲流行严重。我国各地均发现动物感染。

2. 症状及病理变化

（1）肠旋毛虫（成虫）病　感染后 2～7 天，即当旋毛虫成虫寄生于肠黏膜的时期，患病犬、猫食欲减退，体温正常或轻度升高，呕吐、腹痛、腹泻，粪便混有黏液或大量血液。剖检病变为卡他性肠炎或出血性肠炎。

（2）肌旋毛虫（幼虫）病　感染 8 天后，即当旋毛虫幼虫侵入横纹肌的时期，患病犬、猫表现为体温明显升高，肌肉疼痛，运动障碍，叫声异常，有时可见吞咽、咀嚼和行动困难或眼睑水肿。1 个多月后症状逐渐消失，成为长期带虫者。剖检病变为肌炎、血管炎和胰腺炎，幼虫在肌肉定居后引起肌细胞萎缩、肌纤维结缔组织增生。

3. 诊断

依据患犬、猫采食情况及临床症状可作出初步诊断。生前可采用间接血凝试验和酶联免疫吸附试验等免疫学方法，目前国内已有快速诊断试剂盒，或用穿刺器采一小块舌肌做活组织压片，发现肌纤维中有旋毛虫包囊即可确诊。死后用肌肉压片法和消化法检查幼虫即可确诊。

【防治处理】

1. 治疗原则及方法

（1）药物驱虫

① 丙硫苯咪唑　为首选药物，剂量为 50mg/kg，一次口服，连用 3 天。一般于服药后 2～3 天体温下降、肌痛减轻、浮肿消失。

② 噻苯咪唑　剂量为 25～40mg/kg，一次口服，连用 5～7 天，能驱杀肠道内的成虫和肌肉内的幼虫。

③ 驱虫助长灵　剂量为 0.2～0.4g/kg，连喂 2～4 天，驱虫率达 100%。

（2）注意事项

① 伊维菌素对旋毛虫成虫有效果，对幼虫效果差。

② 为减轻肌肉瘙痒疼痛，可用促肾上腺皮质激素（醋酸可的松等）进行对症治疗。

2. 预防

（1）对饲喂犬、猫的肉食品或屠宰废弃物一定在煮熟后饲喂。

（2）同时对犬舍、猫舍及周围环境灭鼠。

（3）防止犬、猫捕食其他野生动物。

（4）提倡家畜集中屠宰，加强肉品检验，加强肉类加工企业废弃物的无害化管理。

犬、猫鞭虫病

【诊断处理】

1. 生活史及流行特点

鞭虫病又称毛首线虫病，是由毛首科狐毛首线虫寄生于犬盲肠而引起的一种寄生虫病。虫卵随粪便排出体外，在温暖潮湿的环境中经 15～21 天发育为感染性虫卵（内含有幼虫）。感染性虫卵被犬吞食后，在肠道内孵出幼虫，幼虫钻入小肠前部黏膜内，停留 2～10 天，然后进入盲肠经 1 个月发育为成虫。

虫卵对外界的抵抗力强，不畏寒冷和冰冻，自然状态下，虫卵可保持 5 年的感染能力。

本病主要危害幼犬，严重者可导致死亡。全国各地都有发生。我国各地都有发生，在荫蔽和潮湿土壤地区最为流行。

2. 症状及病理变化

犬轻度感染一般无临床症状。严重感染时呈现体温升高，食欲不振，贫血，消瘦，下痢，有时粪便带有黏膜和鲜血。幼犬生长发育停滞，常导致死亡。

3. 诊断

根据出血性腹泻等临床症状可怀疑为鞭虫病。采用饱和盐水漂浮法进行粪便检查，发现呈黄褐色、腰鼓状、两端有卵塞构造（卵盖）的虫卵即可确诊。

【防治处理】

1. 药物治疗

（1）羟嘧啶 为驱除鞭虫的特效药，剂量为2mg/kg，一次口服。
（2）丁苯咪唑 剂量为50mg/kg，一次口服，连用2～4天，可灭杀成虫和虫卵。
（3）甲苯咪唑（安乐士） 剂量为100mg/kg，每日2次，连用3～5天。

2. 预防

（1）鞭虫病应特别注意保持犬舍及运动场所的清洁干燥。
（2）用适宜的驱虫药定期驱虫（如每年春、秋两次），是预防本病流行之有效方法。

犬旋尾线虫病

【诊断处理】

1. 生活史及流行特点

犬旋尾线虫病又称犬食道虫病，是由狼旋尾状线虫寄生于食道和大动脉壁形成肿瘤状结节的一种寄生虫病。狼旋尾状线虫的虫卵随犬的粪便排出体外后，被食粪甲虫（中间宿主）吞食后，虫胚从虫卵中孵出，经蜕皮后发育成具有感染力的幼虫，并在食粪甲虫的气管内形成包囊。该食粪甲虫被两栖类、爬虫类、鸟类（也有鸡）和小哺乳类等动物吞食后，幼虫包囊在其体内的肠系膜内可继续存活，仍保持感染力。犬食入了含有感染性包囊的食粪甲虫、两栖类、爬虫类、鸟类等动物而被感染后，幼虫钻入胃壁和肠壁中，经血液循环移行到主动脉和食道，在食道壁和主动脉壁中形成结节，发育为成虫。

2. 症状及病理变化

犬轻度感染时不表现临床症状。当成虫寄生于食道壁引起肉芽肿，阻碍食物通过时，病犬表现为吞咽困难、呕吐、食欲减退、流涎和咳嗽等症状。如结节内有细菌感染则体温升高。极少数病犬会因动脉壁结节破裂而发生猝死。

3. 诊断

根据流行病学、临床症状及食道壁和主动脉壁中有结节可作出初诊。采用饱和硝酸钠漂浮法、沉淀法对病犬的粪便进行检查，发现中有狼旋尾状线虫卵可确诊。有条件的可用X射线法检查食道口有无肿瘤样阴影，还可用食道镜直接观察食道壁有无结节进行确诊。

【防治处理】

1. 治疗原则及方法

（1）药物驱虫

① 丙硫苯咪唑 为首选药，剂量为50mg/kg，一次口服。
② 乙胺嗪（海群生） 剂量为10mg/kg，一次口服。
③ 六氯对二甲苯（血防-846） 剂量为100～200mg/kg，一次口服，连续一周。

（2）注意事项 犬旋尾线虫病服用大剂量药物后，虫在淋巴结及淋巴管中死亡，易引起局部红、肿、疼痛等炎症，应提早预防。

2. 预防

(1) 对患犬的粪便进行无害化处理。

(2) 杀灭中间宿主和媒介动物。

(3) 避免犬生食中间宿主和媒介动物。

犬心丝虫病

【诊断处理】

1. 生活史及流行特点

犬心丝虫病又称犬血丝虫病、犬恶丝虫病，是由犬恶丝虫寄生于犬心脏的右心室和肺动脉引起的疾病。雌虫在宿主体内产出微丝蚴分布于犬的外周血液中，微丝蚴被按蚊、库蚊、蚤等中间宿主吸入消化道后，幼虫移行至马氏小管中发育，经两次蜕皮变成感染性幼虫。健康犬被带有感染性幼虫的中间宿主叮咬而被感染，幼虫侵入犬的皮下组织，经淋巴或血液循环到达心脏和肺动脉寄生，经8~9个月发育为成虫。成虫在终末宿主体内可生存5~6年，期间不断地产生微丝蚴。

本病主要通过按蚊、库蚊、蚤等叮咬传播，故本病多发于蚊虫繁殖地区和蚊虫最为活跃的6~10月份。一般是地方性流行。

2. 症状及病理变化

病初由于中间宿主叮咬，病犬表现出瘙痒、脱毛等结节性皮肤病症状，结节破溃常发生化脓性肉芽肿炎症。虫体在心脏和肺动脉等大血管寄生后，病犬逐渐表现出食欲减退、被毛粗乱、消瘦、呼吸困难、剧烈咳嗽（运动后尤为显著）、贫血、易疲劳、心脏杂音、脉搏细弱和红细胞减少等症状。当虫体阻碍心三尖瓣和肺动脉瓣功能时，会出现呼吸困难、腹水、四肢浮肿、胸水和肺水肿。当虫体堵塞主要动脉血管时，会引起急性死亡。

猫感染虫体数通常为1~2条，多无症状或表现一时性的咳嗽、呕吐及食欲不振等症状。

3. 诊断

根据生活环境、发病季节和临床症状可作出初步诊断。可采集外周血液检查微丝蚴或使用梅里亚的AGEN试剂进行确诊。

(1) 直接涂片法　采外周血管血液1滴置载玻片上，制成血液涂片后，直接镜检。

(2) 离心集虫法　采血液1ml与2%福尔马林9ml混合，1000r/min离心5~8min，弃去上清液，取沉淀物加少许0.1%亚甲蓝溶液，混合镜检。

(3) 悬滴法　采血1滴，加生理盐水适量，盖上盖玻片，在低倍镜下观察活动的微丝蚴。

【防治处理】

1. 治疗原则及方法

(1) 药物驱虫

① 伊维菌素　对犬恶丝虫成虫及微丝蚴均有杀灭作用，剂量为1%伊维菌素0.05~0.1ml/kg，一次皮下注射。

② 酒石酸锑钾　主要驱杀成虫，剂量为2~4mg/kg，溶于生理盐水后静脉注射，每日1次，连用3天。

③ 菲拉松　主要驱杀成虫，剂量为1mg/kg体重，口服，每日3次，连用10天。

④ 左旋咪唑　主要驱杀微丝蚴，剂量为10mg/kg，一次口服，连用7~14天，并于治疗第7天进行血检，若血检阴性即可停药。

(2) 注意事项

① 药物驱虫存在一定危险，个别犬对虫体死亡反应强烈，尤其是猫容易造成死亡。
② 酒石酸锑钾和菲拉松驱除犬恶丝虫时，主要驱杀成虫，对微丝蚴的驱杀效果差。

2. 预防

（1）预防的重点是消灭中间宿主——蚤和蚊。搞好环境卫生及犬体卫生，防蚊灭蚊，切断传染源。

（2）定期驱虫。在蚊子繁殖季节（6～10月份）口服盐酸左旋咪唑进行预防性驱虫，剂量为0.5mg/kg，一次口服，连用5天，间隔2个月后再服一疗程。蚊虫常年活动的地方要全年给药。

（3）防止与野犬或感染的犬接触。

肾膨结线虫病

【诊断处理】

1. 生活史及流行特点

肾膨结线虫病是由肾膨结线虫寄生于犬、猫、牛等20多种动物的肾脏或腹腔引起的疾病，又称肾虫病。犬、狐、马、猪等多种动物和人为终末宿主，蛭形蚓科或带丝蚓科的寡毛环节动物为中间宿主，淡水鱼类、湖蛙为贮藏宿主。

寄生于肾中的膨结线虫成虫排出的虫卵随尿排出体外，被中间宿主或贮藏宿主吞食，虫卵孵育为感染性幼虫。犬、猫则通过直接吞食中间宿主或贮藏宿主而感染。幼虫从胃或十二指肠移行到腹腔或肾脏发育为成虫。有的幼虫穿过胃壁，经门脉系统进入肝脏，再到腹腔或肾脏发育为成虫，并在此寄生。

肾膨结线虫分布于世界大多数地区，主要在欧洲、美洲和亚洲。人虽然会感染该虫，但感染率很低。

2. 症状及病理变化

本病在感染早期症状不明显。随着幼虫的逐渐发育，接近或到达成熟时出现症状，表现为血尿、脓尿、尿频等尿路感染症状。寄生时间长，则出现体重减轻、贫血、腹痛、呕吐、脱水、便秘或腹泻。若虫体阻塞输尿管，则发生肾盂积水，引起肾脏肿大。若虫体对肾损坏较大则出现肾功能不全，出现神经症状以及尿毒症而死亡。当虫体寄生于腹腔时，可引起腹膜炎、腹水或腹膜出血，患犬、患猫出现腹痛、不安等症状。

3. 诊断

根据临床症状和从尿液中发现虫体或检出特征性的虫卵即可确诊。如果尿中未检出虫卵也不能排除该病的发生，应用B超、CT检查、X射线摄片检查确诊。

【防治处理】

1. 治疗原则及方法

（1）药物治疗　治疗尚无特效药物，对移行中的幼虫，可选用下列药物杀灭。
① 丙硫苯咪唑　剂量为250mg/kg，一次口服。
② 四咪唑　剂量为10mg/kg，用生理盐水配成5%溶液进行肌内注射，间隔7天一次，注射3～5次。
③ 左旋咪唑　剂量为5～7mg/kg，配成5%溶液，一次肌内注射。

（2）注意事项
① 肾膨结线虫病可传染给人，因此接触该病时应慎重。
② 对于已经确诊有虫体寄生于腹腔或肾脏的患犬、患猫，最有效的治疗是手术摘除虫体。如单侧肾脏病变严重，必须实施肾脏摘除术。

2. 预防

（1）不给犬、猫饲喂生鱼、蛙、生水和生菜，可预防本病。

（2）定期驱虫。

吸吮线虫病

【诊断处理】

1. 生活史及流行特点

吸吮线虫病是由吸吮科吸吮属的结膜吸吮线虫寄生于犬、猫的眼结膜囊及泪管内引起的疾病，又称眼虫病。本病除犬、猫易感外，狐、羊、兔、猿和人都可感染。中间宿主为多种蝇类，如家蝇、厕蝇等。

雌虫在终末宿主的眼结膜囊和瞬膜下产卵，虫卵浮于眼分泌物和泪液中并孵出幼虫，当蝇类在舔食病犬、猫眼分泌物时食入幼虫，在蝇体内发育为感染性幼虫后，移行到蝇的口器。当带有感染性幼虫的蝇接触健康犬、猫的眼分泌物时，幼虫进入易感动物的眼内，发育为成虫。幼虫自入侵到发育为成虫约需35天。成虫在终末宿主眼内可寄生一年半。

虫体活动的最适温度是28℃左右，超过34℃和低于14℃，虫体不活动。故本病的发生有明显季节性，在蝇类多的季节流行严重。我国以湖北、山东、江苏多发。

2. 症状及病理变化

虫体的运动和移行机械性损伤结膜和角膜，引起结膜和角膜发炎。临床上主要表现为结膜充血肿胀，分泌物增多，眼球湿润，羞明流泪，以后逐渐发展成慢性结膜炎。由于眼部奇痒，病犬或猫常用爪挠、摩擦患眼，造成角膜混浊，视力下降，严重的可致溃疡或穿孔。

3. 诊断

根据流行病学特点、临床症状和眼部的病理变化，可作出初步诊断。检查眼结膜囊及瞬膜下，见到半透明乳白色蛇形活泼运动的虫体即可确诊。

【防治处理】

1. 治疗原则及方法

（1）用2％可卡因溶液滴眼，按摩眼睑5～10s，待虫体麻痹不动时，用眼科镊子摘除虫体，再用3％硼酸溶液洗眼，有结膜炎的犬和猫用抗生素眼药水或眼膏，预防继发感染。

（2）必要时，用手术方法取出眼内可见的虫体。

（3）注意事项

① 用眼科镊摘除虫体前，应先将虫体麻痹，以免伤及眼结膜。

② 洗眼液的浓度配制要准确，以免烧伤眼结膜。

2. 预防

（1）搞好环境卫生，减少蝇类滋生，做好灭蝇工作。

（2）每年在蝇类大量出现之前，对全群犬、猫进行预防性驱虫。

（3）改善犬舍和猫舍的生活环境，避免蝇类滋扰犬、猫。

单元三　观赏鸟线虫病

观赏鸟蛔虫病

【诊断处理】

1. 生活史及流行病学

观赏鸟蛔虫病是由禽蛔虫寄生于鸟类小肠所引起的疾病。虫体主要寄生于鸡，还寄生于鸽形目、雀形目、鹤形目等的观赏鸟类。禽蛔虫卵随鸟粪便排至外界，在空气充足及适宜的温度和湿度条件下，发育为感染性虫卵。鸟类吞食感染性虫卵而感染，幼虫在肌胃和腺胃逸出，钻进肠黏膜发育一段时期后，重返肠腔发育为成虫。

虫卵对外界的环境因素和消毒药有较强的抵抗力，在阴暗潮湿环境中可长期生存，但对于干燥和高温（50℃以上）敏感，特别是阳光直射、沸水处理和粪便堆沤时，虫卵可迅速死亡。

成年鸟常为带虫者，幼鸟易感性高，故不宜混合饲养。散养鸟比笼养鸟容易感染。温暖季节发病率高。饲料中维生素缺乏，能降低幼鸟对侵袭的抵抗力。

2. 症状及病理变化

禽蛔虫在肠道内的机械性刺激和毒素作用并夺取大量营养物质，导致肠黏膜的损伤和肠腺破坏，使肠黏膜发炎或出血，并常导致继发性细菌感染。雏鸟表现为生长发育不良，精神委靡，行动迟缓，常呆立不动，翅膀下垂，羽毛松乱，鸡冠苍白，黏膜贫血，消化机能障碍，逐渐衰弱而死亡。成虫寄生数量多时常引起肠阻塞，甚至肠穿孔。禽蛔虫代谢中的有毒物质常引起慢性中毒，出现神经症状等。种鸟临床症状不明显，繁殖力下降。

3. 诊断

依据流行病学特点和临床症状，可以作出初诊。粪便检查发现大量虫卵及剖检发现虫体可确诊。粪便检查用漂浮法。

【防治处理】

1. 治疗原则及方法

（1）药物驱虫

① 左咪唑（驱虫净）　剂量为30mg/kg，一次口服。

② 丙硫咪唑　剂量为10~15mg/kg，一次口服。

③ 哌哔嗪　剂量为200~300mg/kg，一次口服。

④ 甲苯咪唑　剂量为30mg/kg，一次口服。

（2）注意事项

① 哌哔嗪与吩噻嗪类合用可能导致四肢震颤等。

② 哌哔嗪与噻嘧啶在作用机制上有拮抗作用，两药不宜同时服用。

2. 预防

（1）加强鸟舍和运动场地的卫生，经常对鸟舍和鸟笼进行消毒，保持干燥。经常清除积粪和垫料，粪便和污物要进行发酵处理，以杀死虫卵。

（2）成年鸟往往是带虫者，幼鸟与成年鸟不能混养，病鸟要及时隔离治疗。

（3）在禽蛔虫病流行的鸟场，应每年定期进行2~3次驱虫。雏鸟在2月龄左右进行第1次驱虫，第2次在冬季；成年鸟第1次在10~11月份，第2次在春季产蛋前1个月进行。

（4）饲料中要含有足够的维生素A、维生素B_2和动物性蛋白质，可增强雏鸟的抵抗力。

鸽毛细线虫病

【诊断处理】

1. 生活史及流行病学

鸽毛细线虫病是由多种毛细线虫寄生于鸽食道、嗉囊和小肠的黏膜内引起的疾病。毛细线虫有直接发育型和间接发育型两大类。

（1）直接发育型毛细线虫　其虫卵随鸽的粪便排出体外，在适宜的外界条件下，经过一段时间发育为感染性虫卵，鸽吞食了被感染性虫卵污染的饲料或饮水后，感染性虫卵进入鸽的体内，幼虫钻入十二指肠黏膜内，经过20~26天发育为成虫，成虫在肠道内的寿命约为

9个月。

（2）间接发育型毛细线虫 其虫卵随鸽的粪便排出体外，被中间宿主——蚯蚓吞食，并在其体内孵化出幼虫，经过一段时间的发育，蜕皮1次发育为二期幼虫，这时的幼虫为感染性幼虫，鸽啄食了含有二期幼虫的蚯蚓后，蚯蚓被消化、释出幼虫，幼虫分别钻入嗉囊、食道、小肠、盲肠黏膜，经过3~4周逐渐发育为成虫。成虫的寿命约为10个月。

终末宿主的种类繁多，如膨尾毛细线虫有20多种，捻转毛细线虫有30多种，鸟、禽可被感染。虫卵对外界的抵抗力较强，在外界能长期保持活力。虫卵随粪便排出，在潮湿、温暖、有氧气的条件下2周内即可发育成幼虫。未发育的虫卵比已发育虫卵的抵抗力强，耐寒。中间宿主蚯蚓分布广泛，禽类喜欢啄食。在污染严重、蚯蚓出没的鸡场，鸟类很容易感染。

2. 症状及病理变化

鸽轻度感染时没有明显临床症状，但飞行成绩有所下降。严重感染时，鸽表现为精神沉郁，食欲不振或废绝，消瘦，贫血，离群，双翅下垂，蜷缩在地上、栖架下或屋角。嗉囊膨大，压迫迷走神经而引起呼吸困难，运动失调和麻痹，严重时雏鸽和成年鸽死亡。毛细线虫寄生于肠道，常引起肠炎症状，病鸽腹泻和便秘交替发生，腹泻泻时水便或脓血。

3. 诊断

根据临床症状观察，粪便检查是否有虫卵（毛细线虫虫卵两端栓塞物明显），剖检病死禽在消化道黏膜中是否有大量虫体，进行综合判断。

【防治处理】

1. 药物治疗

① 盐酸左旋咪唑，每只每日20~25mg，逐只口服。

② 甲氧苄啶 剂量为200mg/kg，配成10%的水溶液，皮下注射或口服，均有较好的效果。也可在饮水中按0.2%~0.4%饮服24h。

③ 越霉素A 剂量为35~40mg/kg，一次口服。或按0.05%~0.5%的比例混入饲料，拌匀后连喂5~7天。具有广谱抑菌效应，对鸽子具有促生长效应，休药期为3天，产蛋期禁用。由于越霉素预混剂的规格众多，用时应以越霉素A效价作计量单位。

④ 四氯化碳 剂量为每只0.5~1ml，用细橡皮管直接将药输入食道中。

2. 预防

（1）严格做好清洁卫生措施，粪便发酵消毒，禽舍应保持通风干燥，做好鸽啄食蚯蚓的预防。

（2）在发生毛细线虫病的养禽场，应定期驱虫，每隔1~2个月驱虫1次。

实践活动十八　宠物常见线虫的形态观察

【知识目标】

1. 了解犬、猫和鸽常见线虫形态构造特点。

2. 认识犬、猫和鸽常见线虫，掌握其形态构造特征。

【技能目标】

1. 能结合剖检正确识别寄生于犬、猫和鸽体内的线虫。

2. 能在显微镜下正确描述常见线虫虫体构造，说出形态特点。

【实践内容】

1. 观察犬、猫和鸽常见吸虫的形态构造。

2. 学习用改良 Knott 法检测微丝蚴。

【材料准备】

(1) 形态构造图　线虫构造模式图、蛔虫、肌旋毛虫、钩虫、犬恶丝虫、毛首线虫、类丝线虫、膨结线虫、吸吮线虫形态图。

(2) 标本

① 上述线虫的透明标本和浸渍标本。

② 肌旋毛虫标本片。

③ 严重感染线虫的动物内脏。

(3) 试剂、仪器及器材　多媒体投影仪、显微投影仪、实体显微镜、放大镜、组织针、毛笔、镊子、培养皿、尺、蜡盘、解剖针、大头针、一次性注射器、离心管、离心机、2%甲醛、犬恶丝虫快速诊断试剂盒等。

【方法步骤】

(1) 教师用投影仪带领学生共同观察上述线虫的图片，指出各种线虫的形态构造特点。

(2) 教师示范犬蛔虫的解剖，利用蛔虫的解剖标本带领学生共同观察线虫的一般解剖构造。解剖时，使虫体的背侧向上，置于蜡盘内，加水少许，再用大头针将虫体的两端固定。然后用解剖针沿背线剥开。体壁剖开后，用大头针固定剥离的边缘，用解剖针细心地分离其内部器官。

(3) 学生分组进行线虫形态观察。先进行犬蛔虫的解剖；然后取蛔虫及其他线虫的浸制标本，置于培养皿中观察其一般形态，用尺测量大小，并在实体显微镜或放大镜下进行详细的观察；取透明标本和浸渍标本在显微镜下观察上述线虫的口、齿及虫体尾端的结构，并加以鉴别。

(4) 取肌旋毛虫标本片，在显微镜下观察其包囊。

(5) 改良 Knott 法检测微丝蚴：取成年疑似该病犬，于后肢小隐静脉采全血 1ml 于离心管，加 2%甲醛 9ml，混合后 1000～1500r/min，离心 5～8min，去上清液，取 1 滴沉渣和 1 滴 0.1%亚甲蓝溶液混合，显微镜下检验微丝蚴。同时与犬恶丝虫快速诊断试剂盒检测结果比较。

【实践报告】

1. 绘出雌、雄犬蛔虫解剖简图，并标出各器官的名称。
2. 写出肌旋毛虫的所见特征，并绘出简图。
3. 写出改良 Knott 法检测微丝蚴的方法步骤。

【参考资料】

1. 犬、猫常见线虫及虫卵形态结构

(1) 犬、猫蛔虫　犬弓首蛔虫、猫弓首蛔虫和狮弓蛔虫的基本形态均为淡黄白色两端较细的线状或圆柱状虫体。

① 犬弓首蛔虫　雄虫长 40～60mm，尾部弯曲，尾翼发达，有两根长 0.75～0.95mm 的交合刺。雌虫长 65～100mm，尾部伸直，生殖孔位于虫体前半部。虫卵为短椭圆形，大小为 (68～85)μm×(64～74)μm，呈深黄色，外膜厚并有明显的小泡状结构，内含未分裂卵胚，卵胚充满卵黄细胞。成虫寄生于犬和犬科动物的小肠内，感染途径为吞食感染性虫卵、胎内感染和吸吮初乳感染。

② 猫弓首蛔虫　雄虫长 40～60mm，雌虫长 40～120mm，虫卵为亚球形，直径 65～70μm，卵壳薄，表面有许多点状凹陷。寄生于猫和猫科动物的小肠中，感染途径为吞食感染性虫卵和吸吮初乳感染。

③ 狮弓蛔虫　雄虫长 20～70mm，无尾翼膜，有两根交合刺。雌虫长 20～100mm，尾

端尖细而长直,生殖孔开口于虫体前1/3与中1/3交界处。虫卵近似圆形,外膜光滑,直径(60～75)μm×(75～85)μm,呈浅黄色,内含未分裂卵胚,卵胚不够充满,卵壳内空隙较大。成虫寄生于犬、猫和多种野生肉食兽的小肠中,感染途径为吞食感染性虫卵感染。

(2) 犬猫钩虫 钩虫病的病原种类很多。感染犬的钩虫有犬钩虫、巴西钩虫、美洲钩虫和狭头钩虫等;感染猫的钩虫有犬钩虫、巴西钩虫、狭头钩虫和管状钩虫等。寄生于犬、猫小肠的钩虫主要有犬钩口线虫、狭头弯口线虫和巴西钩口线虫,基本形态为淡黄白色或灰红色纤细短小的线状虫体。

① 犬钩口线虫 呈线状,头端稍向背侧弯曲,口囊很发达,淡黄色,口囊前缘腹面两侧有 3 对锐利的钩状齿,各齿向内呈钩状弯曲,雄虫长 10～13mm,雌虫长 14～21mm。虫卵为浅褐色,呈钝椭圆形,大小为 (56～75)μm×(37～47)μm,新排出的虫卵内含有 2～8 个卵细胞。

② 狭头弯口线虫 两端稍细,呈淡黄白色,口弯向背面,口囊发达,前腹缘两侧各有一片半月状切板,雄虫长 5～10mm,雌虫长 7～15mm。虫卵形状与犬钩虫相似,大小为 (65～80)μm×(40～50)μm。

③ 巴西钩口线虫 雄虫长 5.0～7.5mm,雌虫长 6.5～9.0mm。

(3) 旋毛虫 成虫细小,前部较细,后部较粗,寄生于犬、猫等哺乳动物小肠称为肠旋毛虫(图 12-3),可引起胃肠炎。雄虫长 1.4～1.6mm,尾端有泄殖孔,无交合伞和交合刺,有两个耳状悬垂的交配叶。雌虫长 3～4mm,阴门位于身体前部的中央,胎生。幼虫长 1.15mm,卷曲于肌肉组织并形成包囊(包囊呈圆形、椭圆形或梭形)称为肌旋毛虫(图 12-4),可引起疼痛、发热和呼吸困难等症状。

(4) 狐毛首线虫 狐毛首线虫乳白色,前端食道部细长呈毛发状,约占体长的 3/4,故称毛首线虫。虫体后部短粗,宽达 1.3mm,生殖器官位于后部。由于虫体外形很像鞭子,前部细,后部粗,故又称鞭虫。雄虫长 48～54mm,后端卷曲,一根交合刺藏在有刺的交合刺鞘内。雌虫长 40～55mm,后端钝直,阴门开口于虫体粗细交界处。虫卵为黄褐色,两端细,中间粗,两端有卵塞,像腰鼓一样,大小为 (52～80)μm×(27～40)μm,壳厚,内含未发育的卵胚。

(5) 狼旋尾线虫 狼旋尾线虫淡血红色,卷曲呈螺旋状。雄虫长 30～50mm,宽 0.76mm,左交合刺长 2.45～2.80mm,右交合刺长 0.47～0.75mm。雌虫长 54～80mm,宽 1.15mm,尾长 0.40～0.45mm,稍弯向背侧,尾端较钝,阴门开口于食道后端。虫卵呈长椭圆形,大小为 (30～37)μm×(11～15)μm,卵壳厚,内含有幼虫。

(6) 犬恶丝虫 犬恶丝虫成虫为黄白色,呈细长粉丝状。雄虫长 12～18cm,尾端数回盘转,交合刺两根,长短不等。雌虫长 25～30cm,尾部较直,阴门距头端 1.65～2.27mm。犬恶丝虫胎生的幼虫称为微丝蚴,寄生于血液中做蛇形或环形运动,体细长,无鞘,长 220～360μm,宽 6～7μm。

(7) 肾膨结线虫 肾膨结线虫是线虫类中最大的虫种。成虫呈圆柱形,活时为血红色,体表具横纹,虫体两侧各有一行乳突,口孔位于顶端,其周围有两圈乳突。

雄虫体长 14～40cm,宽 4～7mm。尾部有钟形的交合伞,宽大于长,无副肋,伞的前缘稍凹陷,其边缘和内壁均有许多小乳突,中

(a) 雌虫　(b) 雄虫
图 12-3　肠旋毛虫成虫

间有一个锥形隆起,尾端有泄殖孔,交合刺1根,呈淡黄色,表面光滑,长5~6mm,由锥形隆起顶部的泄殖腔中伸出。

雌虫粗壮,体长20~100cm,宽4.5~8.6mm。阴门开口于虫体前部腹面中线上,稍突出于体表或稍凹入,呈长椭圆形,距头端5.5~8.5cm。虫体后端及其附近有20余个细小乳突。

虫卵呈椭圆形,棕黄色。内含一个细胞的,大小为(30.2~80.6)μm×(41.6~46.8)μm;内含两个细胞的,大小为(30.2~83.2)μm×(40.3~46.8)μm。后者较前者稍长且窄,卵壳厚,表面有许多小的凹陷。

不同宿主的虫体及虫卵的大小略有差别,犬的虫体和虫卵比人和其他动物的大。

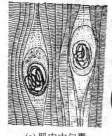

(a) 肌肉中包囊　　(b) 幼虫

图12-4　旋毛虫幼虫

(8) 吸吮线虫　结膜吸吮线虫在结膜囊内时,虫体呈淡红色、半透明,离开犬体后呈乳白色,体表被覆锯齿状横纹,口囊小,无唇,口缘有内外两圈乳突。雄虫体长10~14mm,最大宽0.38~0.45mm,尾端卷曲,左交合刺比右交合刺长10倍。雌虫长12~18mm,最大宽0.41~0.46mm,阴门位于食道部。虫卵大小为(54~60)μm×(34~37)μm,呈椭圆形,卵壳薄,卵胎生。

2. 鸽常见线虫及虫卵形态结构

(1) 禽蛔虫　禽蛔虫的种类繁多,主要为鸡禽蛔虫和鸽禽蛔虫,是寄生于鸟体内最大的线虫,虫体呈粗线状,黄白色,体表有横纹。

① 鸡禽蛔虫　雄虫体长2.6~7.1cm,尾端呈圆锥形。雌虫体长6.5~9.9cm,阴门位于体中部。虫卵呈椭圆形,卵壳较厚,深灰色。

② 鸽禽蛔虫　雄虫体长1.6~3.1cm,交合刺等长,尾翼狭。雌虫体长2.1~4.2cm,阴门位于体中部,肛门距尾端1.2mm。虫卵呈椭圆形,卵壳较厚。

(2) 鸽毛细线虫　鸽毛细线虫指毛细科多种毛细线虫,主要有膨尾毛细线虫、封闭毛细线虫和捻转绳状线虫等。

① 膨尾毛细线虫　寄生于火鸡、珍珠鸡、雉鸡、鸽、鹌鹑等的小肠黏膜。雄虫长7.5~10.5mm,尾部侧面各有一个大而明显的伞膜,交合刺细长。雌虫长14~26mm,虫卵椭圆形,两端呈瓶口状,有卵塞。蚯蚓是中间宿主。

② 封闭毛细线虫　寄生于鸽、雉鸡、珍珠鸡、鹌鹑、火鸡等小肠和盲肠。雄虫长8.6~10.5mm,尾部两侧有铲状的交合伞。雌虫长10~12mm。虫卵大小为(48~53)μm×24μm,为直接发育型。

③ 捻转绳状线虫　又称捻转毛细线虫,寄生于火鸡、鸡、鸭、珍珠鸡、雉鸡、鹌鹑的嗉囊和食道内。雄虫长11.5~16.6mm,雌虫长28~70mm。虫卵大小为(46~70)μm×(24~28)μm,为直接发育型。

实践活动十九　犬旋毛虫病的实验室诊断

【知识目标】

1. 了解旋毛虫的形态特点。
2. 了解犬旋毛虫病的诊断要点。

【技能目标】
1. 能顺利利用间接凝集试验检查犬旋毛虫。
2. 准确识别肌旋毛虫，并熟练运用肌肉压片检查法和消化法检查肌旋毛虫。

【实践内容】
1. 生前诊断：间接凝集试验检测旋毛虫。
2. 剖检诊断：肌肉压片法和消化法检查肌旋毛虫。

【材料准备】
(1) 挂图或图片　肌旋毛虫形态构造图。
(2) 标本　肌旋毛虫玻片标本。
(3) 仪器设备　离心机、白底玻璃板、显微镜、实体显微镜、恒温培养箱、电冰箱、旋毛虫压片器、剪子、镊子、绞肉机、60ml三角烧瓶、量筒、搪瓷漏斗、60目筛网、培养皿、玻璃棒、温度计、天平、带胶乳头移液管、载玻片、盖玻片、纱布、火柴棒、污物桶等。
(4) 药品　pH值6.4和pH值7.2磷酸盐缓冲溶液（PBS）、生理盐水、蒸馏水、胃蛋白酶。

【方法步骤】

一、犬旋毛虫病的生前诊断——平板间接凝集试验

1. 材料准备

(1) 配制胃蛋白酶消化液。配制方法：在烧杯中放入1000ml蒸馏水或1000ml清洁饮用水，在恒温箱中预热至37～40℃，加入7ml浓盐酸、10g胃蛋白酶，充分搅拌。

(2) 抗原的制备：取人工感染旋毛虫40天左右的大鼠，用绞肉机绞碎后，加入胃蛋白酶消化液，于40℃消化12～15h，40目和120目双层筛过滤，用生理盐水洗下120目筛上的虫体于烧杯中，再用生理盐水反复沉淀、洗涤获得纯净脱囊幼虫。

在虫体中加0.1mol/L pH值7.2 PBS，超声粉碎，4℃、15000r/min离心1h，取上清液即为旋毛虫可溶性抗原。

(3) 红细胞诊断液的制备

① 制备绵羊红细胞悬液　以碘酊和70%乙醇消毒健康公绵羊颈部皮肤，用5ml的一次性灭菌注射器采集全血2～3ml，快速注入含0.2～0.3ml柠檬酸钠的试管内，轻轻摇匀。2000r/min离心10min，加入0.15mol/L pH值7.2 PBS适量进行洗涤，如此离心、洗涤反复3次后，用pH值7.2 PBS配成2.5%的红细胞悬液。

② 绵羊红细胞的鞣化　在2.5%的红细胞悬液中加入含1%鞣酸的PBS，使鞣酸的终浓度为1/1000，37℃水浴15min，用PBS洗涤3次，再加PBS配成2.5%鞣化红细胞。

③ 1%兔血清缓冲盐水的配制　将新分离的兔血清56℃ 30min灭活后，取所需量（如1.0ml）加约半量（0.5ml）的洗过的压积绵羊红细胞，并加兔血清4倍（4ml）的pH值7.2 PBS，置于37℃水浴箱中作用10min，以吸收兔血清中的异嗜性凝集素，15000r/min离心10min，加PBS 95ml，即为1%兔血清PBS。置4℃冰箱中，可保存2天。

④ 抗原致敏红细胞的制备　将2.5%鞣化红细胞1份，抗原液1份，pH值6.4 PBS 4份混合，摇匀后室温下放置15min，加兔血清缓冲盐水，2000r/min离心5min，洗涤2次，再用PBS配成2.5%的红细胞悬液。4℃保存备用。

(4) 血清来源及采集

① 阳性血清　购买，或取感染旋毛虫的大鼠喂犬，取舌肌压片检查，有大量肌旋毛虫后，采血分离血清。

② 阴性血清　购买，或取无旋毛虫病地区的猪，采血分离血清，常规间接凝集试验

呈阴性。

③ 被检血清 用消毒针头刺破待检犬的前肢内侧皮下静脉或后肢外侧小隐静脉，用带毛细塑料管的微量取液器吸取血液约 150μl，用胶布粘封塑料管的一端并编号，水平静置数分钟，析出血清后待检。

2. 平板间接血凝试验

吸取待检血清、标准阳性血清和标准阴性血清各 25μl，滴于普通白底玻璃板的 3 个位置，每处分别加入一滴（约 50μl）致敏红细胞诊断液，分别用 3 个火柴棒搅拌均匀，并摊成直径约 25mm 的圆圈。轻轻旋转摇动玻璃板，水平静置 3~7min，于光亮处根据凝集程度判定结果。

3. 结果的判定

标准阳性：红细胞逐渐或迅速凝集成明显而清晰的小团粒。

标准阴性：红细胞无明显凝集，液滴仍均匀分布而混浊不清。

在对照实验结果成立的条件下，判定被检血清的凝集情况，如出现阳性，则为感染了旋毛虫病。

二、犬旋毛虫病的剖检诊断法

1. 检查材料的采取

犬死亡、剖检或屠宰后，采取左右膈肌肌角各一块，供检。

2. 肌肉压片检查法

将肉样约 1g，剪成麦粒大的小粒 24 粒，用旋毛虫检查压片器（两厚玻片，两端用螺丝固定）或两块载玻片压薄，厚度以透过肉样隐约可见书上的字迹为宜。用低倍显微镜或用实体显微镜检查。阳性者可发现肌肉中的旋毛虫包囊。

犬肌肉中的旋毛虫包囊呈椭圆形，长轴与肌纤维平行，长约 0.8mm，线状幼虫蜷曲其中。

3. 消化法

（1）取约 100g 肉样，除去腱膜、肌筋及脂肪。

（2）用绞肉机把肉绞成网泥（如绞肉机刀孔直径较大，可重复绞 2~3 遍），取肉泥 40g 放入烧瓶内。

（3）胃蛋白酶消化液预热至 38℃，倒入装有肉泥的烧瓶中，置于 37~45℃ 的恒温箱中连续消化 7~9h，此过程中搅拌 5~6 次。

（4）将经消化后的肉泥用 60 目筛网过滤，弃去上清液的 80%~90%。

（5）将管底剩余沉淀物倒入试管中，静置 0.5~1h。

（6）再次倾弃上清液，在管底剩余沉淀物中加入 37~40℃ 的少许清水进行稀释。

（7）用吸管吸取稀释液滴于载玻片上，镜检。如为阳性，可见到脱囊的旋毛虫幼虫。如温度保持较好，虫体为运动形态。

【实践报告】

1. 绘制肌旋毛虫形态图。
2. 写出活犬旋毛虫病的实验诊断报告。

实践活动二十 犬、猫和鸽常见蠕虫卵形态观察

【知识目标】

1. 掌握犬、猫常见吸虫卵形态特征。

2. 掌握犬、猫及观赏鸟常见绦虫卵形态特征。
3. 掌握犬、猫及观赏鸟常见线虫卵形态特征。

【技能目标】
1. 能结合粪便检查正确识别犬、猫及观赏鸟体内蠕虫卵，为寄生虫病诊断提供重要的依据。
2. 能在显微镜下正确描述犬、猫及观赏鸟常见蠕虫卵的形态特点。
3. 能正确识别犬、猫及观赏鸟常见蠕虫卵，说出其形态构造特征。

【实践内容】
1. 犬、猫主要吸虫卵形态观察。
2. 犬、猫及观赏鸟主要绦虫卵形态观察。
3. 犬、猫及观赏鸟主要线虫卵形态观察。

【材料准备】
（1）挂图　宠物常见蠕虫卵形态图、粪便中易与虫卵混淆的物质图。
（2）标本　宠物常见虫卵的标本片。
（3）仪器及器材　示教显微镜、显微投影仪。

【方法步骤】
（1）教师指出蠕虫卵的鉴别要点。
（2）教师用显微投影仪或示教显微镜带领学生共同观察华支睾吸虫卵、并殖吸虫卵、犬复孔绦虫卵、中线绦虫卵、狮弓蛔虫卵、毛首线虫卵、犬弓首蛔虫卵等虫卵的形态，介绍虫卵形态的主要特征。
（3）学生分组观察犬、猫及观赏鸟常见蠕虫卵。

【实践报告】
绘出吸虫、绦虫和线虫代表性虫卵各1种，并说出其形态特点。

【参考资料】
1. 蠕虫卵的基本结构与特征
（1）吸虫卵　多数呈卵圆形或椭圆形，卵壳由数层膜组成。多呈黄色、黄褐色或灰色。大部分卵的一端有卵壳。有的卵壳表面光滑，有的有突出物如结节、小刺、丝等。新排出的卵内有胚细胞及较多的卵黄细胞，有的含有毛蚴。卵内容物较充满。
（2）绦虫卵　圆叶目绦虫卵呈圆形、近似方形或三角形。多呈灰色或无色，少数呈黄色、黄褐色。虫卵中央一个椭圆形六钩蚴，被内胚膜包围。内胚膜与外胚膜分离，中间有液体，并有颗粒状内含物。有的绦虫内胚膜上形成突起，称为梨形器。卵壳厚度和结构有所差异。
（3）线虫卵　多呈椭圆形、卵圆形或近圆形。卵壳由2层组成，薄厚不同，表面多数光滑，有的不平。卵内有卵细胞，有的已含有幼虫。

2. 犬、猫主要蠕虫卵形态
如图12-5所示。

3. 易与虫卵混淆的物质
如图12-6所示。
（1）气泡　圆形、无色、大小不一，折光性强，内部无胚胎结构。
（2）花粉颗粒　无卵壳构造，表面常呈网状，内部无胚胎结构。
（3）植物细胞　为螺旋形、小型双层环状物或铺石状上皮，均有明显的细胞壁。
（4）豆类淀粉粒　形状不一。外被粗糙的植物纤维，颇似绦虫卵。可滴加复方碘溶液

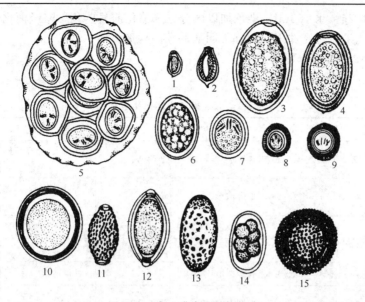

图 12-5 犬、猫常见的蠕虫卵
（引自：张宏伟. 动物寄生虫病. 北京：中国农业出版社，2006）
1—后睾吸虫卵；2—华支睾吸虫卵；3—棘隙吸虫卵；4—并殖吸虫卵；5—犬复孔绦虫卵；
6—裂头绦虫卵；7—中线绦虫卵；8—细粒棘球绦虫卵；9—泡状带绦虫卵；10—狮弓蛔虫卵；
11—毛细线虫卵；12—毛首线虫卵；13—肾膨结线虫卵；14—犬钩口线虫卵；15—犬弓首蛔虫卵

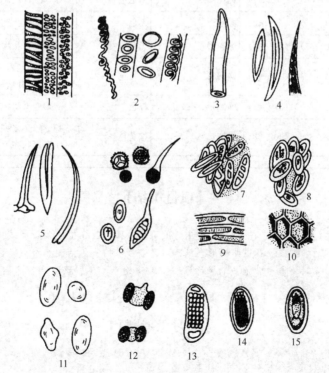

图 12-6 易与虫卵混淆的物质
（引自：林锡林. 家畜寄生虫病学. 第 2 版. 北京：中国农业出版社，1996）
1～10—植物细胞的孢子；1—植物导管；2—螺纹和环纹；3—管胞；4—植物纤维；5—小麦颖毛；
6—真菌孢子；7—谷壳的一些部分；8—稻米胚乳；9,10—植物薄皮细胞；11—淀粉粒；12—花粉颗粒；
13—植物线虫的一种虫卵；14—螨的卵（未发育）；15—螨的卵（已发育）

（碘 1g，碘化钾 2g，水 100ml）染色加以区分，未消化前显蓝色，略经消化后呈红色。

(5) 真菌孢子　折光性强，内部无明显的胚胎构造。

4. 犬、猫主要蠕虫卵鉴别

见表 12-1。

表 12-1　犬、猫主要蠕虫卵鉴别表

虫卵名称	长×宽/μm	形状	颜色	卵壳特征	内含物
并殖吸虫卵	(75~118)×(48~67)	椭圆形	金黄色	卵盖大,卵壳薄厚不均	卵黄细胞分布均匀
华支睾吸虫卵	(27~35)×(12~20)	似灯泡形	黄褐色	卵盖较明显,壳厚	毛蚴
带科绦虫卵	直径 20~39	圆形或近似圆形	黄褐色或无色	厚,有辐射状条纹	六钩蚴
犬复孔绦虫卵	直径 35~50	圆形	无色透明	两层薄膜	六钩蚴
中线绦虫卵	(40~60)×(35~43)	长椭圆形		两层薄膜	六钩蚴
曼氏迭宫绦虫卵	(52~68)×(32~43)	椭圆形,两端稍尖	浅灰褐色	薄,有卵盖	1 个胚细胞和多个卵黄细胞
犬弓首蛔虫卵	(68~85)×(64~72)	近圆形	灰白色不透明	厚,有许多凹陷	圆形卵细胞
猫弓首蛔虫卵	直径 65~70	近圆形	灰白色不透明	较厚,点状凹陷	圆形卵细胞
狮弓蛔虫卵	(74~86)×(44~61)	钝椭圆形	无色透明	厚,光滑	圆形卵细胞
犬钩口线虫卵	(40~80)×(37~42)	椭圆形	无色	两层,薄而光滑	8 个胚细胞
毛细线虫卵	(48~67)×(28~37)	椭圆形	无色	两端有塞状物	卵细胞
棘颚口线虫卵	(65~70)×(38~40)	椭圆形	黄褐色	较厚,前端有帽状突起,表面有颗粒	1~2 个卵细胞
犬毛首线虫卵	(70~89)×(37~41)	椭圆形、腰鼓状	棕色	两端有塞状物	卵细胞
肾膨结线虫卵	(72~80)×(40~48)	椭圆形	棕黄色	厚,有许多凹陷,两端有塞状物	1~2 个卵细胞

【项目小结】

本项目介绍了犬、猫及宠物鸟的蛔虫、钩虫、旋毛虫、狐毛首线虫、犬旋尾线虫、犬恶丝虫、肾膨结线虫、吸吮线虫、毛细线虫及其虫卵的形态结构，进一步掌握其生活史。重点阐述了犬、猫及宠物鸟常见寄生虫病的临诊诊断及防治措施，临诊诊断、实验室检查、疾病预防和临床治疗措施等内容实用，可操作性强。

【复习思考题】

1. 防治犬、猫和人共患线虫病时应该注意哪些问题？
2. 分别叙述犬、猫及观赏鸟的蛔虫病、钩虫病、旋毛虫病、毛首线虫病、旋尾线虫病、犬心丝虫病、肾膨结线虫病、吸吮线虫病、毛细线虫病的临诊诊断要点。
3. 犬、猫及观赏鸟的蛔虫病有哪些综合防治措施？
4. 如何防治犬、猫旋毛虫病？

项目十三 宠物昆虫病的诊断与防治

【知识目标】
1. 了解犬、猫常见昆虫病的种类。
2. 了解皮肤螨病的诊断要点。
3. 了解犬昆虫病的综合治疗措施及预防措施。

【技能目标】
1. 能结合实际病例，对犬、猫常见昆虫病的症状进行判断。
2. 掌握诊断宠物螨病所需病料的采集、检验等实验室诊断技术。
3. 针对昆虫病的特点采取针对性的防治措施。

单元一 了解昆虫

宠物昆虫病主要指由蜱、螨和一些昆虫引起的宠物寄生虫病。蜱、螨和昆虫是指能够致病或传播疾病的一类节肢动物，是无脊椎动物的重要门类，已知种类约占世界现存动物种类的87%。节肢动物不仅种类繁多、分布广，而且它们的生活方式各有不同，大多数营自由生活，只有少数是营寄生生活，可寄生在动物的体表或体内，通过叮咬、吸血等方式直接危害寄生动物，或通过传播各种寄生虫病、病毒病、细菌病等间接危害动物，严重时可致动物大批发病、死亡。与兽医学有关的种类主要集中在蛛形纲蜱螨目和昆虫纲的节肢动物。

一、节肢动物的形态特征

节肢动物身体一般左右两侧对称，体外覆盖着由几丁质及其他无机盐沉着而成的表皮，能定期脱落，表皮不仅有保护内器官及防止水分蒸发的功能，而且与其内壁所附肌肉一起完成各种活动并支持躯体，功能与动物的内骨骼相似，因此称为外骨骼。虫体在发育过程中，体形会变大，因此必须褪去旧表皮而产生新的表皮，这一过程称为蜕皮。

1. 蛛形纲

虫体呈圆形、椭圆形或长形，分头胸部及腹部，或头、胸、腹愈合为一体，成虫有足4对，无触角，无翅，有眼或无眼。假头突出在躯体前或位于前端腹面。头胸部有6对附肢，前2对为头部附肢，第1对是螯肢，为采食器官，第2对为须肢，位于口器两侧，能协助采食、交配和感觉。其余4对属胸部附肢，称为步足，由7节组成。在体表一定部位有几丁质硬化而形成的板或颗粒样结节，以气门或书肺呼吸。蛛形纲分8个目，但与犬、猫有关的主要是蜱螨目。

2. 昆虫纲

主要特征是身体明显分头、胸、腹3个部分。头部有触角1对，胸部有足3对，腹部无附肢。

（1）头部　有触角、眼和口器。复眼1对，有的亦为单眼。触角在头部前面两侧。口器是采集器官，由于采食方式的不同，形态构造亦不相同，主要有咀嚼式、刺吸式、舐吸式、刮吸式及刮舐式5种。

（2）胸部　由前胸、中胸、后胸三节组成。每节腹面两侧各生腿一对，由基、转、股、胫、跗5节组成。跗节又分1~5节，末端有爪，有的爪上有爪间垫，有的有爪间刺。中胸和后胸上各生有一对翅。视虫种不同其翅脉、脉序也不同，为昆虫分类的重要依据。双翅目昆虫的后胸翅退化为平衡棒。有的昆虫翅则完全退化，如虱、蚤等。

（3）腹部　由11节组成，由于前1~2节趋于退化，有些昆虫由于腹节互相愈合，只有5~6节，如蝇类。末端几节变为外生殖器，故可见的节数较少。

（4）内部　体腔内充满血液，称为血腔，循环系统为开管式。多数用鳃、气门或书肺呼吸。具有触、味、嗅、听觉及平衡器官。具有消化系统和排泄系统。雌雄异体，有的为雌雄异形。

二、节肢动物的发育要点

节肢动物作为动物界中数量最庞大的类群，在自然史演变过程中之所以能够存活并繁衍至今，很大程度上是因其在长期的进化过程中所形成的繁殖能力和各发育阶段所具有的特异适应性。

蛛形纲的虫体为卵生，从卵孵出的幼虫，经若干次蜕皮变为若虫，再经过蜕皮变为成虫，其间在形态和生活习性上基本相似。若虫和成虫在形态上相同，只是体形和性器官尚未成熟。

昆虫纲的昆虫多为卵生，极少数为卵胎生。从卵孵出幼虫，幼虫生长发育完成后，要经历一个不动不食的蛹期，才能变为有翅的成虫，即发育具有卵、幼虫、蛹、成虫四个形态与生活习性都不同的阶段，这一类称为完全变态，如蚊、蝇、白蛉及蚤等昆虫；另一类无蛹期，称为不完全变态，如臭虫、蜚蠊和虱子等。发育过程中都有变态和蜕皮现象。

单元二　犬、猫昆虫病

犬疥螨病

【诊断处理】

1. 生活史及流行特点

犬疥螨病是由犬疥螨寄生于犬皮肤内所引起的一种常见的慢性接触性皮肤病，可引起犬剧烈的瘙痒和出现以红斑、丘疹为特征的各种类型的皮炎，俗称癞皮病。

疥螨的发育属不完全变态，需经过卵、幼虫、稚虫和成虫四个阶段，雄螨有一个若虫期，而雌螨有两个若虫期。其全部发育过程都在宿主身上完成，需2~3周时间发育为成虫。

雌雄疥螨在皮肤表面交配后，雄虫很快就会死亡，受精后的雌虫在宿主体表寻找合适的位置挖掘隧道，以后逐渐形成一条与皮肤平行的蜿蜒隧道，且隧道每隔一段距离即有通向体表的纵向通道，作为通气和幼虫爬出的孔道。雌虫在隧道内产卵，每天产卵1~3个，产卵期约为2个月，这样持续4~5周，因此每个雌虫一生可产卵40~50粒。雌虫继续掘进，卵留在虫体后面的隧道中，经3~4天孵化为幼虫。幼虫蜕变为若虫，即具有采食能力。若虫有大、小两型，小型虫体是雄性若虫，大型为雌性若虫。雄性若虫进一步发育为成虫后与雌性二期若虫在隧道或体表交配后，雌性若虫再蜕变为雌虫。具有采食能力的疥螨，以宿主的组织液、皮肤细胞碎片作为食物。

疥螨从卵发育到成虫需要17~21天，疥螨在发育期间死亡率很高，往往只有10%能够完成整个生活史。

卵呈椭圆形，淡黄色，壳很薄，平均大小为 $150\mu m \times 100\mu m$。

疥螨病是一种高度接触性传染病，通过患病动物或带虫动物与健康犬直接接触而传播，也可通过患病动物在擦痒时将若虫或幼虫等散布到周围物体，如被褥、用具、栏舍的墙壁等处，而这些若虫或幼虫可在外界环境当中存活2～3周时间，健康动物通过与之接触而发生感染。疥螨病的传播速度很快，从初期感染到群体出现临床症状，通常只需要1～2周时间。

疥螨病多发生于家养的舍饲小动物，尤其是卫生条件差的情况下，以冬季和春初寒冷季节多发。对大多数临床病例，皮肤内所感染疥螨的数量较少，而大量疥螨的出现常常发生于免疫抑制或长期使用糖皮质激素治疗的犬。

2. 症状及病理变化

幼犬严重病变多始于口、鼻梁、颊部、耳根及腋间等处，后遍及全身，病初皮肤发红，出现丘疹，进而形成水疱，破溃后流出黏稠黄色油状渗出物，干燥后形成鱼鳞状黄痂，患部皮肤出现增厚、变硬、龟裂等。由于患部奇痒，病犬常挠抓啃咬或在地面及各种物体上摩擦患部，引起严重脱毛，皮肤由于出现色素沉积而暗淡失去光泽和弹性，有苔藓样变、鳞屑形成、脂溢以及脓皮病等特点。轻轻地触摸耳部边缘往往会诱发明显的瘙痒反射。随着病情的发展，剧烈的痒觉影响到正常的采食和休息，使动物日渐消瘦，病犬出现体重减轻和厌食等症状。

剧烈的瘙痒可导致皮肤受损，若继发细菌感染，导致皮肤出现脓疱。

疥螨的致病作用主要体现在以下两个方面。一是挖掘隧道及虫体的机械性刺激，疥螨的体表长有很多刺、毛、鳞片，在采食和挖掘隧道时能刺激神经末梢而引起痒觉，随着螨虫数量的增加，刺激进一步加剧，瘙痒更为明显。二是疥螨发育过程产生的排泄/分泌物抗原也会刺激宿主，使皮肤出现丘疹、皮肤角质化细胞受损和炎症，导致被毛脱落、皮肤表面出现大量渗出物和出血，渗出液干燥后形成痂皮，这种病理反应属于Ⅰ型变态反应。近年来的免疫学研究提示，后者似乎更为重要。

3. 诊断

（1）根据犬、猫出现瘙痒和特征性皮肤病变可作出初步诊断。要做好同其他皮肤病的鉴别诊断。

① 秃毛癣　患部呈圆形、椭圆形，界限明显，表面有疏松干燥的浅灰色痂皮，易脱落，脱落后皮肤光滑，创面干燥，久之创面融合成大的癣斑，无痒觉，被毛常在近根部折断。镜检病料有癣菌芽孢或菌丝。

② 湿疹　有痒觉，但不及螨病厉害，在温暖厩舍中亦不加剧，有大量皮屑，常随被毛脱落，皮屑内无螨。若饲料中毒引起的湿疹，则有体温升高的表现。

③ 过敏性皮炎　多见于夏季，由小的吸血昆虫蚊、蠓等叮咬引起，初为小结节，脱毛，以后形成溃烂面，多在天气凉爽后不治而愈。

④ 营养不良性脱毛　皮肤无炎症变化，一般不痒。

（2）确诊需要进行病原检查。

（3）对未发现病原的感染阳性犬，用螨的排泄物抗原进行血清学诊断时可发现IgE抗体升高。另外，血液学检查时发现嗜酸性粒细胞增多可帮助诊断。

【防治处理】

1. 治疗原则及方法

（1）治疗原则　先患部皮肤剪毛，用温肥皂水刷洗患部，除去污垢和痂皮，再用杀螨剂按推荐剂量和使用方法进行局部涂擦、喷洒、洗浴、口服或注射等。

(2) 用于治疗动物疥螨等外寄生虫的药物　主要包括以下几类。

① 大环内酯类杀虫剂　如用伊维菌素（害获灭）或多拉菌素（通灭）进行皮下或肌内注射，剂量为 0.2～0.4mg/kg，连用 3 次，每次间隔 14 天。

② 甲脒类杀虫剂　如双甲脒具有广谱、高效、低毒的特点，对小动物及各种家畜的疥螨、痒螨、蜱等外寄生虫具有杀灭和驱避效果。使用时将 12.5% 双甲脒用温水稀释 250～500 倍，进行药浴或涂搽，7 天后再重复一次。

③ 有机磷类杀虫剂　如敌百虫、辛硫磷、巴胺磷等，广泛用于小动物和家畜的外寄生虫病的防治。如敌百虫用温水稀释至 0.2%～0.5% 浓度进行药浴，或用 0.1%～0.5% 的浓度进行涂搽或喷洒环境。

④ 拟除虫菊酯类杀虫剂　这类药物中的溴氰菊酯、氯菊酯等已在动物上广泛使用。如临床将 5% 溴氰菊酯（倍特）用温水配成 15～50mg/L 浓度药浴，7～10 天重复一次。或用棉籽油将溴氰菊酯稀释成 1：(1000～1500) 倍，进行头部、耳部、眼周、尾根涂搽。

⑤ 昆虫生长调节剂　如鲁芬奴隆、双氟苯隆、烯虫酯等，单独使用或与其他类型的杀虫剂联合使用，能有效防治小动物及各种家畜的疥螨、蜱和跳蚤等外寄生虫病。

(3) 注意事项

① 疥螨感染病灶多在耳廓边缘和骨隆起的地方，特别是肘部、胸腹部的腹侧，背中线一般不会出现明显病变。

② 几乎有一半的病例，皮屑检查往往看不到螨虫或虫卵，往往依靠临床症状和药物治疗的效果作出诊断。

③ 伊维菌素等对柯利牧羊犬、喜乐蒂犬、老式英国牧羊犬及它们的杂交犬要慎用，最好选用美国辉瑞公司的"大宠爱"（塞拉菌素）滴剂治疗比较安全。也可使用大环内酯类口服或局部涂搽的药物剂型，按推荐方法进行使用可获得很好的杀螨效果。

④ 由于许多杀螨剂对虫卵的杀灭效果差，故 5～7 天后重复用药 1～2 次为宜。治疗时防止犬、猫中毒，可采用必要的防护措施，如戴上嘴笼、眼睛四周涂以凡士林、药浴后及时吹干被毛等。

⑤ 由于疥螨偶尔可感染人，因此也要做好个人防护工作。

2. 预防

(1) 加强犬的饲养管理和栏舍卫生清洁工作，保持动物栏舍宽敞、干燥和通风，避免潮湿和拥挤，以减少动物间相互感染的机会。

(2) 搞好栏舍及用具的消毒和杀虫工作，可用杀螨剂（如双甲脒）定期喷洒栏舍及用具，以消灭犬生活环境中的螨虫。

(3) 新进的犬要注意观察，无螨者方可合群饲养，对患病和带螨的犬要及时隔离治疗，防止病原蔓延。

(4) 做好平时预防工作，避免与带虫动物或有脱毛和瘙痒症状的动物接触。佩戴除虫项圈有助于减少犬感染疥螨等外寄生虫的机会。

蠕形螨病

【诊断处理】

1. 生活史及流行特点

蠕形虫病又称毛囊虫病，是由蠕形螨科蠕形螨属的螨寄生于犬、猫的毛囊和皮脂腺内所引起的一种常见而又顽固的皮肤病，以犬多见，且危害严重。

蠕形螨的发育属于不完全变态，包括虫卵、幼虫、若虫和成虫四个阶段。整个发育过程均在宿主的毛囊或皮脂腺内进行。

雌螨产卵于宿主的毛囊或皮脂腺内。每条雌螨产卵量为20~24个，虫卵呈蘑菇状，自前向后逐渐增宽，壳薄，为无色透明状。可见卵内发育的幼胚，卵在适宜温度下经2~3天孵出幼虫。经1~2天，蜕皮变为前若虫；再经3天的采食和发育，蜕变为若虫。若虫不食不动，经2~3天蜕变为成虫。雌、雄成虫可间隔取食，经5天左右发育成熟。蠕形螨完成整个生活史需要18~24天。成螨在体内可存活4个月以上。多寄生于发病皮肤的毛囊底部，很少寄生于皮脂腺内。

犬、猫的蠕形螨是一种世界性分布的寄生虫病，正常犬、猫的皮肤携带有少量的蠕形螨，但并未表现临床症状。当动物营养状况差、使用激素类药物、有其他外寄生虫或免疫抑制性疾病、出现肿瘤、衰竭性疾病等都可诱发蠕形螨病的发生。临床上，猫蠕形螨病较为少见，而犬蠕形螨病多发。

感染蠕形螨的动物是本病的传染源，动物之间通过直接或间接接触而相互传播。刚出生的幼犬在哺乳期间可通过与感染蠕形螨母犬的腹部皮肤接触而感染，这种感染发生在出生后几天内，是犬感染的主要方式。

蠕形螨病的发生与犬的品种和年龄有关。一般来说，蠕形螨病常发生于被毛较短的品种。但一些长毛犬，如阿富汗猎犬、德国牧羊犬和柯利牧羊犬对蠕形螨亦较敏感。3~6月龄的幼年犬最易发生该病。

2. 症状及病理变化

感染少量蠕形螨的犬、猫（常无临床症状），当免疫系统受到抑制后，寄生于毛囊根部、皮脂腺内的蠕形螨会大量增殖，由此所产生的机械性刺激以及分泌物和排泄物的化学性刺激，促使毛囊周围组织出现炎症反应，称为蠕形螨皮炎。根据患病犬所表现的临床特征，可将蠕形螨病分为局部型、全身型和脓疱型蠕形螨病。

局部型蠕形螨病以3~15月龄的幼年犬多发，通常在眼周、头部、前肢和躯干部出现局灶性脱毛、红斑、脱屑，有的病灶出现灰蓝色色素沉着，但不表现瘙痒。这种局部型的蠕形螨病具有自限性，不需要治疗常可自行消退。但如果使用糖皮质激素类药物或严重感染治疗不当或不予治疗，可造成全身型蠕形螨病，轻者体表大面积不规则脱毛、出现红斑，出现鳞屑和蜡状脂膜，并散发出难闻的腥臭味；重者皮肤出现多量丘疹、结节或脓疱，动物出现严重的瘙痒和自我损伤行为，如此则常导致发生深层的脓皮病、疖病或蜂窝织炎。有些病例会出现淋巴结病。

成年犬的蠕形螨病多见于一些免疫抑制性疾病的5岁以上的犬身上，如肾上腺皮质功能亢进，表现出皮肤脱毛、出现鳞屑和结痂。其发病可能是局部型，也可能是全身型，但局部型多发生在头部和腿部。在一些慢性病例常表现出局部皮肤色素过度沉着。

猫蠕形螨病较少发生，发病部位多在头部和耳道，该病的发生常与一些衰竭性疾病，如糖尿病、全身性红斑狼疮、猫白血病病毒感染有关，疾病的严重程度取决于免疫抑制的程度。

3. 诊断

本病在临床上易与脱毛湿疹、疥螨病等混淆，应通过病原检查加以区别。

（1）脓液涂片法　以消毒针尖或刀尖，将脓疱、丘疹等损害处划破，挤出脓液直接涂片检查。

（2）拔毛检查法　拔取病变部位的毛发，在载玻片上滴加一滴甘油，把毛根部置于甘油内，在显微镜下检查毛根部的蠕形螨。

（3）刮屑检查　用刀片在发病部位的皮肤刮取皮屑，要刮到微微出血为止，将所刮取的皮屑置载玻片上，经50%~70%的甘油透明后在显微镜下检查。

【防治处理】
1. 治疗原则及方法

（1）治疗原则　通过实验室技术确诊之后，治疗时先清洗患部，有脓疱的要刺破脓疱，用双氧水洗擦，皮下有化脓孔道的用1%的蛋白银液冲洗。然后选用杀螨剂治疗。

（2）药物治疗

① 双甲脒 250×10^{-6} 水乳液涂擦或洗浴，每隔1～2周一次，连用3～5次。

② 伊维菌素或阿维菌素按每千克体重0.2mg进行皮下注射，2～3次，每次间隔7～10天。同时患部涂擦消炎杀螨膏或5%甲硝唑硼酸软膏，以提高疗效。

③ 当发生全身瘙痒时，在使用杀螨药物后可注射地塞米松或口服氯苯那敏（扑尔敏），但不能超过3天。同时增加动物的维生素和矿物质的补给有利于症状的缓解。

④ 出现脓疱或脓肿时，应全身性使用抗生素（如头孢菌素）或局部用抗生素冲洗，以控制继发感染。

2. 预防

（1）给犬、猫以全价的营养，增强机体的抵抗力，可减少蠕形螨病的发生。

（2）加强犬的饲养管理和栏舍卫生清洁工作，创造一个干净、舒适的环境。

（3）做好预防工作，避免宠物与带虫动物或有脱毛和瘙痒症状的动物接触。

耳痒螨病

【诊断处理】
1. 生活史及流行特点

耳痒螨病是由犬耳痒螨寄生于犬、猫的外耳道内，引起以外耳道剧烈瘙痒和炎症为特征的耳病或耳廓皮肤病。

耳痒螨的发育为不完全变态，其发育要经历卵、幼虫、若虫和成虫四个时期。与犬、猫的疥螨不同，耳痒螨仅寄生于动物的皮肤表面。雌雄虫体交配后，雌虫产出虫卵，由产卵时的分泌物黏附在犬、猫的耳道。卵经4天左右的时间孵化出幼虫。幼虫进一步发育为若虫，若虫有两个时期，即一期若虫和二期若虫，完成每一期的发育一般需要3～5天。随后24h的静止期，二期若虫蜕变为成虫。

随环境温度的不同，耳痒螨从卵发育到成虫所需的时间不同。在温暖季节经13～15天即可完成发育，寒冷季节一般需要3周时间。

耳痒螨病是犬、猫和其他肉食动物（如狐狸）一种普遍存在的外寄生虫病，呈世界性分布。动物之间主要是通过直接接触传播，特别是在哺乳期，幼年犬、猫与母犬和母猫频繁接触很容易发生感染，犬、猫之间也可相互传播。

相对湿度较高时，耳痒螨的存活时间较长。据报道，在体外相对湿度为80%，温度为35℃的条件下，耳痒螨可存活数月。因此，动物通过间接接触周围环境中存活的耳痒螨也可造成感染的发生。

2. 症状及病理变化

在临床上，犬、猫耳痒螨的感染率较高，但只有少数发生耳痒螨病。轻度感染，病变主要出现在犬、猫的外耳道内。严重感染时，常在头部、背部和尾部会发现有大量的耳痒螨寄生。寄生于外耳道内的耳痒螨，借助口器刺破皮肤，吸吮淋巴液、组织液和血液为食，对寄生部位产生刺激，导致皮炎或变态反应，引起寄生部位上皮细胞过度角质化和增生，感染部位出现大量炎性细胞（肥大细胞和巨噬细胞），皮下血管（主要是静脉血管）扩张。

犬感染耳痒螨时，通常是双侧性的，在耳道内有灰白色的沉积物。猫轻度感染会引起耳道内出现褐色蜡样渗出物，随后形成痂皮，覆盖在黏附皮肤采食的螨虫表面。随着刺激的加剧，痒感愈来愈明显，动物因痒感而不断摇头、抓耳、在器物上摩擦耳部，引起耳朵的血肿和耳道溃疡。耳道内继发细菌感染时，可引起化脓性外耳炎，病变也可深入中耳、内耳及脑膜等，出现痉挛或转圈运动。

据估计，有超过50％的犬外耳炎病例都与耳痒螨的感染有关。

3. 诊断

（1）犬、猫出现摇头、抓耳，并且外耳道内有大量的耳垢时可怀疑为耳痒螨病。

（2）耳痒螨病和细菌性外耳炎都是临床上常见的外耳道疾病，具有相似的临床症状，诊疗过程中要注意区别，以实验室诊断结果为确诊依据。

（3）通过耳镜检查确诊，如发现细小的白色或肉色虫体在暗褐色的渗出物上运动，可确诊。

（4）取可疑病例的耳垢、渗出物或病变部位的刮取物置于载玻片上，滴加50％甘油水溶液或10％KOH溶液加盖玻片镜检，若发现有活动的螨虫虫体或虫卵即可确诊。

【防治处理】

1. 治疗原则及方法

（1）治疗原则　清洗外耳道，并使用杀虫剂进行针对性驱虫。若继发细菌感染，可全身使用抗生素进行治疗。

（2）治疗方法

① 清洗　先向耳道内滴入刺激性小的矿物油（石蜡油）或耳垢溶解剂于耳道内，轻轻按摩，以溶解并清洗外耳道内的痂皮。清洗过程中也可用金属环清除紧贴在内壁上的渗出物。

② 驱虫　用含有杀螨药的油剂进行局部涂搽，如双甲脒（1ml双甲脒稀释于33ml的矿物油中）、氯菊酯等，也可使用"福来恩"喷剂喷至耳廓内侧皮肤，轻揉耳道，连用数次，疗效明显。局部使用西拉菌素的透皮滴剂对犬、猫的耳痒螨也有很好的治疗效果。

同时也可配合使用1％阿维菌素或通灭，按0.2～0.3mg/kg剂量皮下或肌内注射，连用两次，间隔14天。

③ 控制继发感染　氨苄青霉素或头孢菌素皮下注射，同时配合使用适量地塞米松，能有效减轻并改善症状。

（3）注意事项　对伊维菌素或通灭过敏的犬只严禁使用该药，应选择更为安全的塞拉菌素（辉瑞"大宠爱"）。

2. 预防

（1）加强犬、猫的饲养管理和栏舍卫生清洁工作，保证动物栏舍宽敞、干燥和通风，避免潮湿和拥挤，以减少动物间相互感染的机会。

（2）搞好栏舍及用具的消毒和杀虫工作，可用杀螨剂（如双甲脒）定期喷洒栏舍及用具，以消灭犬、猫生活环境中的螨虫。

（3）做好日常预防工作，避免与带虫动物或有脱毛和瘙痒症状的动物接触。

蚤病

【诊断处理】

1. 生活史及流行特点

犬、猫蚤病是由蚤目、蚤科、栉首蚤属的蚤寄生于体表所致。成蚤以血液为食，在吸血时能引起过敏和强烈瘙痒，而且蚤还可传播多种疾病。

蚤的发育属于完全变态，一生大部分时间在犬、猫身上度过，以吸食血液为生。雌蚤在地上产卵或产在犬、猫身上再落到地面；孵化的幼蚤在犬、猫窝垫草或地板裂缝和空隙内营自由生活，以灰尘、污垢及犬、猫粪为食；然后结茧化蛹，在适宜条件下约经5天成虫从茧逸出，寻找宿主吸血。雄蚤和雌蚤均吸血，吸饱血后一般离开宿主，直到下次吸血再爬到宿主身上，因此在犬、猫窝巢、阴暗潮湿的地面等处可以见到成蚤，也有蚤长期停留在犬、猫体被毛间的。成蚤生存期长，而且耐饥饿，可达1~2年之久。

由于蚤的活动性强，对宿主的选择性比较广泛，因此便成为某些自然疫源性疾病和传染病的媒介及病原体的贮存宿主，如腺鼠疫、地方性斑疹伤寒、土拉菌病（野兔热）等。他们也是某些绦虫的中间宿主，如犬复孔绦虫、缩小膜壳绦虫和微小膜壳绦虫等。

2. 症状及病理变化

蚤通过叮咬和分泌具有毒性及变态性产物的唾液，刺激引起犬强烈瘙痒，病犬变得不安，啃咬搔抓以减轻刺激。一般在耳廓下、肩胛、臀部或腿部附近产生一种急性散在性皮炎斑；在后背或阴部产生慢性非特异性皮炎。患犬出现脱毛、落屑，形成痂皮，皮肤增厚及形成有色素沉着的皱襞，严重者出现贫血，在犬背中线的皮肤及被毛根部附着煤焦样颗粒，并出现化脓性皮炎。

本病严重影响犬、猫的食欲和睡眠，犬、猫脱毛、食欲不振、精神不振、体弱、贫血、消瘦。幼犬、猫则营养不良，发育受阻。

3. 诊断

（1）确诊本病在犬体上发现蚤即可。对犬进行仔细检查，可在被毛间发现蚤或蚤的碎屑，在头部、臀部和尾尖部附近往往蚤最多。也可采集毛屑等在显微镜下观察是否有蚤卵。

（2）若未发现蚤，可进行蚤抗原皮内反应试验。将蚤抗原用灭菌生理盐水10倍稀释，取0.1ml腹侧注射，5~20min内产生硬结和红斑，证明犬有感染。

【防治处理】

1. 治疗原则及方法

（1）治疗原则 使用特效驱昆虫药杀灭犬身上的蚤，并使用抗生素控制继发感染。

（2）治疗方法

① 0.5%~1%敌百虫溶液喷洒或药浴，每1~2周1次，共用2次；或可用0.025%除虫菊酯或1%鱼藤酮粉溶液喷洒，这些药物灭蚤效果快而安全，也可选用双甲脒、伊维菌素等。

② 使用0.5%西维因或0.1%林丹涂搽于患部，同时皮下注射阿维菌素或伊维菌素。

③ 对于出现继发感染导致化脓性皮炎的病犬使用抗生素治疗。

（3）注意事项

① 使用敌百虫溶液进行药浴时，要时刻观察整个洗浴过程，防治出现中毒现象，中毒后可用解磷定解救。

② 特殊犬只禁止使用伊维菌素或多拉菌素，防治过敏。

③ 一般临床上药浴和其他驱虫方式结合使用可提高昆虫病的疗效。

④ 因蚤还是多种寄生虫的中间宿主，应采集粪便检查，看能否发现绦虫卵（尤其是犬复孔绦虫）。

2. 预防

（1）对犬舍、窝巢和用具药物喷洒灭蚤。

（2）平常应保持犬舍的清洁、干燥和犬体卫生，做好定期消毒工作。

（3）当兽医工作者进行犬防疫注射和诊疗工作时，应当在鞋、裤外面、袖口等处散布鱼藤酮粉或系紧以保护不受蚤的侵袭。

虱病

【诊断处理】

1. 生活史及流行特点

犬、猫的虱病是由虱目的虱（称兽虱）和食毛目的虱（毛虱）寄生于体表所引起，前者以血液、淋巴液为食，后者不吸血，以毛、皮屑等为食，对犬、猫造成危害。此外，犬和猫的毛虱还是犬复孔绦虫的中间宿主。

颚虱和毛虱均属不完全变态。成虫交配后，雄虫死亡；雌虫于交配后1~2天开始产卵，产卵时分泌胶液，卵便黏附于被毛上。每个雌虫每天产卵10个左右，一生共产卵50~80个。卵经5~9天孵化后，幼虫就可以从卵盖钻出，数小时后就能吸血或啃食皮屑。幼虫经3次蜕皮变为成虫。从卵到成虫至少需要16天，通常3~4周。虱的发育与环境温度、湿度、光线、亮度、毛的密度等关系十分密切。

犬、猫通过接触患畜或被虱污染的房舍用具、垫草等物体而被感染。圈舍拥挤，卫生条件差，营养不良及身体衰弱的犬、猫易患虱病。冬春季节犬、猫的体表环境有利于虱的生存、繁殖而易于流行本病。

2. 症状及病理变化

虱栖身活动于犬、猫体表被毛之间，刺激皮肤神经末梢，犬颚虱吸血时还分泌含毒素的唾液，从而使犬、猫剧烈瘙痒，引起不安，常啃咬搔抓痒处而出现脱毛或创伤，可激发湿疹、丘疹等。由于剧痒，影响食欲和正常休息，常表现消瘦、被毛脱落、皮肤落屑等。时间稍长，病犬精神不振，体质衰退。有时皮肤上出现小结节、小出血点甚至坏死灶，严重时引起化脓性皮炎，可阻滞幼龄犬、猫的发育。

3. 诊断

虱多寄生于犬、猫的颈部、耳翼及胸部等避光部位，仔细检查可发现虱和虱卵，据此可作出诊断。

【防治处理】

1. 治疗原则及方法

治疗药物可选用溴氰菊酯、氯菊酯、双甲脒、西维因、伊维菌素、阿维菌素、百部酊等，由于药物不能杀死虫卵，两周左右应再重复用药1次。

2. 预防

（1）保持犬舍、茅舍干燥及清洁卫生，并定期搞好消毒工作。

（2）经常给犬、猫定期梳刷洗澡。

（3）做好检疫工作，无虱者方可混群。

（4）发现带虱犬、猫，及时隔离治疗。

单元三 观赏鸟昆虫病

螨病

【诊断处理】

1. 生活史及流行特点

螨病是由不同种类的螨虫寄生于鸟类体表、呼吸系统等所引起的疾病。

鸡螨虫种类很多，常见的有红螨（血螨、鸡皮刺螨）、羽螨、鳞足螨、气囊螨和体疥螨、属蜘蛛纲，有4对肢，虫体很小，形态构造相似，外表呈球形或圆盘状，一般在0.1~1.0mm，腹部扁平，触须和口伸出体外。成螨有4对足。

螨虫的发育属于不完全变态，其发育要经历卵、幼虫、若虫和成虫四个时期。雌螨排卵后，孵出具有3对足的幼虫，经1~2次蜕皮发育成若虫，再经2~3次蜕皮变为成虫。

螨病主要是通过接触传播所引起。据报道，螨虫还可携带螺旋体、巴氏杆菌、东方马脑脊髓炎病毒等病原，因此养鸟爱好者应特别注意螨病的防治。螨病在温热带地区较多，多寄生于鸽、鹦鹉、雀科类的多种鸣禽和其他多种鸟类，特别喜欢侵袭笼养鸟。

2. 症状及病理变化

由于种类不同，其寄生部位和所引起的临床症状也不相同。

吸血螨白天藏于墙缝、栖架、笼框等隐藏处，并在这些地方产卵、繁殖，夜间才爬到鸟身上叮咬吸血，吸饱后离开，使鸟出现严重贫血，体况变弱，雏鸟和幼鸟夜间烦躁不安，幼雏生长发育受阻，黏膜呈黄色，信鸽飞行质量下降。

羽螨和羽管螨以咬食羽毛为生，出现羽毛稀疏、冀羽和尾羽参差不齐。大量螨寄生时引起鸟剧烈发痒，出现不安，并逐渐消瘦。

体疥螨寄生于皮肤内，在皮肤上出现皮疹，患鸟发痒、不安、羽毛脱落和体质衰弱。

鳞足螨寄生于鸟腿部无毛角质鳞下的组织里，以吮食组织和体液为生，排出的代谢物损害皮肤组织，使皮肤发炎和增厚，形成石灰样的鳞状结痂，使行走出现困难。

气囊螨寄生于气囊中，引起呼吸困难、食欲不振，气囊内充满黏液，发生气喘和打喷嚏。

3. 诊断

与犬疥螨的诊断方法相同，在病部刮取病变组织进行镜检具有诊断意义，发现寄生虫体便能确诊。

【防治处理】

1. 治疗原则及方法

（1）治疗原则 在治疗鸟螨病时，无论用何种杀螨剂，都要严格控制剂量，防止中毒。

（2）常用驱虫药

① 20%的速灭菊酯（杀灭菊酯）稀释4000倍，药浴或直接涂搽。配制药物以12℃为宜，超过25℃药效会降低。

② 0.25%敌敌畏或0.03%的双甲脒涂搽鸟体，为了防止中毒，可分部位逐步涂搽。

可用10%马拉硫磷溶液和四丁酚醛混合液喷雾，每日1次，连用5天，效果良好。严重病例，先使病变部位软化，将杀螨药配成油剂局部涂布。对足部病变，可将药物配成药液进行患脚药浴，浸泡15min，以使药液渗入患脚部皮肤组织，连用几次效果更好。

（3）注意事项

① 由于螨虫多在夜间活动，白天则藏于暗处，因此要特别注意消灭隐藏处的螨虫。可用0.5%敌敌畏或0.3%蝇毒磷喷洒鸟舍或鸟笼，特别是空隙处，并将筑巢物和垫料烧掉。还可用杀螨剂的油漆对鸟舍或鸟笼进行彻底油漆，填平空隙。

② 为防止中毒，应严格控制剂量，洗浴或涂擦过程都要仔细观察，出现中毒，需及时解救。

2. 预防

（1）饲养密度要适宜，不宜过于拥挤。

（2）新引进的鸟，应先隔离饲养一段时间，做好严格的检疫工作，无螨寄生方可混群饲养。

（3）平时要做好鸟笼、鸟舍的消毒，创造一个卫生、舒适的生活环境。

鸽虱

【诊断处理】

1. 生活史及流行特点

虱病是由羽虱寄生于鸟的体表引起的外寄生虫病。虫体主要食宿主的羽毛和皮屑,也吸取鸟体的营养,特别是对雏鸟和幼鸟危害较大。

羽虱是鸟类最常见的体外寄生虫,种类繁多,寄生于鸟的体表羽毛上。鸽共有11种羽虱,常见的主要分3种,有两种肉眼很难观察的淡褐色的绒毛虱和大羽虱;另一种是最普遍的鸽羽虱(长羽虱),颜色较淡,身体细长,肉眼可以看得清楚。它们多寄生于颈下部和翼内侧、鸽体羽毛和皮肤上,全部都以羽毛为食,但有时也吸血。

羽虱的发育呈不完全变态,其全部生活史离不开宿主的体表,从虫卵发育到幼虫、成虫都在鸽的羽毛上进行。因此,其繁殖与外界环境关系不大。虱卵附着在羽干或羽支沟上,经6~7天后孵出幼虫,再经3~4周发育为成熟的羽虱。

鸽虱是由鸽之间接触而传播,然而长羽虱可由鸽虱蝇携带在鸽中传播。虱的繁殖能力很强,因此这也是鸟体衰弱诱发其他疾病的主要原因。

一年四季都可发病,一般以秋、冬两季较为多见,较严重。

2. 症状及病理变化

羽虱以咀嚼式的口器咬食羽毛的羽枝和皮肤的鳞屑为生,因此也称为食毛虱。羽毛粉末类似润滑剂,可防止羽毛相互摩擦并有防水作用,并能保证鸽在飞行时有一个平滑的翼面。由于羽虱的损害,新羽上的羽小枝被吃掉,羽枝和羽干也被啃,导致羽毛易磨损和断裂而造成羽毛不整。

病鸟烦躁不安,不断用爪搔痒部,羽毛局部或大面积脱落,食欲减退。严重侵袭时,则体重下降、消瘦和贫血,幼鸟生长缓慢,皮肤受损并易发感染,严重时可导致死亡。

3. 诊断

根据临床症状及羽毛/皮肤上是否有移动的淡黄色或灰色的成虱,或羽毛或毛根上附有虱卵即可确诊。

【防治处理】

1. 治疗原则及方法

(1) 常用药物及使用方法

① 0.5%敌百虫或蝇毒磷,用双层纱布将药粉包好,在鸟身上抖撒,一边抖撒一边揉搓鸟的羽毛。

② 蜱虱敌(氧硫磷)是一种高效低毒的有机磷制剂,对血虱、食毛虱、虱蝇和蜱均有很好的杀灭作用。可用0.02%~0.03%溶液喷淋鸟体,为防止中毒,可先喷鸟身,再用小刷子刷头。

③ 2.5%溴氰菊酯加温水稀释4000倍,把药液放在大容器中,然后将鸟放入药液中,浸透体表羽毛,再捏住鸟的喙部浸一下头部。

④ 可选中药百部250g,乙醇500ml,浸泡24h后去渣,擦洗鸟体效果很好。

⑤ 另一简单易行的方法:把鸽子翅膀展开,用家庭用气雾型杀虫剂轻轻喷上一点,鸽虱纷纷死亡掉落,有特效。但是千万注意不要喷洒太多,尤其注意不要对着头部直接喷洒,以免引起中毒。

(2) 注意事项

① 用杀螨剂治疗要严格控制剂量,防止中毒。

② 鸽虱也是鸽痘和鸽疟疾的传播者,要做好防治工作,以免引起严重损失。

2. 预防

(1) 搞好环境卫生,让鸽勤洗澡,对鸽食、鸽巢、运动场及用具进行消毒。

(2) 新引进的鸽做好隔离、检疫;定期进行预防性治疗和消毒。

鸽虱蝇

【诊断处理】

1. 生活史及流行特点

鸽虱蝇病是由鸽虱蝇寄生于雏鸽体表吸血所导致的外寄生虫病。鸽虱蝇分布在我国各地。鸽虱蝇成虫背腹扁平,呈暗棕色,其发育为完全变态过程,包括卵、幼虫、蛹和成虫四个阶段。鸽虱蝇为胎生,卵在成虫体内孵为幼虫,幼虫在子宫内吸取乳汁为营养,至成熟的第三龄幼虫时产出,落地入土即变为蛹,由蛹再羽化为成虫。而我国张财兴研究发现鸽虱蝇发育阶段为:饱血雌虫经单只玻质瓶养观察,卡内里虱蝇既不产卵,也不产幼虫,而是产围蛹型的前蛹,每次只产1粒。因此本虱蝇的生活史只有蛹与成虫两个阶段,而卵与幼虫均在母体内发育至前蛹期方产出体外。

鸽虱蝇是温暖或热带地区鸽的主要寄生虫之一,对2～3周龄雏鸽危害较大,而且还是鸽痘和鸽疟疾等多种疾病的传播者。传播的主要途径是直接接触或间接接触而传染。

2. 症状及病理变化

鸽虱蝇主要寄生在鸽体羽毛间,行动快速,以吸鸽血为生,使鸽皮肤瘙痒,骚动不安,用喙啄羽毛,贫血,消瘦,发育受阻。

3. 诊断

根据鸽出现瘙痒,并啄羽翼、贫血、消瘦等临床症状怀疑为鸽虱蝇,确诊则需要在羽毛间能够找到棕色活动的虫体。

【防治处理】

1. 治疗原则及方法

(1) 治疗方法 对患有鸽虱蝇的鸽群可参照鸽羽虱的治疗方法,也可用除虫菊酯喷杀,最好每隔3周用药一次;也可用滑石粉90%～95%加上5%～10%的硫黄粉,揉搓鸽的皮肤或放入巢窝内。

同时鸽巢、鸽笼及周围环境应保证清洁卫生,及时清理脏的巢草并烧毁,并用杀虫药喷洒笼舍、墙缝、巢窝等,做好消毒工作。

(2) 注意事项

① 用杀螨剂治疗要严格控制剂量,防止中毒。

② 鸽虱蝇是鸽痘和鸽疟疾等多种疾病的传播者,应做好防治工作。

2. 预防

(1) 搞好环境卫生,让鸽勤洗澡,对鸽食、鸽巢、运动场及用具进行消毒。

(2) 新引进的鸽做好隔离、检疫;定期进行预防性治疗和消毒。

实践活动二十一　宠物常见蜱螨及昆虫的形态观察

【知识目标】

1. 掌握犬、猫疥螨、耳痒螨、蚤和虱的主要形态特点。

2. 掌握观赏鸟常见螨、鸽虱和鸽虱蝇的主要形态特点。

【技能目标】

1. 能够准确识别犬、猫疥螨、耳痒螨、蚤、虱。
2. 能准确识别观赏鸟常见螨、鸽虱和鸽虱蝇。

【实践内容】

1. 犬、猫常见螨、蚤和虱的形态观察。
2. 观赏鸟常见螨和虱、虱蝇形态观察。

【材料准备】

（1）挂图　疥螨、痒螨、蠕形螨、犬蚤、虱及鸽虱、鸽虱蝇的形态构造图。

（2）标本　上述虫体的浸渍标本和制片标本。

（3）器材　显微投影仪、多媒体投影仪、平皿、放大镜、显微镜。

【方法步骤】

（1）示教讲解　教师用显微镜投影仪或多媒体投影仪，讲解蜱的形态特征及鉴别要点；讲解疥螨、痒螨、蠕形螨的形态特点，重点讲解疥螨与痒螨的主要形态区别。

（2）硬蜱观察　取硬蜱浸渍标本置于平皿，在放大镜下观察其形态构造。然后在显微镜下观察，注意假头的长短、假头基的形状、眼的有无、盾板形状和大小及有无花斑、须肢的长短和形状等。

（3）螨类的观察　取痒螨、疥螨、蠕形螨标本，在显微镜下观察其大小、形状、口器形状、肢的长短、肢端吸盘的有无、交合吸盘的有无等。

（4）虱的观察　取虱标本，观察外部一般形态。

（5）蚤的观察　取蚤的浸渍标本，观察外部一般形态。

【实践报告】

1. 说出犬疥螨的形态特征。
2. 说出犬虱的形态特征。

【参考资料】

一、犬、猫常见蜱螨和昆虫的形态

1. 犬疥螨

疥螨呈圆形，微黄白色，背面隆起，腹面扁平。雌螨体长 0.30~0.40mm，雄螨体长 0.19~0.23mm。躯体可分为两部（无明显界限），前为背胸部，有第 1 对足和第 2 对足，后为背腹部，有第 3 对足和第 4 对足，体背面有细横纹、锥突、圆锥形鳞片和刚毛。口器为咀嚼式；假头后方有一对短粗的垂直刚毛，背胸上有一块长方形的胸甲。肛门位于背腹部后端的边缘上。躯体腹面有 4 对短粗的足，第 3、4 对足不突出体缘。在雄螨的第 1、2、4 对足上，雌螨在第 1、2 对足上各有一个盂状吸盘，长在一根中等长短的盘柄的末端。在雄螨的第 3 对足和雌螨的第 3、4 对足的末端，各有一根长刚毛（图 13-1）。

2. 犬蠕形螨

犬蠕形螨细长，呈蠕虫状，半透明乳白色，雄螨体长为 0.22~0.25mm，宽约 0.04mm，雌螨

 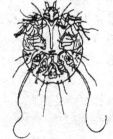

(a) 疥螨雌虫背面　　(b) 疥螨雄虫腹面

图 13-1　疥螨

(引自：张宏伟. 动物寄生虫病.
北京：中国农业出版社，2006)

长 0.25～0.3mm，宽 0.14mm。虫体分为前、中、后三部分，口器位于前部，呈蹄铁状突出，其中含 1 对三节组成的须肢，1 对刺状肢和 1 个口下板，中部有 4 对很短的足。后部细长，上有横纹密布。雄虫的生殖孔开口于背面，雌虫的生殖孔开口在腹面（图 13-2）。

3. 犬耳痒螨

犬耳痒螨呈椭圆形，雄虫体长 0.35～0.38mm，雌虫体长是 0.46～0.53mm，口器短圆锥形，刺吸式，4 对肢较长。雄螨每对肢末端和雌螨第 1、2 对肢末端均有带柄的吸盘，柄短，不分节。雌螨第 4 对肢不发达，不突出于体缘。雄螨尾突不发达，上具有长毛（图 13-3）。

图 13-2　犬蠕形螨腹面
（引自：张西臣. 动物寄生虫病.
长春：吉林人民出版社，2001）

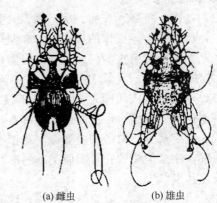

(a) 雌虫　　　(b) 雄虫

图 13-3　犬耳痒螨
（引自：张西臣. 动物寄生虫病.
长春：吉林人民出版社，2001）

4. 蚤

蚤目昆虫一般称为跳蚤。栉首蚤的个体大小变化较大，雌蚤长，有时可超过 2.5mm，雄蚤则不足 1.0mm，两性之间大小可相差一倍。雌蚤吸血后腹部不膨大，跳跃能力极强。蚤为深褐色，体表有较厚的几丁质外皮，刺吸式口器。头小，与胸紧密相连。触角短而粗，分 3 节，平卧于触角沟内。胸部小，有能活动的 3 个胸节。足大而粗，基节甚大，有 5 个跗节，上有粗爪。腹部由 10 节组成，通常只见前 7 节，后 3 节变为外生殖器。卵呈白色、小球形。

5. 虱

犬棘颚虱（*Linognathus setosus*）属于血虱亚目颚虱科颚虱属，呈淡黄色，刺吸式口器，头圆锥形，较胸部狭窄，腹大于胸，触角短，通常由 5 节组成，眼退化，3 对足较粗短，其末端有一强大的爪，腹部有 11 节，第 1、2 节多消失。雄虱长 1.75mm，末端圆形，雌虱长 2.02mm，末端分叉。虫体以血液、淋巴为食。

犬啮毛虱（*Trichodecs canis*）属于食毛亚目毛虱科毛虱属，呈淡黄褐色，具褐色斑纹，咀嚼式口器，头扁圆宽于胸部，腹大于胸，腹部明显可见由 8～9 节组成，每一腹节的背面后缘均有成列的鬃毛。触角 1 对，3 对足较细小，足末端有一爪。雄虱长 1.74mm，雌虱长 1.92mm。不吸血，以毛、皮屑等为食。

寄生于猫的虱主要是近状猫毛虱（*Felicola subrostatus*），属于毛虱科毛虱属，虫体呈淡黄色，腹部白色，并具明显的黄褐色带纹，咀嚼式口器，头呈五角形，较犬啮毛虱稍尖些，胸较宽，有触角 1 对，足 3 对。以皮肤碎屑为食。

二、观赏鸟常见螨的形态

1. 皮刺螨

又称鸡螨、红螨。虫体呈长椭圆形，后部稍宽，体长 0.6～0.75mm，体表布满短绒毛，吸饱血后虫体由灰白色转为红色，体长可达 1.5mm。刺吸式口器，一对螯肢呈细长针状，以此穿刺皮肤吸血。腹面有 4 对长肢，肢端有吸盘。

2. 突变膝螨

虫体很小，椭圆形，雄虫长 0.19～0.2mm，宽 0.12～0.13mm。足较长，足端各有一个吸盘，雌虫大小为 0.41～0.44mm，宽 0.33～0.38mm，近似圆形，足极短，足端均无吸盘。雌虫和雄虫的肛门均位于体末端。

实践活动二十二 螨病的实验室诊断技术

【知识目标】
1. 认识犬疥螨的形态，掌握其诊断方法的主要原理。
2. 认识犬蠕形螨的形态，掌握其诊断方法的主要原理。

【技能目标】
1. 会对犬疥螨进行实验室诊断。
2. 会对犬蠕形螨进行实验室诊断。

【实践内容】
1. 犬疥螨的实验室常用诊断操作。
2. 犬蠕形螨的实验室常用诊断操作。

【材料准备】
(1) 器材　显微镜、实体显微镜、手持放大镜、平皿、试管、试管夹、手术刀、镊子、载玻片、盖玻片、温度计、带胶乳头移液管、离心机、污物缸、纱布。
(2) 药品　5%氢氧化钠溶液，60%硫代硫酸钠溶液、煤油。
(3) 病料　患蠕形螨、疥螨的病犬或含螨病料。

【方法步骤】

1. 犬疥螨的检查

(1) 病料的收集　应在患病皮肤与健康皮肤的交界处进行刮取，虫体在这里存在的最多。先将患部剪毛，用凸刃外科刀，在酒精灯上消毒，使刀刃与皮肤表面垂直，尽力刮取皮屑，一直刮到带有血迹为止，甚至有点轻微出血最好。此点对检查寄生于皮内的疥螨尤为重要。切不可轻轻地刮取一些皮肤污垢供检查，这样往往检不到虫体而发生误诊。被刮部的皮肤用碘酊消毒，并将刮取物盛于平皿或试管内留供镜检或制备标本。

在野外工作时，为避免所刮下皮屑被风吹走，可先于刀刃上蘸一些50%甘油、煤油或5%氢氧化钠溶液，以便皮屑黏附在刀上，然后收集在玻璃容器内，带回检查。

(2) 检查方法

① 直接检查法（肉眼检查法）　此法是在没有显微镜条件下，将刮下的干燥皮屑放于黑纸或下部衬以黑纸的培养皿上，置温箱中（30～40℃）或用白炽灯照射一段时间后，用肉眼或借助放大镜观察，可见在黑色背景上有黄白色针尖大小的点状物在移动。此法较适用于体形较大的螨（如痒螨）。

② 显微镜直接检查法 将刮下的皮屑置于载玻片上，滴加煤油，覆以盖玻片，搓压盖玻片使病料散开，置显微镜下观察。煤油有透明皮屑的作用，使其中虫体易被发现，但虫体在煤油中易于死亡。如欲观察活螨，可将10%氢氧化钠溶液、液体石蜡或50%甘油水溶液滴于病料上，在这些溶液中虫体短期内不会死亡，易于观察其活动情况。

③ 螨虫浓集法 为了在较多的病料中，检出其中较少的虫体，可采用浓集法提高检出率。即取较多病料，置于试管内，加入10%氢氧化钠溶液，浸泡过夜（若急待检查可在酒精灯上加热煮沸数分钟），使皮屑溶解，虫体自皮屑中分离出来，而后待其自然沉淀（或以2000r/min的速度离心沉淀5min），虫体即沉于管底，弃去上层液，吸取沉渣镜检。

也可采用上述方法的病料加热溶解离心后，倒去上层液，再加入60%硫代硫酸钠溶液，充分混匀后再离心2~3min，螨体即漂浮于液面，用金属圈蘸取表面薄膜，抖落于载玻片上，加盖玻片镜检。

④ 温水检查法 即用幼虫分离法装置，将刮取物放在盛有40℃左右温水的漏斗上的铜筛中，经0.5~1h，由于温热作用，螨从痂皮中爬出集成小团沉于管底，取沉淀物进行检查。

也可将病料浸入40~45℃的温水里，置恒温箱中，1~2h后，将其倾在表玻璃上，解剖镜下检查。活螨在温热的作用下由皮屑内爬出，集结成团，沉于水底部。

⑤ 培养皿内加温法 将刮取的干病料放于培养皿内，加盖。将培养皿用40~50℃的温水杯加温10~15min后，将皿翻转，则虫体与少量皮屑黏附于皿底，大量皮屑落于皿盖上，取皿底检查。皿盖可继续加温，再过15min后，仍可有虫体黏附于皿底部。以上操作可反复进行。此法可在镜下收集到与皮屑分离的虫体，供制玻片标本用。

2. 犬蠕形螨的检查

(1) 病料采取 蠕形螨寄生在毛囊内，检查时先在动物四肢的外侧和腹部两侧、背部、眼眶四周、颊部和鼻部的皮肤上按摸是否有砂粒样或黄豆大的结节。如有，则用力挤压或用小刀切开挤压，看到有脓性分泌物或淡黄色干酪样团块时，则可将其挑在载片上。

(2) 检查方法 在有病料的载片上滴加生理盐水1~2滴，均匀涂成薄片，上覆盖玻片，在显微镜下进行观察。

【实践报告】

叙述犬疥螨病的实验室诊断操作过程。

【项目小结】

本项目主要介绍了犬、猫及观赏鸟的常见外寄生虫病，也是临床上常见而严重的皮肤病。各外寄生虫病主要由诊断处理及防治处理两部分组成，内容侧重于实验室诊断、临床治疗措施等。对一些临床上常见的外寄生虫病如疥螨病、蠕形螨病、耳痒螨病等做了详细的介绍，特别是诊疗所需的实用方法、最新技术以及诊治时的注意事项也做了较为详细的描述。

【复习思考题】

1. 犬猫常见寄生虫性皮肤病有哪些？
2. 简述螨病的实验室诊断技术要点。
3. 简述疥螨病和蠕形螨病的诊断和防治。
4. 在临床上，为什么寄生虫性皮肤病的治疗时间往往都比较长？
5. 观赏鸟常见外寄生虫病有哪些？

项目十四　宠物原虫病的诊断与防治

【知识目标】
1. 了解原虫的形态构造和生殖方式。
2. 了解宠物常见原虫病的种类。
3. 了解犬、猫和观赏鸟常见原虫病的诊断要点。
4. 了解犬、猫和观赏鸟常见原虫病的综合治疗措施及预防措施。

【技能目标】
1. 能结合实际病例，对宠物常见原虫病的症状进行判断。
2. 能对重要原虫病的诊断所需病料进行采集、检验等操作。
3. 能对球虫病、弓形虫病进行临床诊断及实验室诊断处理。
4. 能根据不同疫病特点实施有针对性的防疫措施。

单元一　了解原虫

原虫在自然界分布广泛，种类繁多，迄今已发现65000余种，多数营自生或腐生生活，分布在海洋、土壤、水体或腐败物内。有近万种为寄生性原虫生活在动物体内或体表。其中的一些种类以其独特的生物学特性和传播规律危害人群或动物，构成广泛的区域性流行。

一、原虫的形态构造

1. 原虫的形态特征

原生动物又称原虫，是一类最原始、最简单、最低等的单细胞真核动物，外形多样，呈球形、卵圆形或不规则。其形态具有以下基本特征。

（1）体形微小　原生动物个体大小从几微米到1000μm不等，一般在10～100μm，大部分需借助显微镜才能观察到。

（2）单细胞　一个原生动物就是一个真核细胞。它含有与多细胞生物细胞基本单元相似的结构组分，如细胞膜、细胞核、细胞质、线粒体、内质网等。在功能上，它是一个独立的生物体，能进行相似于一个多细胞生物体的独立生活，诸如运动、摄食、消化、生殖等全部生命活动。

（3）身体结构简单和生理功能的原始性　原生动物体的结构比其他多细胞生物低得多，原生动物仅发生了细胞内的分化，由其细胞质分化产生各种"小器官"，无细胞间的分化和由不同细胞组成的种种组织器官和系统等。原生动物的生理功能是由单一细胞完成的，原始而简单，不像多细胞生物体行使多种统一、复杂、整体性的生理功能。

（4）具有"动物性"特征　大部分原生动物在生命活动中采取异常营养方式，靠主动运送获取其他生物体物质来取得能量和建造自身物质的材料，具有与其他动物相同的特征。

2. 原虫的结构特征

原虫由胞膜、胞质和胞核三部分构成。

（1）胞膜　亦称表膜或质膜，在电镜下观察，胞膜由一层或一层以上单位膜构成，是一种具有可塑性、流动性和不对称性的、嵌有蛋白质的脂质双分子层结构。胞膜参与原虫的营养、排泄、运动、感觉、侵袭以及逃避宿主免疫效应等多种生物学功能，对研究寄生虫与宿主相互关系具有重要意义。

（2）胞质　原虫的胞质由基质、细胞器和内含物组成。原虫的代谢和营养贮存均在胞质内进行。

① 基质　基质的主要成分是蛋白质。大多数原虫的胞质有内、外质之分。外质透明，呈凝胶状，具有运动、摄食、排泄、呼吸、感觉及保护等生理功能；内质为溶胶状，细胞器、内含物和细胞核含于其内。少数原虫的胞质无内、外质之分，是均匀一致的。

② 细胞器　大多数原虫具有线粒体、内质网、高尔基体、溶酶体、动基体等膜质细胞器。它们主要参与细胞的能量合成代谢。细胞器可因虫种而不同。有的原虫因生理机能的分化而形成运动、保护、附着、消化等细胞器，其中以运动细胞器较为突出，也是分类的主要特征。

此外，一些原虫还具有伪足、鞭毛和纤毛三种运动细胞器。具有相应细胞器的原虫，分别称为阿米巴、鞭毛虫或纤毛虫。

原虫的营养细胞器包括胞口、胞咽、胞肛等，其主要功能是摄食和排出废物。寄生性纤毛虫体内含伸缩泡，为一种呈周期性收缩和舒张的泡状结构，具有调节细胞内外水分的功能。

③ 内含物　原虫胞质内有时可见多种内含物，包括各种食物泡、淀粉泡、拟染色体等营养贮存小体，以及原虫的代谢产物（如疟原虫的疟色素）和共生物（如病毒）等。特殊的内含物也可作为虫种的鉴别标志。

（3）胞核　原虫属真核生物，细胞核是维持原虫生命和繁殖的重要结构。细胞核由核膜、核质、核仁和染色质构成。原虫的营养期大多只含一个核，少数可有两个或更多。一般仅在核分裂期核染色质才浓集为染色体，展示染色体核型的形态学特征。经染色后的细胞核形态特征是原虫病原学诊断的重要依据。

二、原虫的生殖方式

一个原虫个体，发育到一定大小和一定时间后，就开始繁殖。原虫的生殖方式包括无性生殖和有性生殖两种主要方式。

1. 无性生殖

又有二分裂、裂殖生殖、孢子生殖和出芽生殖等多种形式。

（1）二分裂　分裂由毛基体开始，依次为动基体、核、细胞，形成两个大小相等的新个体。鞭毛虫为纵二分裂，纤毛虫为横二分裂。

（2）裂殖生殖　亦称复分裂。细胞核先反复分裂，胞浆向核周围集中，产生大量子代细胞。其母体称为裂殖体，后代称为裂殖子。1个裂殖体内可含有数十个裂殖子。球虫常以此方式繁殖。例如，疟原虫在红细胞内期寄生时的裂体增殖即属此种方式。

（3）孢子生殖　是在有性生殖的配子生殖阶段形成合子后，合子所进行的复分裂。孢子体可形成多个子孢子。

（4）出芽生殖　母体细胞先经过不均等细胞分裂产生一个或多个芽体，再分化发育成新个体，即为出芽生殖。可分为"外出芽"和"内出芽"两种方式。外出芽生殖是从母细胞边缘分裂出一个子个体，脱离母体后形成新的个体。内出芽生殖是在母细胞内形成两个子细胞，子细胞成熟后，母细胞破裂释放出两个新个体。如疟原虫在蚊体内的成孢子细胞以外出芽法繁殖，发育成子孢子。而弓形虫的滋养体则是以"内出芽"法进行生殖的。

2. 有性生殖

是原虫的一种重要生殖方式。许多原虫的有性生殖过程是个体正常生活史中的一个阶段，往往与无性生殖阶段交替进行。有性生殖分为较低级的结合生殖和较高级的配子生殖两种方式。

（1）结合生殖　两个虫体结合，进行核质交换，核重建后分离，成为两个含有新核的个体。多见于纤毛虫。

（2）配子生殖　虫体在裂殖生殖过程中出现性分化，一部分裂殖体形成大配子体（雌性），一部分形成小配子体（雄性）。大、小配子体发育成熟后分别形成大、小配子，小配子进入大配子内，结合形成合子。1个小配子体可产生若干小配子，而1个大配子体只产生1个大配子。如，疟原虫在蚊体内的发育。

有些原虫的正常生活史具有无性生殖和有性生殖两种方式交替进行的世代交替生殖方式。如疟原虫在人体内行无性生殖，而在蚊体内则行有性生殖。

三、生活史类型

原虫的生活史包括了原虫生长、发育和繁殖等各个发育阶段，亦即虫体从一个宿主传播到另一个宿主的全过程。这一过程也就是原虫所导致的疾病的传播过程，在流行病学上具有重要意义。根据医学原虫传播方式的不同，可将其生活史分为如下三种类型。

（1）直接或间接传播型　此类原虫生活史简单，完成生活史只需一个宿主。但有两种情况：整个生活史只有一个发育阶段，即滋养体。此阶段对外界的抵抗力较强，一般以直接接触的方式传播，如阴道毛滴虫；生活史有滋养体和包囊两个阶段，滋养体具有运动和摄食功能，为原虫的生长、发育和繁殖阶段；包囊则处于静止状态，是原虫的感染阶段。一般通过饮水或食物进行传播。如多数肠道寄生阿米巴和鞭毛虫即属于此种类型。

（2）循环传播型　此类原虫在完成生活史和传播过程中，需要一种以上的脊椎动物宿主作为终末宿主和中间宿主，其感染阶段可在两者之间进行传播。不需要无脊椎动物宿主。如刚地弓形虫，可在终末宿主（猫或猫科动物）和中间宿主（人和多种动物）之间传播。

（3）虫媒传播型　此类原虫只有在媒介昆虫体内才能发育至感染阶段。如不同种的疟原虫，只有在相应媒介蚊种吸血时将其吸入体内，最终发育成感染阶段——子孢子才能感染人体。

单元二　犬、猫原虫病

犬、猫等孢球虫病

【诊断处理】

1. 生活史及流行特点

犬、猫等孢球虫病是由艾美耳科等孢属的球虫寄生于犬和猫的小肠和大肠黏膜上皮细胞内所引起的疾病。犬、猫等孢球虫主要有犬等孢球虫、俄亥俄等孢球虫、伯氏等孢球虫、猫等孢球虫和芮氏等孢球虫。

上述几种球虫的生活史基本相似，可以分为3个阶段，即裂殖生殖、配子生殖、孢子生殖。随粪便排出的卵囊内含有一团卵囊质，此时的卵囊不具有感染能力。在外界适宜的条件下，经过一定的时间完成孢子生殖，即孢子化，卵囊质发育为2个孢子囊，每个孢子囊内发育出4个香蕉形的子孢子,称为孢子化卵囊,对犬、猫等具有感染能力,吞食后而感染。子孢子在小肠内释出,侵入小肠或大肠上皮细胞,进行裂殖生殖,即首先发育为裂殖体,其内含有8~12个或更多的裂殖子。裂殖体成熟后破裂,释出的裂殖子侵入新的上皮细胞,再发育为裂殖体。经过3代或更多的裂殖发育后,进入配子生殖阶段。一部分裂殖子先后发育为大配子体、大配子,一部分先后发育为小配子体、小配子,大配子与小配子结合后形成合子,合子迅速形成被膜后即为卵囊,卵囊随粪便排出体外。动物从感染孢子化卵囊到排出卵囊的时间(潜隐期)为9~11天。一定时间后,如不发生重复感染,动物可以自动停止排出卵囊。

各种品种的犬、猫对等孢球虫都有易感性。但成年动物主要是带虫者,他们是主要的传染源。犬、猫等孢球虫病主要发生于幼龄动物。本病的感染途径主要是食物和饮水。仔犬和幼猫主要是在哺乳时吃入母体乳房上孢子化卵囊而感染。

2. 症状及病理变化

球虫的主要致病作用是破坏肠黏膜上皮细胞。由于球虫的裂殖生殖和配子生殖均在上皮细胞内完成,所以当裂殖体和卵囊释出的时候,可以引起大量肠上皮细胞的破坏,导致出血性肠炎和肠黏膜上皮细胞脱落。

轻度感染时,一般不表现症状。严重感染者,患病动物于感染后3~6天发生水泻或血便,轻度发热,精神沉郁,食欲减退,消化不良,消瘦,贫血。感染3周以后,症状自行消失,大多数可以自然康复。

3. 诊断

根据症状和病理变化可作出初步诊断,粪便检查发现卵囊可以确诊。在感染初期,因卵囊尚未形成而不能检出。此时,可刮取肠黏膜做成压片,在显微镜下检查裂殖体。

等孢球虫的形态:卵囊椭圆形,大小为(35~42)$\mu m \times$(27~33)μm,囊壁薄而光滑,无色或淡绿色。孢子化卵囊内含2个孢子囊,每个孢子囊内含4个香蕉形的子孢子,无卵膜孔、极粒和卵囊残体。孢子囊呈椭圆形,无斯氏体,有孢子囊残体。

【防治处理】

1. 治疗方法

(1)磺胺六甲氧嘧啶 每千克体重50mg,每日1次,连用7天。

(2)磺胺二甲氧嘧啶+甲氧苄氨嘧啶 前者按每千克体重55mg,后者按每千克体重10mg,每日2次,口服。连用5~7天。也可用药直到症状消失。上述磺胺类药物也可与增效剂联合应用。

(3)氨丙啉 每千克体重110~220mg混入食物,连用7~12天。当出现呕吐等不良反应时,应停止使用。

(4)呋喃唑酮 每日按每千克体重1.25mg,内服,连用7~12天。

临床上对脱水严重的犬、猫要及时补液。贫血严重的病例也要进行输血治疗。

2. 预防

为防止本病的发生,平时应保持犬、猫房舍的干燥,做好食具和饮水器具的清洁卫生。药物预防:可让母犬产前10天用900mg/L的氨丙啉饮水,初产仔犬也可饮用7~10天。

犬巴贝斯虫病

【诊断处理】

1. 生活史及流行特点

犬巴贝斯虫病是由巴贝斯科巴贝斯属的原虫寄生于犬的红细胞内引起的犬的发热性蜱传

性疾病。我国主要为犬巴贝斯虫和吉氏巴贝斯虫。

犬巴贝斯虫病的传播媒介是多种硬蜱。当具有感染性的蜱叮咬犬体时，存在于蜱唾液腺中的具有感染性的子孢子随蜱的唾液进入宿主体内，在犬体内的巴贝斯虫主要寄生于红细胞内，在红细胞内进行裂殖生殖或二分裂法生殖。最多的时候，在一个红细胞内可见16个裂殖子，但通常情况下一个红细胞内只有一个或两个裂殖子。当蜱吸食了含虫血后，巴贝斯虫在蜱的肠上皮细胞内进行有性生殖，之后穿过肠壁进行血液或淋巴循环播散全身各组织。由于巴贝斯虫复杂的生活史同时包括期间传播和经卵传播，因此推测巴贝斯虫在蜱的下一个变态期或蜱卵胚胎内继续进行繁殖并在感染性阶段时在唾液腺内发育为具有感染性的子孢子。

吉氏巴贝斯虫的传播媒介为长角血蜱、镰形扇头蜱和血红扇头蜱，以卵传播和期间传播两种方式进行传播，最初认为只存在于南非、印度、斯里兰卡、马来西亚等地，近年来，欧洲、美国及远东地区均有报道。事实上，吉氏巴贝斯虫和犬巴贝斯虫常常混合感染，只是由于吉氏巴贝斯虫较小和引起的临床危害较轻而常被忽视。

犬巴贝斯虫的传播媒介为血红扇头蜱、网纹革蜱、李氏血蜱、安氏革蜱和边缘璃眼蜱。在自然条件下，成蜱是最重要的传播者，但是幼蜱、若蜱也可传播犬巴贝斯虫。犬巴贝斯虫也是以经卵传播和期间传播两种方式进行传播。其地理分布范围较广，覆盖了欧洲南部、非洲、美洲以及亚洲的印度等地的大部分地区。本病在我国江苏、河南和湖北的部分地区呈地方流行性。它对良种犬，尤其是军犬、警犬和猎犬危害很大。

2. 症状及病理变化

巴贝斯虫的致病作用首先表现为对红细胞的破坏。虫体在红细胞内寄生和繁殖的过程中，会造成红细胞大量破坏，发生溶血性贫血，致使病畜结膜苍白和黄染；染虫红细胞和非染虫红细胞大量发生凝集及附着毛细血管内皮细胞，致使循环血液中红细胞数和血红蛋白量显著降低，血液稀薄，从而进一步引起动物机体组织供氧不足，正常的氧化-还原过程破坏，全身代谢障碍和酸碱平衡失调，因而出现实质细胞如肝细胞、心肌细胞、肾小管上皮细胞变性，甚至坏死，某些组织淤血、水肿；加之虫体毒素和代谢产物在体内蓄积，可作用于中枢神经系统和植物神经系统，引起动物体外调节中枢的调节功能障碍及植物神经机能紊乱，动物出现高热、昏迷。上述病变和症状随高温的持续和虫体的进一步增殖而加重，最后因严重贫血、缺氧、全身中毒和肺水肿而死亡。

吉氏巴贝斯虫病常呈慢性经过。潜伏期为14～28天。发病初期，患犬精神沉郁，不愿运动，走路时四肢无力，身躯摇晃。体温升高至40～41℃，持续3～5天后转至正常，5～7天后再次升高，呈不规则间歇热型。病犬食欲逐渐减少或废绝，可视黏膜苍白至黄染。尿呈黄色，有时出血或为血红蛋白尿。部分病犬有呕吐症状，眼有炎性分泌物。触诊脾脏肿大；肾脏（单或双侧）肿大且有痛感。

犬巴贝斯虫病分急性型和慢性型。急性型犬巴贝斯虫病的潜伏期为2～10天，病犬初期表现为体温升高，在2～3天内达到40～43℃，随后食欲降低至废绝，呼吸和脉搏加快，可视黏膜由淡红色、苍白逐渐黄染。部分病犬出现尿出血和血红蛋白尿。有的病犬脾脏肿大。慢性型犬巴贝斯虫病只在初期体温升高，少数病例会出现间歇热。病犬渐进性贫血，但通常无黄疸。尽管食欲正常，但精神不振，极度消瘦。尿中含有蛋白，红细胞数可减少至正常值的1/5～1/4，白细胞数增加。如病犬耐过，贫血可在3～6周后逐渐消失。耐过的病犬常带虫免疫，长者可达2年。

3. 诊断

根据流行病学和临床症状可以作出初步诊断，确诊需进行病原学检查。

采集外周末梢血液制成薄血涂片，甲醇固定后姬姆萨染色镜检，发现红细胞内有特征性虫体，即可得出诊断结论。

吉氏巴贝斯虫在红细胞内呈多形性，多位于红细胞边缘或偏中央，以圆点状、指环形及小杆形为最多见，偶尔可见十字形的四分裂虫体和成对的小梨籽形虫体。在感染初期，虫体均呈圆点状，细胞核几乎充满整个细胞，以后胞浆开始增多，核逐渐移向边缘。部分虫体转化为指环形，即染色质位于虫体的边缘，着色较深，而虫体大部分着色较浅；部分虫体转化为小杆形，即两端着色较深，中央着色较浅，呈巴氏杆菌样。在一个红细胞内可寄生有 1~13 个虫体，以寄生 1~2 个虫体者较多见。

犬巴贝斯虫是一种大型的虫体，虫体长度大于红细胞半径，大小为 $5.0\mu m \times (2.5\sim 3.0)\mu m$，其形态有梨籽形、圆形、椭圆形及不规则形等。典型的形状是双梨籽形，尖端以锐角相连，每个虫体内有一团染色质块。虫体经姬氏染色后，胞浆呈淡蓝色，染色质呈紫红色。虫体形态随病情的发展而有变化，虫体开始出现时以单个虫体为主，随后双梨籽形虫体所占比例逐渐增多。

由于巴贝斯虫具有在毛细血管内皮聚集的特性，因此往往第一滴血具有较高的检出率。体外培养技术和 PCR 技术都具有较高的检出率，但只能在有条件的实验室进行。

【防治处理】

1. 治疗方法

① 硫酸喹啉脲　每千克体重 0.5mg，皮下注射。对早期病例疗效较好。如出现兴奋为主的不良反应，可将剂量减少为每千克体重 0.3mg，多次给药。

② 三氮脒　每千克体重 11mg，配成 1% 溶液，皮下或肌内注射，间隔 5 天再用药一次。同时，应根据相应症状对症治疗。

③ 咪唑苯脲　每千克体重 5mg，配成 10% 溶液，皮下或肌内注射，间隔 24h 重复 1 次。

2. 预防

预防的关键在于防止蜱的叮咬。在流行区内蜱活动季节，当犬进行户外活动时，应主要观察犬体上的蜱，采用人工摘除或化学药物法灭蜱。对于新引进的犬可以注射咪唑苯脲进行预防。也可以给犬带上驱蜱项圈，预防期可达 3 个月。

在免疫预防方面，法国利用犬巴贝斯虫体外培养可溶性抗原生产的疫苗已经商品化，临床应用的保护率超过 80%。我国还没有相关的疫苗。

利什曼原虫病

【诊断处理】

1. 生活史及流行特点

利什曼原虫病又称黑热病，虫体寄生在网状内皮细胞内，由吸血昆虫白蛉传播。是流行于人、犬以及多种野生动物的重要人兽共患寄生虫病。曾流行于我国长江以北的 15 个省市自治区，曾是我国人群中五大寄生虫之一。近年来，主要发生于新疆、内蒙古、甘肃、四川、陕西、山西 6 个省、自治区。新疆和内蒙古均证实有黑热病自然疫源地存在。

利什曼原虫是犬临床疾病的常见病因，但猫少见。在利什曼原虫病呈地方流行的许多国家，感染犬常作为人利什曼原虫病的贮存宿主。

虫体被白蛉吸入后，在其肠内繁殖，形成前鞭毛型虫体，呈柳叶形，动基体前移至核前方，有 1 根鞭毛，无波动膜。7~8 天后返回口腔。白蛉再次吸血时使宿主感染。

白蛉在野生动物或家畜和人之间传播利什曼原虫。我国山丘疫区，犬内脏利什曼病较为常见，且当地黑热病病例增多常与犬利什曼病感染率的上升有着密切关系。野生和家养犬是人内脏型利什曼病的主要贮存宿主。猫是唯一很少感染利什曼原虫的动物。

2. 症状及病理变化

（1）犬 利什曼原虫感染常引起慢性综合征。潜伏期从3个月至7年。症状变化很大，开始常有轻微的渐进性精神沉郁和隐性的运动耐力下降。

有明显利什曼原虫病的犬几乎90%有皮肤病变。在病的其他症状缺乏时可能发生皮肤异常，但是有利什曼原虫病皮肤表现的任何动物推测应该有内脏病变，因为在皮肤病变出现之前虫体常已散布全身。皮肤病特征和范围变化很大但是罕见瘙痒。绝大多数犬出现渐进性和大面积对称性脱发，干性脱屑，常始于头部并波及身体其他部位。此外，某些动物出现溃疡，特别见于鼻子、耳廓，或鼻口部或足垫部粗糙。不常出现的病变有皮肤黏膜溃疡、皮肤结节或脓疱疹。某些犬出现眼睛病变，包括角膜结膜炎、肉芽肿性葡萄膜炎等。异常长或易碎的趾甲（弯曲爪），相当特异的症状，见于少数病犬。

体重降低或肌肉萎缩是内脏型利什曼原虫病最常见症状。某些犬尽管贪吃而仍有体重降低，但是体重严重降低常与厌食和肾衰竭的其他症状，包括精神沉郁、尿频、多饮和呕吐相关。可能发生短暂的腹泻。

病症显著者，身体活动明显减少并与昏睡、耐力降低和运动紊乱相关。后者可能是由于神经痛、多关节炎、多肌炎、足垫裂口、趾间溃疡，甚至出现溶骨病变或增生性骨膜炎。体温可能波动，但常常表现正常或低热。免疫抑制可能促使并发感染的出现。因此，临床表现可能因犬蠕形螨病、脓皮病、胃肠道病、肺炎等而复杂化。如果利什曼感染发生在埃利希体、巴贝斯原虫和恶丝虫也有流行的区域，那么与这些病原的合并感染十分常见。

（2）猫 有临床表现的利什曼原虫病很少见，耳廓上的结节是唯一的始发临床症状。

严重感染病犬出现恶病质。主要感染靶器官是皮肤和各个部位的单核巨噬系统的各种细胞。组织细胞、巨噬细胞（虫体可能寄生）、嗜酸性细胞、淋巴细胞和浆细胞等数量增加导致全身淋巴结肿大，偶见肝、脾肿大。各个器官，包括皮肤和肾脏可能出现小的浅色肉芽肿结节病灶。偶尔发生胃、肠和结肠的溃疡。偶见黏膜和浆膜上瘀点和瘀斑。肾脏病变包括肾小球肾炎、间质性肾炎，偶尔发生淀粉样变。淀粉样蛋白沉积也可能出现在其他器官。骨髓通常是红色而且丰富，但不能有效生成红细胞。某些病犬可能出现溶骨和骨膜增生过程。神经系统脉络膜丛中炎性细胞内可见到虫体。

3. 诊断

（1）临床实验室检测 伴随着目前诊断方法的准确性增加和疾病知识的增加，当蛋白尿、血小板减少症、氮质血症和高肌酸血症仍然没出现时，更易在较早阶段作出诊断。尿蛋白-肌酸酐比例和尿酶曾被推荐为判断感染动物肾脏损伤的实验指标。

（2）血清学试验 在补体结合反应、间接免疫荧光和ELISA方法基础上曾建立起大量的免疫学诊断学试验。在国外已有达到商业化应用的以稳定的纯化寄生虫蛋白质作诊断抗原的直接凝集试验，有很高的特异性和敏感性。

血清学试验可以证明抗体的存在但是不能证明活动性疾病。阳性效价强烈支持初步诊断结果，而仅依赖于实验方法的敏感性和特异性，可能会得到假阳性或假阴性结果。寄生利什曼原虫的某些犬可能不存在抗体，虽然有该病临床症状的犬很少出现这种情况。此外，外表健康的血清阳性犬10%～20%不出现临床症状而虫体暂时消失。

（3）虫体鉴定 该病的主要致病种为热带利什曼原虫、杜氏利什曼原虫、巴西利什曼原虫。虫体呈圆形或卵圆形，大小约$4\mu m \times 2\mu m$，一侧有一球形核，还有动基体和基轴线。在染色抹片中，虫体淡蓝色，核呈深红色，动基体为紫色或红色。

确定性诊断通常基于无鞭毛体细胞学或组织学来鉴定游离于细胞外的虫体或巨噬细胞、淋巴结或骨髓常规染色涂片中的虫体。组织中，如肝、脾的无鞭体检测实践中少用。活检样品的免疫过氧化物酶染色可能有利于皮肤病变中无鞭体鉴定。

PCR 检测骨髓和其他组织活检样品中的利什曼原虫 DNA 将来可能成为犬利什曼原虫病非常敏感和特异的常规诊断方法。

【防治处理】

1. 治疗方法

犬利什曼原虫病治疗难度较大，几乎没有一种药物可以完全清除虫体。疾病复发需重新治疗已成为一个规律。

锑酸葡胺和葡萄糖酸锑钠可用于犬利什曼原虫的治疗。需每日注射，而且有严重不良反应。虽然机制不清，但常采用每天轮换用药。锑剂可通过肌内注射、皮下注射或静脉注射。大腿肌内注射易于引起肌肉纤维化而导致严重的跛行。皮下注射可引起局部的炎性反应。静脉注射可能引起血栓性静脉炎以及血栓形成。锑酸葡胺按每千克体重 100mg 静脉注射，每日 1 次或分成每日 2 次皮下注射的剂量，其临床效果和寄生虫清除效果是一样的。

在某些犬，用锑酸葡胺治疗可改变病犬的免疫病理状况，可能会导致肉芽肿、皮肤结节和虹膜睫状体炎。

别嘌醇被胺化为腺苷的同类物并结合进 RNA，抑制虫体的繁殖。可以口服，不良反应很少。服用别嘌醇偶尔引起高黄嘌呤尿，可能产生尿结石病，同时摄入低蛋白食物可以预防。临床应用表明锑酸葡胺和别嘌醇合用比锑酸葡胺单独使用更易缓解病症并推迟复发。7mg/kg 的剂量，每日 3 次，在 3 周内使临床症状显著改变，虫体清除达到不可测的水平，完全康复很难。

如果犬有严重的肾衰竭，在用锑剂之前必须恢复液体平衡和酸碱平衡。在最初几天内应该给予较低剂量的抗微生物治疗和消炎，避免使用引起免疫抑制的糖皮质激素。在这些病例中优先选择低毒性的别嘌醇。

2. 预防

目前对于利什曼原虫病没有有效的预防药物和疫苗。在流行区域，该病预防困难，预防依赖于媒介昆虫的控制、贮存宿主的检测和消灭以及感染动物的早期检测和治疗。铲除白蛉滋生地可有效缩小疾病控制的范围。

保护个体犬的方法包括在媒介昆虫活动季节从日出前 1h 到黄昏后 1h 尽可能地限制动物在室内并使用驱虫剂、杀虫剂和细沙网以保持下水道和舍内没有白蛉。驱虫项圈可有效保护犬免受白蛉叮咬。不要携带宠物到利什曼原虫流行地区旅行或出差。

弓形虫病

【诊断处理】

1. 生活史及流行特点

弓形虫病又称弓形体病、弓浆虫病，是由住肉孢子虫科弓形虫属的刚地弓形虫寄生于宿主的有核细胞内引起的一种原虫病。此病是人畜共患病，人和 200 多种动物都可感染。猫是终末宿主，人、畜、禽及许多野生动物均为中间宿主。弓形虫对人畜的危害很大，在人体多为隐性感染；发病者临床表现复杂，其症状和体征又缺乏特异性，易造成误诊，主要侵犯眼、脑、心、肝、淋巴结等。孕妇受感染后，病原可通过胎盘感染胎儿，直接影响胎儿发育，致畸严重，其危险性较未感染孕妇大 10 倍，影响优生，成为人类先天性感染中最严重的疾病之一，已引起广泛重视。本病与艾滋病（AIDS）的关系亦密切。动物感染很普遍，多数呈隐性感染。

刚地弓形虫是由法国学者 Nicolle 和 Manceaux 于 1908 年在刚地梳趾鼠体内发现，并正式命名的。目前，大多数学者认为发现于世界各地人和动物的弓形虫只有一个种，但有不同的虫株。

弓形虫在不同发育阶段有不同的形态。在中间宿主体内有滋养体和包囊发育阶段，在终末宿主体内还有裂殖体、配子体和卵囊等发育阶段。滋养体、包囊和卵囊对中间宿主和终末宿主均具有感染性。

(1) 滋养体　又称速殖子，主要发生在急性病例或感染早期的腹水和有核细胞的胞浆里。呈弓形、月牙形或香蕉形，一端偏尖，另一端偏钝圆，平均大小为 $(4\sim7)\mu m\times(2\sim4)\mu m$。经姬姆萨染色或瑞氏染色后，胞浆呈淡蓝色，有颗粒。核呈深蓝色，偏于钝圆的一端。速殖子主要出现于急性病例的腹水中，常可见到游离的（细胞外的）单个虫体；在有核细胞（单核细胞、内皮细胞、淋巴细胞等）内可见到正在进行内出芽增殖的虫体；有时在宿主细胞的胞浆里，许多滋养体簇集在一起形成"假囊"。电镜观察可见有极环、类椎体、8～10条棒状体及高尔基体和线粒体等细胞器。

(2) 包囊　常发现在慢性病例或无症状病例的脑、骨骼肌、心、肺、肝、肾等组织内。呈卵圆形，有较厚的囊膜，囊中的虫体称为缓殖子，数目可由数十个至数千个；包囊的直径为 $50\sim60\mu m$，可在患畜体内长期存在，并随虫体的繁殖逐渐增大，可大至 $100\mu m$。包囊在某些情况下可破裂；虫体从包囊中逸出后进入新的细胞内繁殖，再度形成新的包囊。在机体内脑组织的包囊数可占包囊总数的 57.8%～86.4%。

(3) 裂殖体　寄生于猫的肠上皮细胞中。成熟的裂殖体呈圆形，直径为 $12\sim15\mu m$，内有 4～20 个裂殖子。游离的裂殖体大小为 $(7\sim10)\mu m\times(2.5\sim3.5)\mu m$，前端尖，后端圆，核呈卵圆形，常位于后端。

(4) 配子体　寄生于猫的肠上皮细胞中。经过数代裂殖生殖进入另一细胞内变为配子体，配子体有大小两种，大配子体的核致密，较小，含有着色明显的颗粒；小配子体色淡，核疏松，后期分裂形成许多小配子，每个小配子有 1 对鞭毛。大小配子结合形成合子，由合子形成卵囊。

(5) 卵囊　在猫的肠道上皮细胞中形成，细胞破裂后随猫粪排出。卵囊呈椭圆形，大小 $(11\sim14)\mu m\times(7\sim11)\mu m$。孢子化后每个卵囊内有 2 个孢子囊；每个孢子囊内有 4 个子孢子。子孢子一端尖，一端钝，其胞浆内含暗蓝色的核，靠近钝端。卵囊无微孔、极粒、斯氏体和外残体，有内残体。

弓形虫的全部发育过程需要两个宿主，在终末宿主（猫科中的猫属和山猫属）肠内进行球虫型发育，在中间宿主（哺乳类、鸟类等）体内进行肠外期发育。

(1) 在中间宿主体内的发育　中间宿主（包括人和多种动物）食入或饮入污染有孢子化卵囊或包囊的食物和水，或滋养体通过口、鼻、咽、呼吸道黏膜和皮肤伤口侵入中间宿主体内后，子孢子、速殖子和慢殖子侵入肠壁，再经淋巴、血液循环扩散至全身各组织器官，侵入有核细胞，在胞浆中以出芽或二分裂的方式进行繁殖。如果感染的虫株毒力很强，而且宿主又未能产生足够的免疫力，或者由于其他因素的作用，即可引起弓形虫病的急性发作；反之，如果虫株的毒力弱，宿主又能很快产生免疫力，则弓形虫的繁殖受阻，疾病发作得较缓慢，或者成为无症状的隐性感染，这时，存留的虫体就会在宿主的一些脏器组织（尤其是脑组织）中形成囊壁而成为包囊型虫体。当机体免疫功能低下时，组织内的包囊可破裂，释出慢殖子，进入血液和其他新的组织细胞形成包囊或假包囊继续发育繁殖。包囊有强大的抵抗力，能存活数月至数年或更长。

(2) 在终末宿主体内发育　猫吞食了弓形虫的包囊、假包囊或卵囊后，大部分子孢子、速殖子或慢殖子侵入小肠的上皮细胞，进行球虫型的发育和繁殖，经裂殖生殖和配子生殖最后产生卵囊。卵囊随猫的粪便排到外界,在适宜的环境条件下,经 2~4 天,经孢子生殖发育为感染性卵囊。也有一部分子孢子、速殖子或慢殖子侵入肠壁,进入淋巴、血液循环,被带到全身各脏器和组织,侵入有核细胞内进行同于中间宿主体内的无性增殖(又称弓形虫型增殖),最后形成包囊。因此,猫科动物是弓形虫的终末宿主,同时也是中间宿主。通常猫吞食包囊后 4~10 天就能排出卵囊,而吞食假包囊或卵囊后约需 20 天以上。受感染的猫一般每天排出 10 万~100 万个卵囊,排卵囊可持续 10~20 天。

本病分布于全世界,造成广泛流行的原因很多:其生活史各阶段皆有感染性,感染方式多样,除经口和损伤的皮肤、黏膜感染外,还可经胎盘感染;中间宿主广泛,可感染 140 余种哺乳动物;除终末宿主与中间宿主互相交替进行感染、传播外,也可在中间宿主之间、终末宿主之间相互传播;包囊可长期生存在中间宿主组织内;卵囊排放量大,且对环境的抵抗力也较大,对酸、碱、消毒剂均有相当强的抵抗力,室温下可生存 3~18 个月,在自然界常温、常湿条件下可存活 1~1.5 年,这也是猫在本病的传播上起着重要作用的原因。

动物感染很普遍,但多数为隐性感染。食肉的哺乳动物主要是吞入另一动物体内的虫体而感染。一般说来,弓形虫病的流行无严格的季节性。

2. 症状及病理变化

感染弓形虫后是否发病取决于虫株毒力、感染数量、感染途径及宿主的抵抗力等。引起发病的直接原因是虫体毒素的直接作用、有毒分泌物引起的变态反应以及虫体繁殖时大量破坏细胞的综合作用。

犬和猫患弓形虫病的症状,大都与中枢神经系统、视觉、呼吸、胃肠系统有关。据观察,犬的症状类似犬瘟热,包括发热、厌食、精神委顿、呼吸困难、咳嗽、贫血、下痢、妊娠早产或流产、运动共济失调等。

猫的症状包括发热、黄疸、呼吸急促、咳嗽、贫血、运动失调、后肢麻痹、肠梗阻等。也有出现脑炎症状和早产或流产的病例。

急性病例出现全身性病变,淋巴结、肝、脾和心脏等器官肿大,并有许多出血点和坏死灶。肠道重度充血,肠黏膜上可见扁豆大小的坏死灶。肠腔和腹腔内有多量渗出物。病理组织学变化为网状内皮细胞和血管结缔组织细胞坏死,有时有炎性细胞的浸润,弓形虫的滋养体位于细胞内或细胞外。急性病变主要见于幼畜。

慢性病例可见有各内脏器官的水肿,并有散在的坏死灶。病理组织学变化为明显的网状内皮细胞的增生、淋巴结、肾、肝和中枢神经系统等处更为显著,但不易见到虫体。慢性病变常见于老龄家畜。

隐性感染的病理变化主要是在中枢神经系统内见有包囊,有时可见有神经胶质增生性和肉芽肿性脑炎。

3. 诊断

弓形虫病的症状、病理变化虽有一定的特征,但还不足以作为确诊的依据,必须做实验室诊断,查出病原体或其特异性抗体方能确诊。实验室诊断的方法如下。

(1) 直接涂片 急性弓形虫病可将病畜的肺、肝、淋巴组织抹成涂片,用姬姆萨染液或瑞氏液染色后镜检虫体。

(2) 动物接种 将肺、肝、淋巴结等组织研碎加入 10 倍生理盐水,在室温下放置 1h,取其上清液 0.5~1ml 接种于小白鼠腹腔,而后观察小鼠是否有症状出现,并检查腹腔液中是否存在虫体。

(3) 血清学诊断 方法有染料试验、间接血凝试验、补体结合反应、中和抗体试验、荧光抗体和酶联免疫吸附试验等。近年来又将 PCR 及 DNA 探针技术应用于检测弓形虫感染,具有灵敏、特异、早期诊断的意义。

【防治处理】

1. 治疗方法

主要是采用磺胺类药物。磺胺嘧啶、磺胺甲氧吡嗪、甲氧苄氨嘧啶和敌菌净对弓形虫病有效。应注意在发病初期及时用药，如用药较晚，虽可使临床症状消失，但不能抑制虫体进入组织内形成包囊，结果使病畜成为带虫者。

① 磺胺二甲嘧啶　每千克体重 60mg，口服，每日 3 次，连用 3～4 天。

② 磺胺间甲氧嘧啶　每千克体重 100mg，口服，每日 2～3 次，连用 3～5 天。

2. 预防

在牧场及其周围应禁止养猫，并防止猫进入畜舍，严防畜禽的饲料或饮水接触猫粪。禁用生肉屑喂动物，泔脚水应熟饲。死于或怀疑是死于弓形虫病的尸体应烧毁或深埋。在流行区域可用药物预防或免疫接种预防。

单元三　观赏鸟原虫病

球虫病

【诊断处理】

1. 生活史及流行特点

球虫病是由艾美耳科艾美耳属和等孢属的球虫寄生于鸟的小肠及盲肠上皮细胞所引起的疾病。几乎所有鸟类都可感染，发病快，死亡率高，是对鸟危害最大的寄生虫病之一。幼鸟比成年鸟感染率高。

艾美耳属球虫孢子化卵囊含有 4 个孢子囊，每个孢子囊内含有 2 个子孢子。等孢属球虫的孢子化卵囊含有 2 个孢子囊，每个孢子囊内含有 4 个子孢子。卵囊随鸟的粪便排出，在适宜的外界环境下，经 1～2 天后通过孢子生殖形成具有感染性的孢子化卵囊，被鸟吃入后，囊壁溶解，子孢子破囊而出，侵入宿主小肠上皮细胞内，子孢子经过裂殖生殖，由滋养体形成裂殖体，再形成许多裂殖子，裂殖子从肠壁上皮细胞内逸出，再侵入新的上皮细胞，经反复数代的无性繁殖过程，一般 1 个孢子化卵囊可裂殖为 250 万个以上裂殖子。然后裂殖子发育成雄配子和雌配子，雄配子和雌配子结合产生合子，合子周围形成一层被膜成为卵囊。卵囊由上皮细胞进入肠管内随粪便排出。从卵囊进入小肠到新的卵囊排出，大约需要 7 天。

本病分布广泛，几乎所有鸟类都能感染。艾美耳属主要感染鸡形目、鸽形目、燕形目、鹤形目、鹈形目、鹰形目的鸟类；等孢属感染雀形目、鹤形目、鸡形目、佛法僧目、鹰形目的鸟类。

感染球虫的途径和方式是食入感染性卵囊。凡被病鸟或带虫鸟的粪便污染过的饲料、饮水、土壤和用具等，都具有卵囊存在。昆虫、家鸟、饲养员都可以成为机械性传播者。

幼鸟最易感，成年鸟可以成为带虫者。病鸟治愈后，在几个月内还不断排出卵囊。鸟舍潮湿、拥挤、地面平养最易发病。一年四季都可发生，高温高湿的环境更易发生。

球虫卵囊在外界环境中，相对湿度 55%～75%，温度 20℃时，大多数经过 2～3 天即完成孢子发育。对外界环境和多数消毒液都有很强的抵抗力。在一般土壤中可存活 4～9 个月，在 50～60℃可活 1h。球虫卵囊对阳光、干燥和粪便发霉很敏感。在阳光下，卵囊数小时即被杀死。用 2% 氢氧化钠溶液可杀死地面和鸟用具上的卵囊。

2. 症状及病理变化

由于各种球虫的致病力不同，鸟的种类、年龄、健康状况和所食入卵囊的数量不同，病鸟所表现出的症状与病理变化也各异。

（1）急性型　常发生于幼鸟或大量吞食卵囊的成年鸟。肠上皮细胞受到严重损伤，黏膜严重脱落，消化机能极度紊乱，粪便稀薄或水样带有黏液，颜色呈绿色或黑褐色，有的呈红褐色血痢。表现精神沉郁、食欲不振或废绝、体弱消瘦、羽毛蓬乱、两翅下垂、弓背、贫血、口渴、腹泻等。有的出现震颤、昏厥或跛行。反复感染的鸟衰竭并继发细菌感染，对雏鸟和幼鸟危害最大，死亡率较高。

（2）慢性型和亚急性型　主要发生于成年鸟或少量卵囊反复多次感染的鸟，仅出现一过性轻微症状，而后无症状。

因球虫种类不同，寄生部位不同，眼观病变也稍有不同。病鸟身体消瘦，黏膜贫血或发紫。雏鸟主要病变在消化道，盲肠球虫病主要是两侧盲肠显著肿大，比正常大几倍，外观呈暗红色，质地比一般坚硬，切开肠管可见肠壁增厚发炎，内容物充满鲜红血液或血块。小肠球虫病病变多发生在小肠前段，肠管肿大，肠壁发炎增厚，浆膜呈红色，并有白点，肠内容物有血块和稀便。

3. 诊断

根据流行病学、临诊症状和病变可以做出诊断，确诊需要进行实验室诊断。取粪便或肠管黏膜刮取物，用直接涂片法或漂浮法在显微镜下观察，发现卵囊即可确诊。

【防治处理】

1. 治疗方法

球虫很容易产生耐药性，因此，在治疗时应经常更换药物或多种药物交替使用。

① 敌球快灵　含磺胺喹啉和敌菌净，除对于各种球虫的第2代裂殖体有效外，对盲肠球虫的子孢子与第1代裂殖体也有效。对急性爆发的球虫病有良好疗效。按每千克饲料拌入0.15～0.2g，连用3天，停药2天，再用3天。

② 复方敌菌净　含磺胺二甲嘧啶与敌菌净，效力比敌球快灵稍差，但毒性低，安全性好，用于治疗中度感染。按每千克饲料加入0.3g，连用5天，必要时停2天，再用3～5天。

③ 球痢灵　具有高效低毒的特点，适用于治疗急性小肠球虫病和急性混合感染，药效高峰期在感染后第3天，不影响免疫力的产生。治疗量为每千克饲料加入0.25g，连用3～5天，预防减半。可连续使用。

④ 氯苯胍　为广谱抗球虫药，疗效显著，低剂量不影响免疫力，毒性低，可长期给药预防。每片15mg，每千克饲料加入3～4片，连用7天。若不彻底，可再用7天。

⑤ 盐霉素　对于艾美耳球虫病有效，药效高峰期在感染后32～72h，可杀子孢子第1、2代裂殖体。长期用药对预防有良好的效果。

2. 预防

最好的措施是药物预防。还要做好以下工作。

① 搞好鸟舍和运动场的清洁卫生，每日清扫粪便与污物，进行堆肥发酵处理，避免鸟接触孢子化卵囊。

② 鸟舍、鸟笼的垫料必须经常更换，并保持干燥、松软和清洁，使用前充分晾干。

③ 将幼鸟与成鸟分开饲养，一旦发病立刻隔离、观察、治疗。

④ 加强饲养管理，供给全价营养的饲料，特别应注意增加或补充一些富含维生素A的饲料，以增强鸟体对球虫病的抵抗力。

⑤ 防止饲料、饮用水污染。做好定期消毒的工作，饲养的用具要严格消毒，可用2%热火碱水喷洒鸟舍。

毛滴虫病

【诊断处理】

1. 生活史及流行特点

毛滴虫病是由鞭毛原虫——禽毛滴虫引起的。它是一种侵害消化道上段的原虫病。主要感染幼鸽、小野鸽、鹌鹑、鹰等，有时也感染鸡和火鸡。常引起家鸽的"溃疡症"。我国各地有鸽和鸡毛滴虫病的零星报道。

禽毛滴虫属鞭毛亚门，动鞭毛纲，毛滴虫目，毛滴虫科，毛滴虫属。寄生于消化道，虫体呈梨形或椭圆形，移动迅速，长 $5\sim9\mu m$，宽 $2\sim9\mu m$，具有 4 根典型的起源于虫体前端毛基体的游离鞭毛，1 根细长的轴刺，常延伸至虫体后缘之外；波动膜起始于虫体的前端，终止于虫体后端的稍前方，使被包裹的鞭毛不延伸至虫体后。

此外，还有一些寄生于禽类的其他毛滴虫，如寄生于鹅盲肠的鹅毛滴虫以及寄生于禽下消化道的毛滴虫，这些毛滴虫对禽类的致病力均不明显。

禽毛滴虫通过纵的二分裂进行繁殖。尚未发现有孢囊体、有性阶段或媒介。成年鸽口腔、咽、食道和嗉囊等部位均可带虫，育雏时，通过哺喂"鸽乳"使雏鸽感染。鸡和火鸡则是通过被污染的饲料和饮水而感染。

幼鸽通过摄入成年鸽的"鸽乳"感染毛滴虫后可保持终生带虫，因此，几乎所有的鸽都是带虫者，导致鸽毛滴虫病的发病率相当高。鸡的患病多发生于 $1\sim3$ 周龄的雏鸡，常大批死亡，成年鸡也能患病，但仅少数死亡。对于火鸡，发病龄期为 $16\sim30$ 周龄，于夏季场地潮湿且与鸽同场饲养时容易发生本病。

2. 症状及病理变化

禽毛滴虫侵害口腔、鼻腔、咽、食道和嗉囊的黏膜表层，因而病禽闭口困难、食欲大减，精神委靡；常做吞咽动作，并从口腔内流出气味难闻的液体。体重很快下降，消瘦，病禽眼中有水性分泌物。受感染的禽类死亡率高达 50%。

在病禽的口腔、咽、嗉囊、前胃和食道黏膜上有隆凸的白色结节或溃疡灶，病变组织上可覆盖有气味难闻的、乳酪样的假膜或隆起的黄色"假扣"。口腔黏膜的病变可扩大连成一片。由于干酪样物质的堆积，可部分或全部堵塞食道腔，最后这些病变可穿透组织并扩大到头部和颈部的其他区域，包括鼻咽部、眼眶和颈部软组织。肝的病变起初出现在表面，而后可扩展到肝实质，呈现为硬质的、白色至黄色椭圆形或环形病灶。

3. 诊断

临诊症状和眼观病变有很大的诊断价值。用显微镜观察来自口腔或嗉囊的直接涂片，并找出虫体后便可确诊。在新鲜的涂片上找不到虫体时，可进行病理组织学检查或做人工培养基上的接种培养，这会有助于作出诊断。由于本病的症状和病变与念珠菌病、禽痘和维生素 A 缺乏症相类似，因而需要仔细加以鉴别诊断。

【防治处理】

1. 治疗方法

针对病原选药治疗，加强综合管理，严防扩散。

① 二甲硝咪唑 每千克体重 50mg，口服；或按 0.05% 均匀溶于饮水，连饮 $5\sim6$ 天。

② 甲硝唑（灭滴灵） 每千克体重 20mg，口服，每日 2 次，连用 $7\sim10$ 天。

③ 氨硝噻唑 1g/L 水溶液，让病鸟自由饮用，连用 6 天。

④ 青蒿素 每千克体重 15mg，首次加倍，隔 $6\sim8h$ 再服第 2 次，第 2、3 天各服 1 次。在服用甲硝唑时可与肝泰乐和维生素 C 同用。

2. 预防

由于鸽的毛滴虫病是由成年鸽传递给雏鸽的,而其他家禽毛滴虫病是通过被口腔分泌物污染的饲料和饮水传播的,因此必须尽量将病禽从大群中隔离出来,最好是淘汰已知的病禽和所有的带虫者。

禽场应定期彻底消毒和清洁,保持通风干燥,注意饮水卫生,最好是供应新鲜清洁的流动水源。对已投产的禽群,不要中途补充禽只,因为后者可能是带虫者。防止鸽和斑鸠接触易感的家禽。动物园中应禁止用感染本病的禽只喂猛禽。

本病目前暂无效果确实的疫苗。但是,在温暖潮湿的好发季节,采取加强饲养管理、保持饲养环境清洁卫生、通风干燥、严格隔离消毒等综合防治的办法,对控制本病有一定作用。

鸽疟疾

【诊断处理】

1. 流行病学特点

鸽疟疾又称鸽血变原虫病、鸽血变形体病,是由疟疾原虫科的鸽血变原虫引起的一种以贫血和衰弱为特征的血液寄生虫病。此原虫主要侵害家鸽和野鸽,也可感染火鸡、水禽、猫头鹰和燕雀类。

鸽血变原虫的终末宿主主要是鸽,中间宿主是鸽虱蝇和蠓科双翅目吸血昆虫,它以两种方式进行增殖:一种是无性繁殖,在鸽体内进行;另一种是有性繁殖,在鸽虱蝇和蠓体内进行。

当带有此虫的孢子体的鸽虱蝇和蠓叮咬了健康鸽时,从唾液中将孢子体传给鸽,此时,孢子体首先进入鸽血液,随血液移行到肺泡中隔的血管内皮细胞内生长成多核体。以后形成许多裂殖子,这些裂殖子钻进红细胞,变成大配子母细胞(雌配子)和小配子母细胞(雄配子)。这种红细胞被鸽虱蝇或蠓吸进胃肠后,便进行有性繁殖(孢子生殖),大配子母细胞发育成大配子,小配子母细胞发育成鞭状的小配子,大小配子结合成合子,合子再变成动合子,并钻进肠壁内形成卵囊,在卵囊内发育成大量的孢子体。当卵囊破裂时,部分孢子体进入唾液腺,此鸽虱蝇或蠓叮咬健康鸽时便将孢子体带进鸽体内。

有性繁殖在鸽虱蝇体内需经过7~14天,但在蠓体内只需6~7天。这些中间宿主是本病的重要传播媒介。无性繁殖在鸽体内进行,首先是孢子体进入鸽肺泡血管,在红细胞内变成若干多核体,再变成许多裂殖子。

鸽红细胞内的配子体(配子母细胞)初呈细小环状,多至12个,以后减少至1个或2个。配子体环绕鸽的红细胞核生长,使核的位置侧偏,但红细胞的形态变化不大。完成发育后变成香肠状的雌雄两种配子体。

在细胞内的配子体虽有雌雄之分,但不能繁殖。有报道即使将患鸽的血液接种到健康鸽也不引起发病。只有在鸽虱蝇或蠓体内变成孢子体,才有致病力,就是说,通过蝇、蠓叮刺而将孢子体带入鸽体内才引起发病。这说明鸽虱蝇和蠓科等双翅目吸血昆虫是本病流行不可缺少的因素。

关于本病的流行季节,由于鸽虱蝇寄生于鸽羽之间,以吸血为生,鸽群中终年可见,故此本病于我国南方一年四季皆可发生。夏季和冬季也见此病流行,但5~9月份是蠓、蝇生长的旺盛期,吸血活动频繁会促进本病的传播,此时可能会出现流行高峰期。

2. 症状及病理变化

轻度感染的鸽只,尤其是成鸽,病情并不严重,只表现精神委顿,少食,不爱活动,数日后可恢复,呈消散型经过,或转为慢性带虫鸽,此时可呈现贫血、衰弱,生产力下降,不愿孵育,易继发其他疾病而恶化,甚至死亡。

严重的病例，尤其童鸽和病多体弱的育成鸽，感染后部分鸽会呈急性经过，表现缩颈、毛松、呆立、厌食、贫血、呼吸加快，甚至张口呼吸，不愿起飞，部分病鸽体温偏低（40.3～40.7℃），数日内死亡。

此病易受应激因素影响而加快死亡，例如驱赶、惊吓、捕捉、注射药物或疫苗等，群体放养的童鸽和育成鸽比笼养的成鸽对应激反应更剧，甚至当场死亡。

本病若与其他病混合感染，或得本病后继发感染其他疾病时，则病情加重，死亡率升高。若继发大肠杆菌、沙门菌和鸽球虫感染时，尚有下痢表现。若感染衣原体（鸟疫）、霉形体和Ⅰ型副黏病毒等，死亡率会更高。

大多数病例血凝不良，甚至死后8h部分血液尚未凝固，部分鸽死后见头向后仰，脾多淤血肿大，呈黑褐色。

3. 诊断

本病仅凭临诊表现和剖检变化难以作出诊断。应取病鸽或刚死不久的鸽的血液抹片做姬姆萨染色，显微镜检查，若见红细胞内有香肠状的配子体可作出诊断；或取病鸽肺制成组织切片镜检，若见肺泡中隔血管内皮细胞增大，其中有若干多核体，也可诊断为本病，但前者较简易、准确。在诊断过程中还得注意有无其他疾病混合感染。

【防治处理】

1. 治疗方法

① 盐酸阿的平，每千克体重1.67mg喂服，每日3次，连用5～7天，疗效较好。

② 磷酸伯氨喹（7.5mg/片），每只鸽第一天服1/2片，以后每日1次，每次1/4片，连用10天。

③ 可将青蒿煮水，让鸟饮用，连用7天，疗效较好，毒性较小。

2. 预防

彻底消灭虱、蝇和蠓科昆虫是最有效的预防方法。10%氯氰菊酯8ml加入1kg水，均匀混合后给成年鸟喷雾，可杀死和驱逐血变原虫的中间宿主，但不能对幼鸟喷雾，以免中毒。将青蒿全粉按5%的比例混入保健沙中，让鸟自由食用，可预防本病。

实践活动二十三　宠物血液原虫检查

【知识目标】

准确识别宠物常见血液原虫。

【技能目标】

能正确利用实验室检查操作技术诊断血液原虫。

【实践内容】

1. 血液涂片的制备。
2. 血液原虫的检查。

【材料准备】

（1）仪器　显微镜、标本瓶、盆（或桶、平皿）、天平（100g）、离心机、胶头滴管、针头、载玻片、盖玻片、试管、记号笔等仪器。

（2）试剂　吉姆萨染液、瑞氏染液等试剂。

【方法步骤】

一般用消毒的针头自耳静脉或颈静脉采取血液，此法适用于检查寄生于血液中的伊氏锥虫和住白细胞虫及梨形虫等。

1. 鲜血压滴标本检查法

将采出的血液滴于载玻片上，加等量生理盐水，混合均匀后，加盖玻片，立即放显微镜下用低倍镜检查，发现有运动的可疑虫体时，可换高倍镜检查。冬季室温过低，应先将玻片在酒精灯上或炉旁略加温，以保持虫体的活力。由于虫体未染色，检查时应使视野中的光线弱些。本法适用于检查伊氏锥虫。

2. 涂片染色标本检查法

采血，滴于载玻片的一端，按常规推制成血片，并晾干。滴甲醇 2~3 滴于血膜上，使其固定，之后用姬姆萨染色或瑞氏液染色。染后用油浸镜头检查。本法适用于各种血液原虫。

（1）姬姆萨染色法 取市售姬姆萨染色粉 0.5g，中性纯甘油 25.0ml，无水中性甲醇 25.0ml。先将姬姆萨染色粉置研钵中，加少量甘油充分研磨，再加再磨，直到甘油全部加完为止。将其倒入 60~100ml 容量的棕色小口试剂瓶中，在研钵中加少量的甲醇以冲洗甘油染液，冲洗液仍倾入上述瓶中，再加再洗再倾入，直至 25ml 甲醇全部用完为止。塞紧瓶塞，充分摇匀，之后将瓶置于 65℃ 温箱中 24h 或室温内 3~5 天，并不断摇动，即为原液。

染色时将原液 2.0ml 加到中性蒸馏水 100ml 中，即为染液。染液加于血膜上染色 30min，后用水洗 2~5min，晾干，镜检。

（2）瑞氏染色法 以市售的瑞氏染色粉 0.2g，置棕色小口试剂瓶中，加入无水中性甲醇 100ml，加塞，置室温内，每日摇 4~5min，一周后可用。如需急用，可将染色粉 0.2g，置研钵中，加中性甘油 3.0ml，充分研匀，然后以 100ml 甲醇，分次冲洗研钵，冲洗液均倒入瓶内，摇匀即成。

本法染色时，血片不必预先固定，可将染液 5~8 滴直接加到未固定的血膜上，静置 2min（此时作用是固定），其后加等量蒸馏水于染液上，摇匀，过 3~5min（此时为染色）后，流水冲洗，晾干，镜检。

3. 虫体浓集检查法

当血液中虫体较少时，可先进行离心集虫，再进行制片检查。

操作方法是在离心管中加 2% 的柠檬酸钠生理盐水 3~4ml，再加病畜血液 6~7ml，混匀后，以 500r/min 离心 5min，使其中大部分红细胞沉降。然后将含有少量红细胞、白细胞和虫体的上层血浆，用吸管移入另一个离心管中，并在血浆中补加一些生理盐水，以 2500r/min 离心 10min，取其沉淀物制成抹片，按上述染色法染色检查。此法适用于伊氏锥虫病和梨形虫病。其原理是锥虫和感染有梨形虫的红细胞的密度较低，所以在第一次沉淀时，正常红细胞下降，而锥虫和感染有梨形虫的红细胞尚悬浮在血浆中。第二次离心沉淀时，则将其浓集于管底。

【实践报告】

描述犬巴贝斯虫病检查的操作过程及所检出虫体的形态。

【项目小结】

本项目主要介绍了犬、猫及宠物鸟的常见原虫病，主要由诊断处理及防治处理两部分组成，内容侧重于实验室诊断、临床治疗措施等。对一些临床上常见的原虫病如等孢球虫病、弓形虫病等原虫病做了详细、实际的介绍，特别是诊疗所需的实用方法、最新技术以及诊治时的注意事项也做了较为详细的描述。

【复习思考题】

1. 简述犬、猫等孢球虫病的诊断和防治方法。
2. 简述犬巴贝斯虫病的临床症状和诊治方法。
3. 简述利什曼原虫病的防治方法。
4. 简述犬、猫弓形虫病的诊断和治疗。
5. 简述鸟球虫病的症状和防治措施。
6. 鸟毛滴虫病症状有哪些？如何进行综合防治？
7. 如何诊断及治疗鸽疟疾？

参 考 文 献

[1] 杜护华. 宠物清理. 北京：化学工业出版社，2011.
[2] 陈宏智. 动物清理. 北京：化学工业出版社，2009.
[3] 孙维平. 宠物疾病诊治（第二版）. 北京：化学工业出版社，2016.
[4] 石冬梅. 宠物临床诊疗技术. 北京：化学工业出版社，2011.
[5] 周建强. 宠物传染病. 北京：中国农业出版社，2008.
[6] 王阳伟. 畜禽传染病诊疗技术. 北京：中国农业出版社，2007.
[7] 董军，金艺鹏. 宠物疾病诊疗与处方手册. 北京：化学工业出版社，2007.
[8] 白文彬，于康震. 传染病诊断学. 北京：中国农业出版社，2002.
[9] 李雅玲，王伟利. 实用犬病防治大全. 延吉：延边人民出版社，2003.
[10] 王春璈. 简明宠物疾病诊断与防治原色图谱. 北京：化学工业出版社，2009.
[11] 沃尔默特 B. 高分子化学基础. 上册. 黄家贤等译. 北京：化学工业出版社，1986.
[12] 刘万平，利凯. 小动物疾病诊治. 北京：化学工业出版社，2009.
[13] 李德印，杨自军. 犬猫病快速诊断指南. 郑州：河南科学技术出版社，2009.
[14] 李志. 宠物疾病诊治. 第2版. 北京：中国农业出版社，2008.
[15] 宋大鲁，宋旭东. 宠物诊疗金鉴. 北京：中国农业出版社，2008.
[16] 孙明琴，王传锋. 小动物疾病防治. 北京：中国农业大学出版社，2007.
[17] 叶俊华. 犬病诊疗技术. 北京：中国农业出版社，2004.
[18] 宋大鲁. 宠物养护与疾病诊疗手册. 南京：江苏科学技术出版社，2004.
[19] 侯加法. 小动物疾病. 北京：中国农业出版社，2002.
[20] 张宏伟，杨廷桂. 动物寄生虫病. 北京：中国农业出版社，2006.
[21] 许金俊. 动物寄生虫病学实验教程. 南京：河海大学出版社，2007.
[22] 郑亚勤. 观赏鸟病防治与护理. 天津：天津科学技术出版社，2005.
[23] 汪明. 兽医寄生虫学. 第3版. 北京：中国农业出版社，2003.
[24] 高得仪. 犬猫疾病学. 北京：中国农业大学出版社，2006.
[25] 王力光，董君艳. 新编犬病临床指南. 长春：吉林科学技术出版社，2000.
[26] 王祥生，胡仲明，刘文森. 犬猫疾病防治方药手册. 北京：中国农业出版社，2003.
[27] 朱兴全. 小动物寄生虫学. 北京：中国农业科学技术出版社，2003.
[28] 张宏伟. 动物疫病. 第2版. 北京：中国农业出版社，2004.
[29] 陆承平. 兽医微生物学. 第3版. 北京：中国农业出版社，2001.
[30] 费恩阁，李德昌，丁壮. 动物疫病学. 北京：中国农业出版社，2004.
[31] 韩晓辉. 宠物寄生虫病. 北京：中国农业科学技术出版社，2008.
[32] 谢拥军. 动物寄生虫病防治技术. 北京：化学工业出版社，2009.
[33] 聂奎. 动物寄生虫病学. 重庆：重庆出版社，2007.
[34] 汪明. 兽医寄生虫学. 第3版. 北京：中国农业出版社，2003.
[35] 张西臣. 动物寄生虫病学. 长春：吉林人民出版社，2001.
[36] 臧广州. 宠物疾病现代诊断与治疗操作技术实用手册. 天津：天津电子出版社，2004.